普通高等院校计算机基础教育“十三五”规划教材

Java 语言程序设计

吴金舟　鞠凤娟　主　编
彭吉琼　江　勇　周金秀　　副主编

中国铁道出版社
CHINA RAILWAY PUBLISHING HOUSE

内容简介

Java 语言具有面向对象、跨平台、安全、稳定、多线程等优良特性，是目前软件设计中极为强大的编程语言。全书共分三篇（13 章），循序渐进地介绍 Java 语言的入门基础、面向对象知识和核心 API 应用，包括标识符、关键字、数据类型、常量、变量、运算符、表达式和语句、程序的控制结构、数组、字符串、类和对象、封装、继承、多态、接口与包、异常处理、Java 输入/输出流、Java 图形用户界面编程、Java 图形与多媒体处理、多线程、Java 数据库编程基础、Java 网络编程基础等内容。本书注重结合实例，各章从实例入手，系统地介绍本实例所涉及的知识点，注重应用性，内容由浅入深、逻辑性强，并且每章末尾均配有本章小结和思考与练习。

本书适合作为高等院校计算机专业学生的教材或参考书，也可作为 Java 语言学习者的自学用书。

图书在版编目（CIP）数据

Java 语言程序设计 / 吴金舟，鞠凤娟主编. —北京：中国铁道出版社，2017.2（2017.11重印）

普通高等院校计算机基础教育“十三五”规划教材

ISBN 978-7-113-22749-4

Ⅰ. ①J… Ⅱ. ①吴… ②鞠… Ⅲ. ①JAVA 语言-程序设计-高等学校-教材 Ⅳ. ①TP312.8

中国版本图书馆 CIP 数据核字（2017）第 005129 号

书　　名：Java 语言程序设计

作　　者：吴金舟　鞠凤娟　主编

策　　划：曹莉群　　　　　　　　读者热线：（010）63550836

责任编辑：周海燕　鲍　闻

封面设计：付　巍

封面制作：白　雪

责任校对：张玉华

责任印制：郭向伟

出版发行：中国铁道出版社（100054，北京市西城区右安门西街 8 号）

网　　址：http:// www.tdpress.com/51eds/

印　　刷：三河市兴达印务有限公司

版　　次：2017 年 2 月第 1 版　　　2017 年11月第 2 次印刷

开　　本：787 mm×1092 mm　1/16　印张：19　字数：459 千

书　　号：ISBN 978-7-113-22749-4

定　　价：45.80 元

前　言

Java 语言自 1995 年底在 Internet 舞台上一亮相便名声大噪，并在之后迅速发展，其面向对象的技术逐步取代了面向过程的程序设计技术，成为软件开发的主流技术。Java 语言在开发领域中占据着重要的地位，广泛适用于智能卡、手持式电子消费类产品、桌面应用、企业级应用等多个领域。其固有的可靠性与安全性不仅令 Java 程序员放心，也令使用 Java 程序的用户放心。Java 内建了对网络编程、数据库连接、多线程等高级程序设计任务的支持，具有广阔的发展前景。Java 语言程序设计课程不仅是计算机专业重要的专业课，也是从事计算机软件开发所必备的编程技术之一。本教材主要面向应用型高等院校计算机类专业的学生，旨在培养技术应用型人才。本书内容的构造力求体现“以应用为主体”，强调理论知识的理解和运用，实现本、专科教学以实践体系为主和以技术应用能力培养为主的目标。

本书是编者在总结开发经验和多年教学经验的基础上编写的。通过 31 个典型的实例，按照“入门基础篇”“面向对象篇”和“核心 API 应用篇”三个层次由浅入深，由易到难地介绍 Java 的基础知识、面向对象知识和 Java 核心 API 的应用知识。全书共三篇 13 章：第一篇，入门基础篇（第 1 章至第 3 章），讲述 Java 语言的基本概念、Java 数据类型、表达式和程序控制结构。第二篇，面向对象篇（第 4 章至第 7 章），讲述 Java 语言的面向对象知识。第三篇，核心 API 应用篇（第 8 章至第 13 章），讲述 Java 语言中核心 API 的应用。此外，书中有三个附录，分别是：Java 关键字、运算符的优先级和结合方向、思考与练习参考答案。书中的所有程序都在 JDK7 环境下调试通过。

Java 是实践性和应用性都很强的语言，本书注重理论与实践相结合，每章都给出了不同层次、不同难度的思考与练习题并且给出参考答案。通过习题与实例，使学生掌握所学知识，并能灵活运用所学知识解决实际问题。

本书建议授课 90 学时，其中上机实践 30 学时以上。教师可根据学时数、专业和学生的实际情况选讲应用案例中一些较难的例子。

本书由江西科技学院吴金舟、鞠凤娟任主编，彭吉琼、江勇、周金秀任副主编。具体编写分工如下：吴金舟负责编写第 4 章、第 6 章、第 8 章、第 10 章和第 12 章，鞠凤娟负责编写第 5 章、第 7 章、第 9 章和第 11 章，彭吉琼负责编写第 1 章和第 2 章，江勇负责编写第 3 章，周金秀负责编写第 13 章。编者可提供本教材中的实例源代码、PPT 课件等教学资源。

由于编者水平有限，加上时间仓促，书中难免存在疏漏、不足之处，欢迎各位同行和广大读者对本书提出建议和修改意见。

编　者

2016 年 12 月

目　录

第一篇　入门基础篇

第二篇 面向对象篇

第三篇 核心 API 应用篇

第一篇　入门基础篇

第1章

Java 语言概述

内容提要及教学目标

本章从一个最简单的 Java 程序入手，介绍了两种 Java 程序的基本结构及编译运行的过程，进而介绍 Java 开发环境的安装、配置及使用，同时简要介绍了 Java 集成开发工具 Eclipse。通过本章的学习，读者应该掌握以下内容：

- Java 语言的特点。
- Java 两种程序的开发方法、过程和各自的特点。
- Java 开发环境的安装配置。
- Eclipse 的使用。

本章重点及难点

Java 程序的分类；两种 Java 程序的开发方法、过程和各自的特点；Java 开发环境的配置和使用。

1.1 “初识 Java——Hello World”实例

【实例目的】

（1）掌握 Java 语言的分类。

（2）掌握 Java 程序的分类。

（3）掌握 Java 程序的开发过程。

【实例内容】

通过 Java 语言编写一个控制台程序，通过 Java 编译器进行编译，在控制台输出“Hello World”。

【技术要点】

创建一个名为“HelloWorld.java”的应用程序，需要使用 JDK 中的 Java 编译器对其进行编译。为了使读者更清楚地了解程序的执行过程，在控制台界面下进行编译和运行。具体步骤如下：

1）在文本文件中编辑完成 Java 源程序

（1）在 C 盘新建 java 目录，在该目录下新建文件名为 HelloWorld 的文本文件。

（2）在文本文件中输入程序代码，如图 1.1 所示。

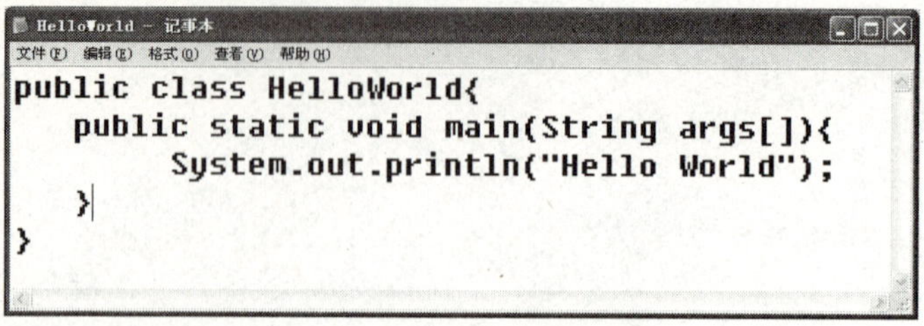

图 1.1　在文本文件中输入代码

（3）代码输入完成后，先进行保存，然后将文本文件的扩展名由.txt 改为.java。

2）编译 Java 程序

（1）单击“开始”按钮，在搜索框中输入 cmd 命令，按【Enter】键打开控制台（见图 1.2）；

（2）用 cd 命令进入到 Java 源代码所在的目录；

（3）输入 javac HelloWorld.java，然后按【Enter】键，如果程序编译成功，则在文件夹下生成一个 HelloWorld.class 的字节码文件（见图 1.3）。

（4）在控制台下接着输入 javac HelloWorld，按【Enter】键运行，控制台上输出程序的结果，显示 Hello World 字符串。

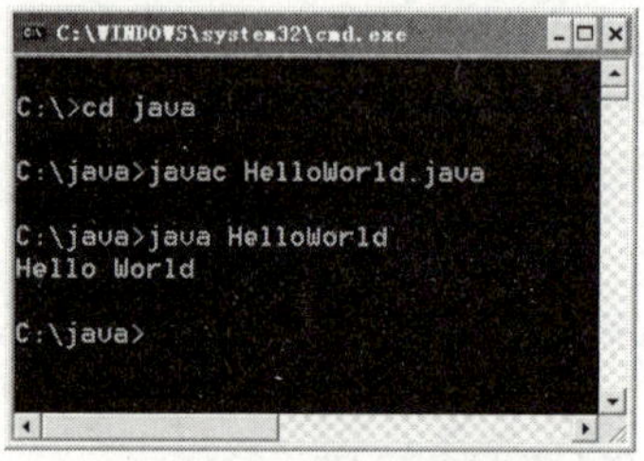

图 1.2　编译 Java 程序

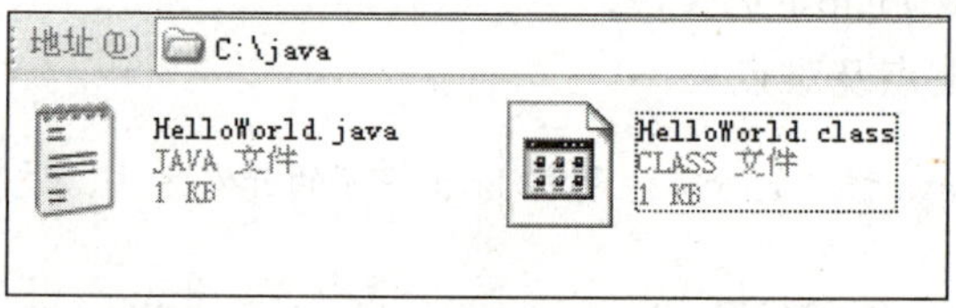

图 1.3　Java 编译的字节码文件

【相关知识及注意事项】

1.1.1　Java 语言的发展历程

Java 是一种可以撰写跨平台应用软件的面向对象的程序设计语言，是由 Sun Microsystems 公司于 1995 年 5 月推出的 Java 程序设计语言和 Java 平台（即 Java SE、Java EE、Java ME）的总称。

Java 语言的前身是 Oak 语言，是 Sun 公司在 1991 年由一个叫 Green 的项目组专门为家用消费电子产品开发的一个分布式代码系统，主要用来与家电产品如电视机、冰箱、空调等进行信息交互和控制。由于商业原因，Oak 语言一直没有被推广出去。

1994 年，随着互联网的快速发展，Sun 公司的 Bill Joe 参加 Green 小组，决定将 Oak 语言应用于互联网的万维网的开发中，并编制了 HotJava 浏览器。通过 HotJava 浏览器在互联网上的应用，充分展现了 Oak 语言的网络方向的特点。同时 Bill Joe 决定通过互联网让世界上无数的软件开发人员免费使用Oak语言，更加推动了Oak语言的发展。

1995年，Sun公司将Oak语言正式命名为Java，同时召开了Java语言的发布会，推出Java和HotJava的最初版本。

1998年，Sun公司发布Java2企业平台J2EE。

1999年，Sun公司发布了Java的三个版本：标准版（J2SE）、企业版（J2EE）和微型版（J2ME）。

2000年，Sun公司发布了JDK1.4。

2005年，在JavaOne大会，Sun公司发布了Java SE 6。此时，Java的各种版本已经更名，以取消其中的数字“2”：J2EE更名为Java EE，J2SE更名为Java SE，J2ME更名为Java ME。

2009年，Oracle公司以74亿美元收购Sun公司，取得Java的版权。

2011年，Oracle公司发布了Java 7的正式版。

2014年，Oracle公司发布了Java 8正式版。

Java平台由Java虚拟机和Java 应用编程接口构成。Java应用编程接口为Java应用提供了一个独立于操作系统的标准接口，可分为基本部分和扩展部分。在硬件或操作系统平台上安装一个Java平台之后，Java应用程序就可运行。现在Java平台几乎已经嵌入了所有的操作系统。这样Java程序可以只编译一次，就可以在各种系统中运行。

Java技术具有卓越的通用性、高效性、平台移植性和安全性，广泛应用于PC、数据中心、游戏控制台、超级计算机、移动电话和互联网，同时拥有全球最大的开发者专业社群。在全球云计算和移动互联网的产业环境下，Java更具备了显著优势和广阔前景。

1.1.2　Java语言的特点

Java语言是当前最流行的网络编程语言，和C++语言相比，有着特殊的优点，如简单性、平台无关性、面向对象、分布式、安全性、支持多线程、健壮性、动态性等。

1．简单性

与C++相比，Java不再支持运算符重载、多级继承及广泛的自动强制等易混淆和极少使用的特性，而增加了内存空间自动垃圾收集的功能，复杂性的省略和实用功能的增加使得程序开发变得既简单又可靠。

2．平台无关性

平台无关性是Java最吸引人的地方。Java是一种网络语言，而网络上充满了各种不同类型的机器和操作系统。Java采用了解释执行而不是编译执行的运行环境，首先编译成字节码，然后装载与校验，再解释成不同的机器码来执行，即“Java虚拟机”的思想，屏蔽了具体的平台环境的要求。

3．面向对象

面向对象的技术具有继承性、封装性和多态性等多种优点，Java在保留这些优点的基础上，又具有动态编程的特性，更能发挥出面向对象的优势。

4．分布式

Java建立在扩展TCP/IP网络平台上。库函数提供了用HTTP和FTP协议传送和接收信息的方法。Java 应用程序使用 URL 对象访问网络资源，这使得程序员使用网络上的文件就像使用本地文件一样容易。

5．安全性

作为网络语言，Java 有建立在公共密钥技术基础上的确认技术，提供了足够的安全保障。Java 在运行应用程序时严格检查其访问数据的权限，如不允许网络上的应用程序修改本地的数据。同时，Java 程序运行稳定，轻易不会出现死机现象。

6．支持多线程

多线程机制使应用程序能同时进行不同的操作，处理不同的事件。Java 有一套成熟的同步语言，保证了对共享数据的正确操作。通过使用多线程，程序设计者可以分别用不同的线程来完成特定的行为。

7．健壮性

健壮性反映程序的可靠性。Java 的几个内置的特性使程序的可靠性得到改进：

（1）Java 是强类型语言。编译器和类载入器保证所有方法调用的正确性，防止隐式类版本不兼容性。

（2）Java 没有指针，不能引用内存指针，避免了内存或数组越界访问。

（3）Java 进行自动内存回收，编程人员无法意外释放内存，不需要判断应该在何处释放内存。

（4）Java 在编译和运行时，都要对可能出现的问题进行检查，以消除错误的产生。另外，在编译的时候还可揭示出可能出现但尚未被处理的异常，以防止系统的崩溃。

8．动态性

Java 在类库中可以自由地加入新方法和实例变量，而不影响用户程序的执行；同时，Java 通过接口来支持多重继承，使其具有更灵活的方式和扩展性。

Java 语言除了具有上述主要特点外，还具有高性能、解释性和可移植性等特点。

1.1.3 Java 程序的分类

根据程序结构和运行环境的不同，Java 程序可以分为两类：Java 应用程序（Java Application）和 Java 小应用程序（Java Applet）。Java 应用程序以 main()方法作为程序入口，由 Java 解释器加载执行。Java 应用程序是完整的程序，能够独立运行，而 Java Applet 小应用程序不使用 main()方法作为程序入口，需要嵌入到 HTML 网页中运行，由 appletviewer 或其他支持 Java 的浏览器加载执行，不能独立运行。无论哪种 Java 源程序，都用扩展名为“.java”的文件保存。

1．Java Application 程序

Java Application 程序是可独立运行的 JVM 程序，它由一个或多个类组成，其中必须有一个类中定义了 main()方法，main()方法就像 C 语言的 main()方法一样，是 Java Application 程序运行的入口。

编写和运行 Java Application 程序，则需要按下列步骤进行：

（1）首先创建一个 Java Application 源程序（.java 文件）

创建一个名为HelloWorldApp.java的文件，可在任何字符编辑器上输入并保存下列Java源程序代码：

```
public class HelloWorldApp{
   public static void main(String args[]){
     System.out.println("Hello Java!"); //在控制台上输出字符串"Hello Java!"
   }//end of main method
}//end of class
```

其实质是创建一个名为 HelloWorldApp 的类，并把它保存为与它相同名字的文件HelloWorldApp.java。

一个Java源程序是由若干个类组成的，本程序中的Java应用程序只有一个类。class是Java的关键字，用来定义类。public也是关键字，用来声明一个类是公共类。

源文件的命名规则如下：如果一个Java源程序中有多个类，那么只能有一个类是public类；如果有一个类是public类，那么Java源程序的名字必须与这个类的名字完全相同，扩展名是“.java”；如果源文件中没有public类，那么源文件的名字只要和某个类的名字相同，而且扩展名是“.java”就可以了。

应用程序的入口是main()方法，它有固定的书写方式为：

```
public static void main(String args[]){
    …
}
```

main()方法之后的两个花括号及花括号内的内容叫作方法体。一个Java应用程序必须有且仅有一个类含有main()方法，这个类称为应用程序的主类。public、static和void用于对main()方法进行声明。在一个Java应用程序中，main()方法必须被声明为public、static和void，public声明main()是公有的方法，static声明main()是一个类方法，可以通过类名直接调用，而void则表示main()方法没有返回值。

在定义main()方法时，String args[]用来声明一个字符串类型的数组args，它是main()方法的参数，用来接收程序运行时所需要的参数。

上例中的main()方法中只有一条语句：

```
System.out.println("Hello Java!"); //在控制台上输出字符串"Hello Java!"
```

这条语句是把字符串"Hello Java!"输出到系统的标准输出上，例如系统屏幕。其中，System是系统类，out是java.io.PrintStream类的对象，是System类中的一个静态属性，表示“标准输出”，println是out对象的一个方法，其作用是在系统标准输出上显示形参里指定格式的字符串，并回车换行。“//”代表注释，用来说明这一条语句的功能，注释主要用来提高程序的可读性，不会参与程序的编译。

（2）第二步是对已创建好的Java源程序进行编译

该步骤是用Java编译器对Java源程序(.java)进行编译，生成对应的字节码文件(.class)。如果编译成功，会产生一个有相同文件名的带.class扩展名的字节码文件。

其命令格式如下：

```
javac HelloWorldApp.java
```

如果编译中不出现错误，将会得到一个名为HelloWorldApp.class文件。编译选项使用默认方式。

（3）最后解释执行已编译成功的字节码文件（.class 文件）

用 Java 解释器对 Java 字节码文件（.class 文件）解释执行。

在上例得到的 HelloWorldApp.class 文件，现在可以用 Java 解释器执行。

```
java HelloWorldApp
```

运行的结果，将会在标准输出设备上输出：

```
Hello Java!
```

Java 解释器在解释执行时，解释处理的是类名，而不是文件名，所以在解释器 Java 后面跟随的是类名，而不能写成文件名的形式（HelloWorldApp.class）。其选项也使用默认方式。

2. Java Applet 程序

一个 Java Applet 也是由若干个类组成的，一个 Java Applet 不再需要 main()方法，但必须有且仅有一个类扩展了 Applet 类，即它是 Applet 类的子类，这个类称为 Java Applet 的主类，Java Applet 的主类必须是 public 的，Applet 类是系统提供的类。

Applet 与 Application 的区别在于其执行方式不同。Application 是从 main()方法开始运行的，而 Applet 是在浏览器中运行的，必须创建一个 HTML 文件，通过编写 HTML 代码告诉浏览器载入何种 Applet 以及如何运行。

开发 Java Applet 程序的步骤如下：

（1）编写 Applet 源程序，将其保存为“.java”文件。

（2）编译源程序，生成字节码文件“.class”。如果源文件包含了多个类，则会生成多个扩展名为“.class”的文件，都和源文件存放在相同的目录下。如果对源文件进行了修改，那么必须重新进行编译，再生成新的字节码文件。

（3）编写一个 HTML 文件，即含有 Applet 标记的 Web 页，嵌入 Applet 字节码文件“*.class”。

（4）运行 Java 小应用程序。

例如：

① 以文件名“HelloWorldApplet.java”保存 Java Applet 源程序。

```
//文件 HelloWorldApplet.java
import java.awt.*;                    //引入 java.awt 包中的类
import java.applet.*;                 //引入 java.applet 包中的类
public class HelloWorldApplet extends Applet {  //继承 Applet
public void paint(Graphics g) {        //重写 paint 方法
    //在(50,40)位置输出字符串
    g.drawString("Hello Java !!", 50, 40 );
  }
}
```

② 嵌入字节码文件的 HTML 文件“HelloWorldApplet.html”。

```
<html> <!--标识 HTML 文件的开始-->
<!--告诉浏览器将运行一个 Java Applet-->
<applet  code="HelloWorldApplet.class"  width="200"  height="80" ></applet>
</html> <!--标识 HTML 文件的结束-->
```

③ 使用 JDK 编译 Java 小应用程序。

```
javac  HelloWorldApplet.java
```

④ 使用 JDK 提供的 appletviewer 运行。

```
appletviewer HelloWorldApplet.html
```

Java Applet 程序必须创建一个 Applet 或 JApplet 的子类。Applet 程序中不需要有 main() 方法。

1.1.4 Java 程序的开发过程

Java 语言包括 3 种核心机制：Java 虚拟机、垃圾收集机制和代码安全检测。Java 程序的开发过程大致分为 3 个阶段：

（1）编写 Java 源文件。将编辑好的源程序以扩展名“.java”保存起来，即保存成“*.java”文件。

（2）编译 Java 源程序。使用 Java 编译器编译“*.java”源程序，从而得到字节码文件“*.class”。

（3）运行 Java 程序。

Java 程序的开发流程简单示意图如图 1.4 所示。

从图 1.4 中可以看出，一个源文件首先应保存为扩展名为“.java”的文件，通过编译器产生字节码文件。

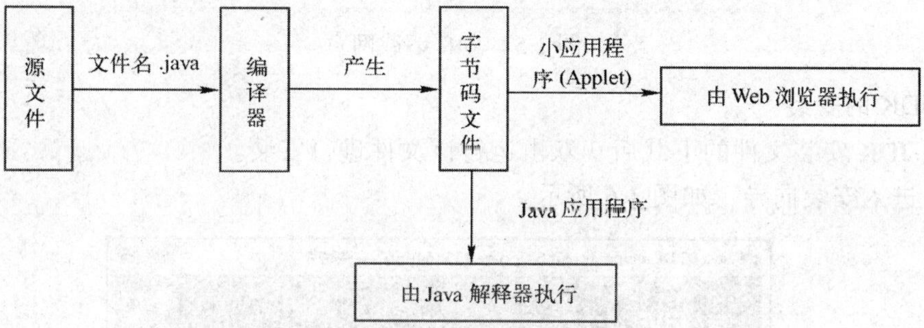

图 1.4 Java 程序的开发流程

如果编写的是小应用程序（Java Applet），可以直接由浏览器解释运行，对于 Java、应用程序就会由 Java 解释器来执行。在本书中，只有在后面才会接触到小应用程序，前半部分还是以 Java 应用程序为主，也就是说我们使用的是 Java 解释器。

1.2 Java 的开发环境

1.2.1 JDK 的安装

1. 什么是 JDK

JDK 的全名是 Java Development Kit，是提供给程序设计人员用于开发 Java 程序的一组工具，到目前的版本是 JDK8。JDK 是整个 Java 的核心，包括了 Java 运行环境、Java 工具和 Java 基础类库。使用 JDK 是学好 Java 的第一步。

JDK 内所提供的工具，本书中要用到的有 javac.exe 和 java.exe 两个程序。javac.exe 是 Java 语言的编译器，用于将 Java 程序编译成字节文件，java.exe 则是 Java 语言的解释器，用于执行 Java 程序的字节码。

2．JDK 的下载

JDK 可以从 Oracle 网站免费下载得到，下面以本书要用到的 JDK8 版本为例介绍下载过程。

在浏览器中输入如下网址：http://www.oracle.com/technetwork/java/javase/downloads/jdk8-downloads-2133151.html，进入网页找到下载链接，下载对应平台的合适 JDK，如图 1.5 所示。

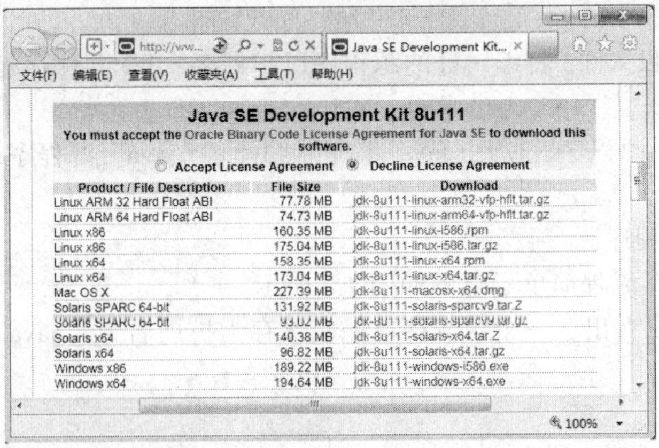

图 1.5　JDK 下载网页

3．JDK 的安装

完成 JDK 安装文件的下载后，双击运行该文件进行安装。

（1）进入安装向导，如图 1.6 所示。

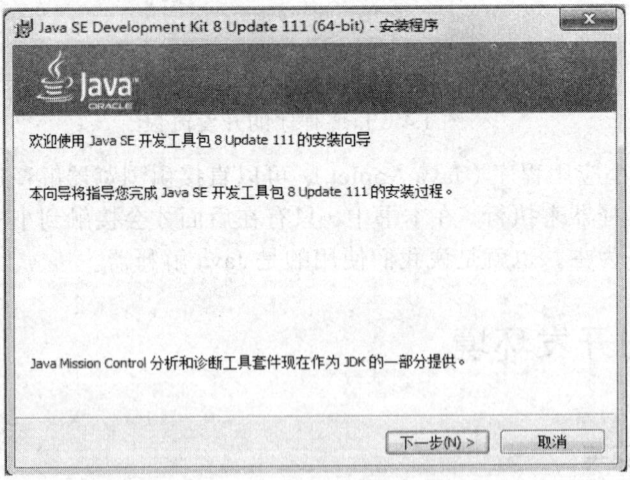

图 1.6　JDK 安装向导

（2）单击“下一步”按钮，更改安装路径，选择安装路径和组件，如图 1.7 所示。

（3）单击“下一步”按钮，开始安装，如图 1.8 所示。

（4）更改 JRE 安装路径，如图 1.9 所示。

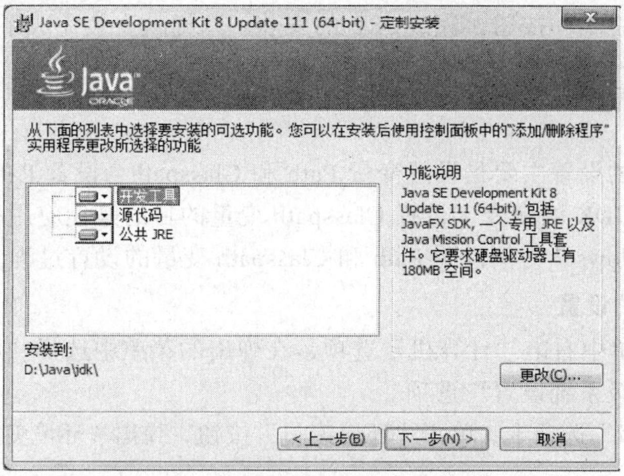

图 1.7　选择 JDK 安装路径和组件

图 1.8　JDK 安装进度

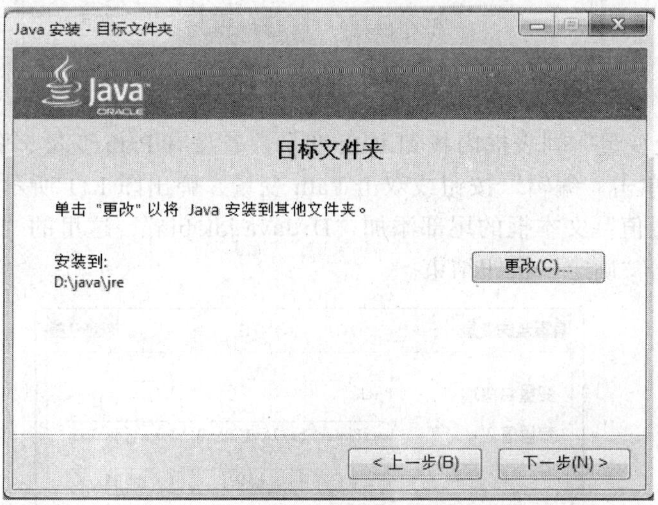

图 1.9　修改 JRE 安装路径

（5）单击“下一步”按钮，完成 JRE 的安装，这样就安装完成了 JDK。

1.2.2 JDK 的配置

JDK 环境变量的设置主要是设置变量 Path 和 Classpath。设置 Path 变量的目的是在任何路径下都可以运行 JDK 的命令，设置 Classpath 变量的目的是让应用程序可以找到所需要的类包。下面以 Windows 7 为例说明 Path 和 Classpath 变量的设置过程。

1. Path 变量的设置

（1）在开始菜单中右击“计算机”选项，在弹出的菜单中选择“属性”命令，在弹出的对话框中选择“高级系统设置”选项。

（2）选择“高级”选项卡，单击“环境变量”按钮，弹出“环境变量”对话框，如图 1.10 所示。

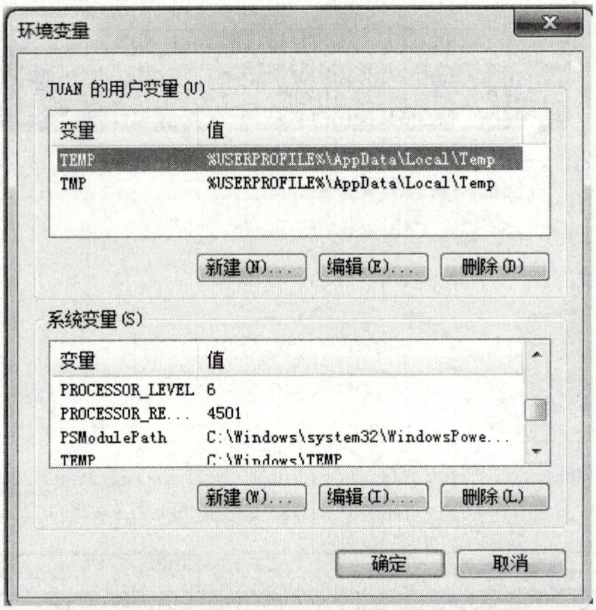

图 1.10 “环境变量”对话框

（3）在“系统变量”列表框内找到 Path 变量。若没有 Path 变量，则单击“新建”按钮，创建 Path 变量。单击“编辑”按钮或双击 Path 变量，弹出图 1.11 所示“编辑系统变量”的对话框。在“变量值”文本框的尾部添加“D:\Java\jdk\bin”，这里的“D:\Java\jdk”为 JDK 的安装路径，单击“确定”按钮结束。

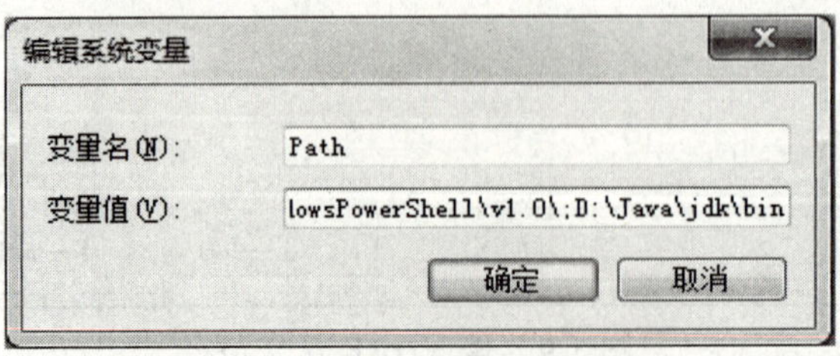

图 1.11 “编辑系统变量”对话框

2. Classpath 变量的设置

（1）根据 Path 变量的设置步骤，打开“环境变量”对话框，在“系统变量”列表框中找到 Classpath 变量。如果不存在 Classpath 变量，单击“新建”按钮创建 Classpath 变量。然后选择 Classpath 项，单击“编辑”按钮或者双击 Classpath 变量，弹出“编辑系统变量”对话框，如图 1.12 所示。

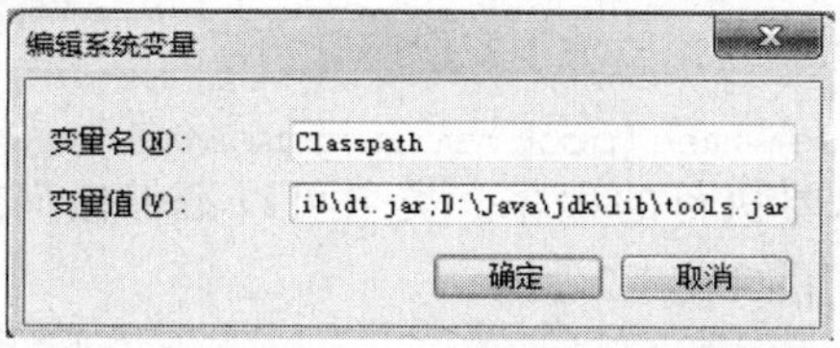

图 1.12　“编辑 Classpath 系统变量”对话框

（2）在“变量值”文本框中添加“.;D:\Java\jdk\lib\dt.jar;D:\Java\jdk\lib\tools.jar”，单击“确定”按钮结束设置。

3. 环境变量的设置测试

进入控制台界面，在控制台界面下分别输入 javac 和 java 指令，按【Enter】键，若能成功显示 javac 和 java 指令的用法和所包含参数的类型和含义，则说明 Path 变量和 Classpath 变量配置成功。

1.2.3　JDK 的使用

这一小节主要介绍 JDK 开发包中主要工具及其使用方法，属于技术细节问题，读者可以先跳过这一节的大部分细节内容，当要用到这些工具的时候再查阅相关部分。

1. Java 编译器（javac.exe）

顾名思义，Java 编译器的作用就是将 Java 源代码（.java 文件）转换成为字节码（.class 文件）。其实，Java 编译器本身就是一个用 Java 语言编写的应用程序。

Java 编译器可以同时编译多个源程序，输出结果为类文件（字节码文件）。对于源程序中每个类的定义，它都会产生一个独立的类文件。

使用方法 / 格式：

```
javac [options]  source_files
```

其中，options 为编译选项，常见选项的具体作用如表 1.1 所示。

表 1.1　javac 命令参数表

名　称	描　述
-classpath<path>	指定用户自定义的类文件查找目录
-d<directory>	生成类文件的存放路径
-g	为调试器生成附加信息
-ng	不生成附加信息
Nowarn	不显示警告性错误
-O	优化类文件，使生成的类文件不包含行号
-verbose	显示编译的详细过程

2. java 解释器（java.exe）

java 解释器事实上就是 Java 类文件的解释器，它通过启动 Java 运行时环境载入特定类并启动该类中的 main()方法。main()方法应该按如下的格式声明：

```
public static void main(String args[]){
    …
}
```

使用方法 / 格式：

```
javac [options] ClassName [program arguments]
```

这里的 ClassName 表示要执行的程序。类名可以不带任何前缀修饰。其中 options 为编译选项，常见选项的具体作用如表 1.2 所示。

表 1.2　java 命令参数表

名　　称	描　　述
–classpath <path>	指定用户自定义的类文件查找目录
–D<Name>=<value>	设置属性值
–version	显示 JDK 开发包的版本号
–help	显示本命令的使用帮助

3. Java 文档生成器（javadoc.exe）

javadoc.exe 是一款软件工程工具。这是 Java 区别于其他任何编程语言的地方，Java 语言最贴切的一个设计就是它并没有打算让人们单纯为了写程序而写程序，它很注重程序文档的维护工作。显然，如果文档与程序代码分离，那么每次更新代码后都要改变文档，非常麻烦，Java 的设计者已经考虑到了这个问题。

利用文档生成器，可以为源程序生成一份 HTML 格式的文档，其中包括类和接口的描述、类的继承层次、类中任何成员变量和方法的索引和介绍，甚至还能包括 Java 文档格式的注释。

使用方法 / 格式：

```
javadoc [options] [package name] [source file]
```

默认的情况下，javadoc 只处理 public、protected 的成员变量和方法，即它不显示 privtae 和默认的组成部分。这样做的原因很简单，就是希望在文档中看到的只是对外引用接口的描述，只有 public 和 protected 成员才有可能作为对外接口而存在。

javadoc 的常见选项参数如表 1.3 所示。

表 1.3　javadoc 命令参数表

名　　称	描　　述
–classpath <path>	指定用户自定义的类文件查找目录
-D<Name>=<value>	设置属性值
-version	显示 JDK 开发包的版本号
-help	显示本命令的使用帮助

4. Java 调试器（jdb.exe）

Java 调试器（jdb.exe）是一个基于命令行的调试工具，其命令格式与 UNIX 操作系统下的 dbx 和 gdb 调试器相似，可以用它逐行执行程序，设置断点和检查变量的当前值等。

使用方法／格式：

```
jdb [options] classname
```

类调试器将载入 classname 所指定的类，并启动自己内嵌的一个 Java 解释器，然后暂停。等待用户发出 jdb 命令。

5．Applet 浏览器(appletviewer.exe)

Applet 浏览器是一种执行 HTML 文件上的 Java 小程序的 Java 浏览器。作用是下载 HTML 文件中所包含的 Applet，如果指定的 HTML 中不包含 Applet，则不采取任何动作。

使用方法／格式：

```
appletviewer [-debug] html_filename
```

其中，-debug 是可选参数。如果设置这个选项，Applet 浏览器将从 jdb 内部启动，这样就可以用个人 Java 调试器调试 HTML 文件中所引用的 Applet。

以上简要介绍了 JDK 开发包中主要工具的使用方法，这些工具的具体应用的例子将在 1.3 节中讲述。

JDK 中并没有提供专门的源代码编辑工具，因为用任何一种文本编辑器都可以进行 Java 源程序的编辑工作，例如 Windows 系统自带的记事本程序（Notepad），只是需要注意要将所编辑的源代码文件保存成.java 文件，否则 java 编译器将无法识别。

1.3 集成开发工具 Eclipse 的使用

1.3.1 下载和安装 Eclipse

Eclipse 是一个开放源代码的、基于 Java 的可扩展开发平台。就其本身而言，它只是一个框架和一组服务，用于通过插件组件构建开发环境。Eclipse 附带了一个标准的插件集，包括 Java 开发工具（Java Development Tools，JDT）。但 Eclipse 不仅仅是 Java 的开发工具，如果为 Eclipse 装上 C/C++的插件（CDT），就可以把它当作一个 C/C++开发工具来使用。

Eclipse 支持国际化，如果需要，可以为 Eclipse 安装多种语言包，实现 Eclipse 的中文化。Eclipse 是免费的，并且源代码开放。

1．Eclipse 的下载

下载 Eclipse 可以从 Eclipse 官方网站上获得，网站地址为 http://www.eclipse.org/downloads/。

Eclipse 可以安装在各种操作系统下，在 Windows 下安装 Eclipse 作为 Java 开发环境，除了需要安装 Eclipse 之外，还需要安装 Java 的 JDK。

2．Eclipse 的安装

Eclipse 属于绿色软件，安装程序不会往注册表写入信息。Eclipse 安装程序是一个压缩包，只需要解压缩就可以运行 Eclipse，如图 1.13 所示。

在解压缩后的 eclipse 文件夹中可以找到 eclipse.exe，双击该文件运行 Eclipse 软件，如图 1.14 所示。

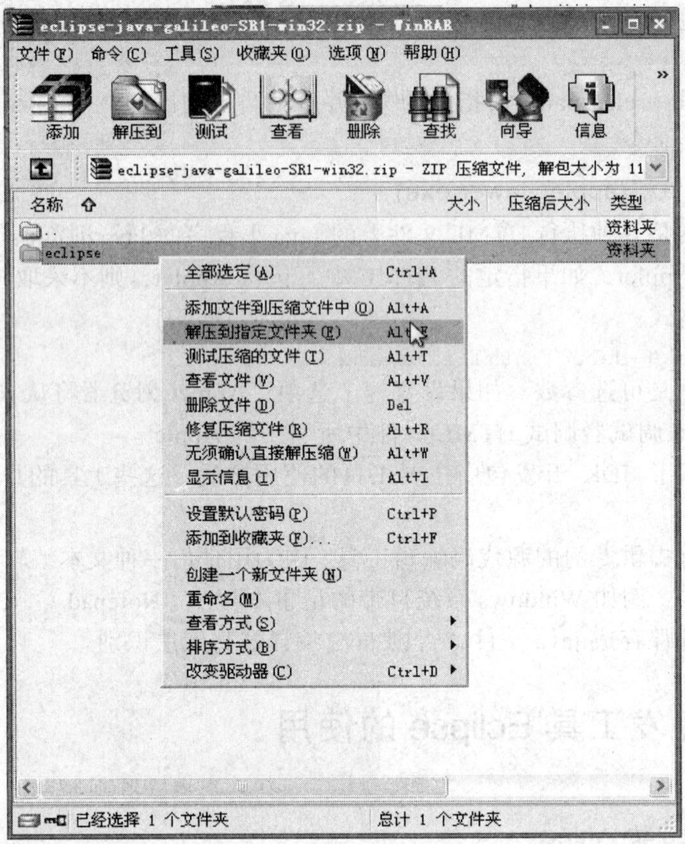

图 1.13　Eclipse 的安装

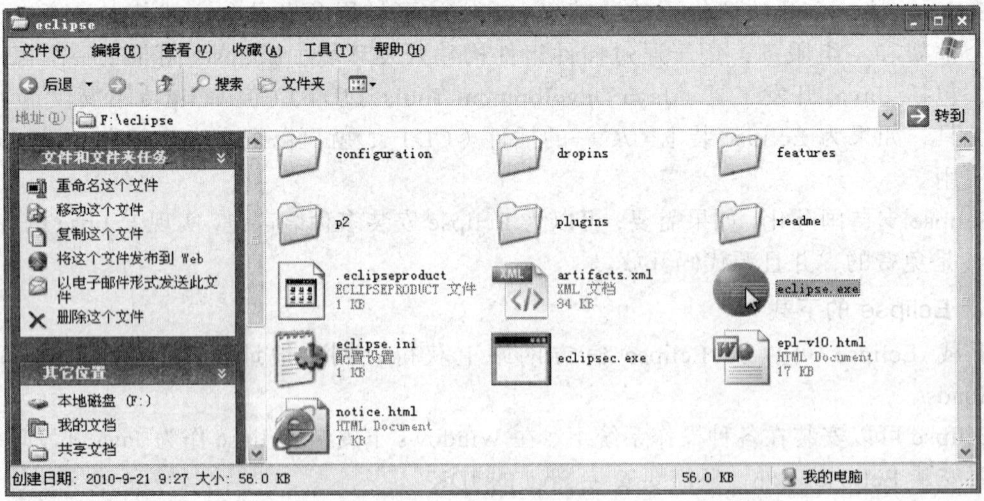

图 1.14　Eclipse 的运行

紧接着会打开运行界面，第一次启动 Eclipse 会提示设置工作空间，我们可以自定义一个目录，也可以选择默认目录，设置完后，单击 OK 按钮进入 Eclipse 开发环境的欢迎界面，如图 1.15 所示。

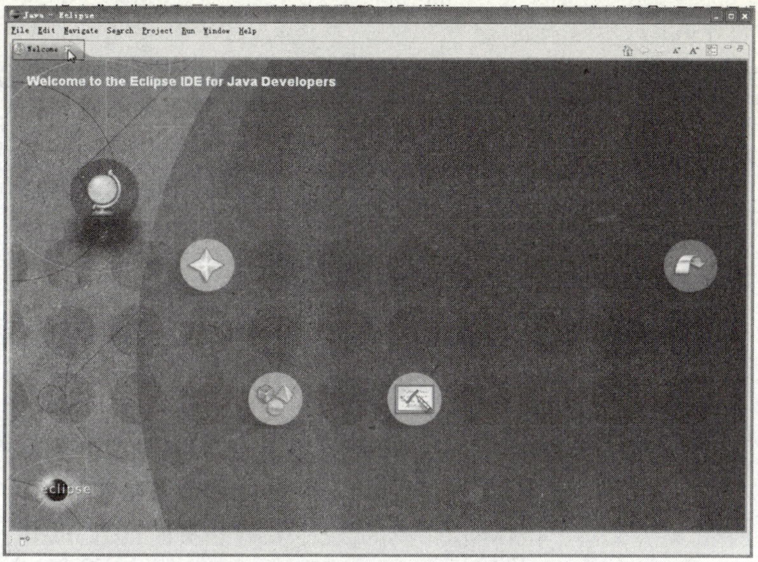

图 1.15　Eclipse 的欢迎界面

单击图 1.15 所示的关闭按钮关闭欢迎界面，进入开发界面，如图 1.16 所示。

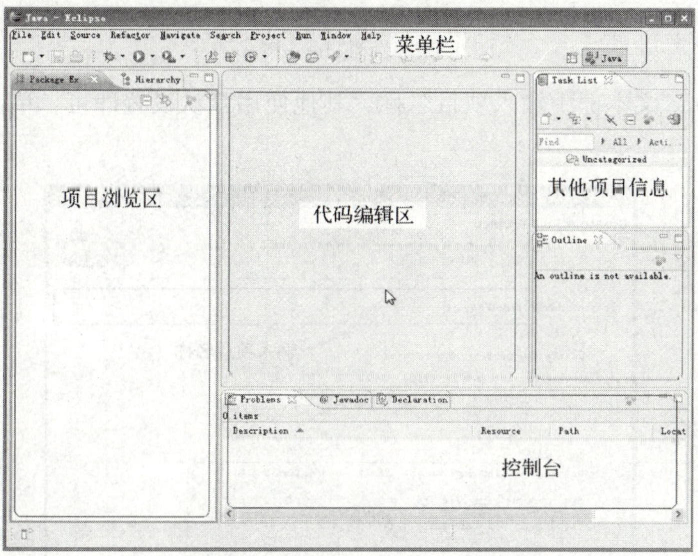

图 1.16　Eclipse 的开发界面

1.3.2　Eclipse 的使用

1．创建一个 Project（项目）

在 Eclipse 中，程序必须通过项目（Project）来组织，由于目前所学的是 Java 基础知识，开发的程序也都是基本的 Java 应用程序，所以为了适应需求，要创建一个 Java Project。步骤如下：

右击项目浏览区，在弹出的快捷菜单中依次选择 New→Java Project 命令，进入项目创建窗口，如图 1.17 所示。

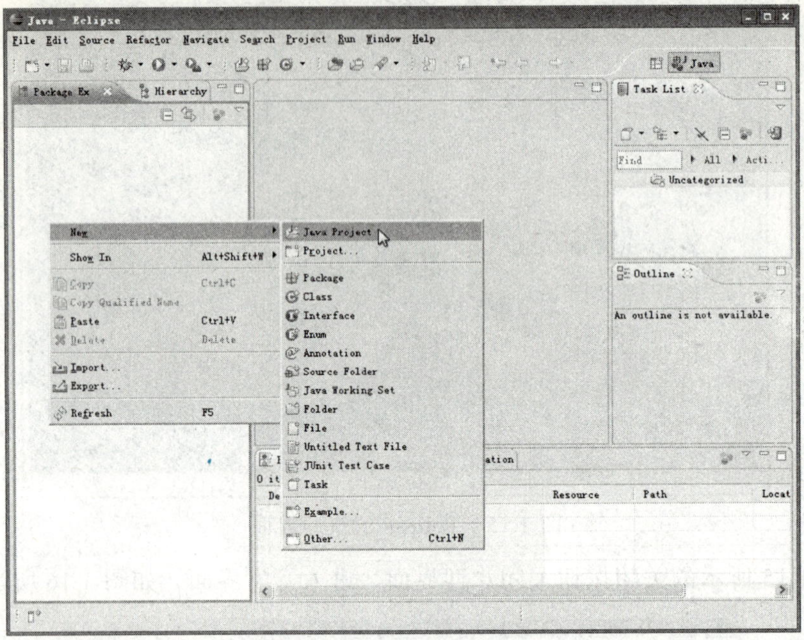

图 1.17　新建 Java Project

在 Project name 文本框中输入项目名称，其他使用默认设置即可，单击 Next 按钮继续，如图 1.18 所示。

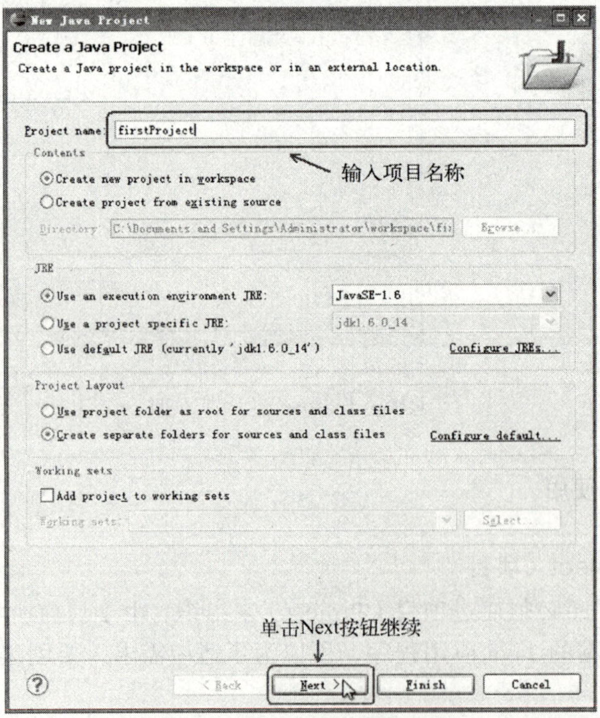

图 1.18　设置 Project 名称

紧接着弹出配置信息的窗口，窗口中的配置信息暂时不用修改，单击Finish按钮完成Java工程的创建。

2．创建 Java 应用程序

（1）右击项目浏览区的 firstProject，依次选择 New→Class 命令，弹出 Java 类创建的界面，在该界面中设置包名和类名，本例分别填写 exercise 和 HelloWord，单击 Finish 按钮完成类的创建，如图 1.19 所示。

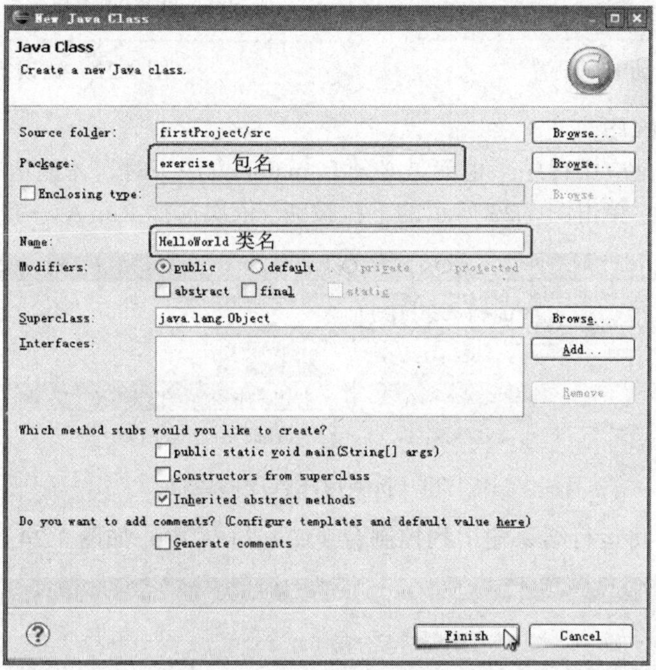

图 1.19　新建 Java 类窗口

（2）在代码编辑窗口中的 HelloWorld.java 的编辑区编写相关代码，如图 1.20 所示。

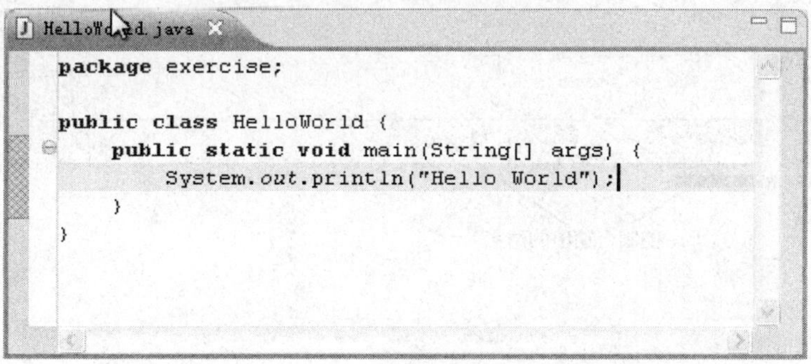

图 1.20　源代码编辑窗口

3．编译 Java 源文件

如果在菜单栏的 Project 选项卡中选择 Build Automatically（见图 1.21），当编写完代码单击“保存”按钮时，Eclipse 会自动对 Java 源文件进行编译。

如果编写的代码有错误，Eclipse 在代码编辑区会出现错误提示，如图 1.22 所示。

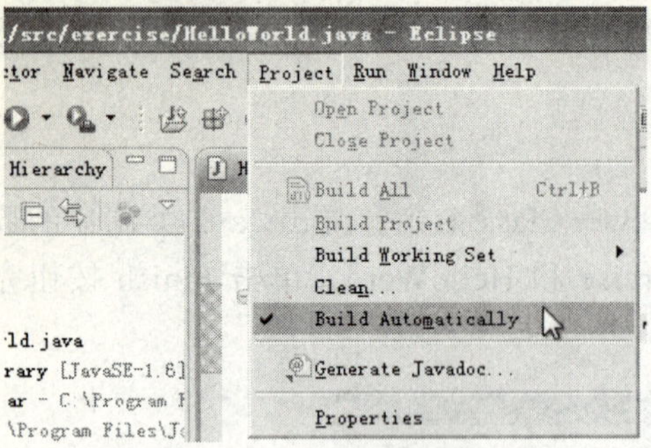

图 1.21　自动编译设置

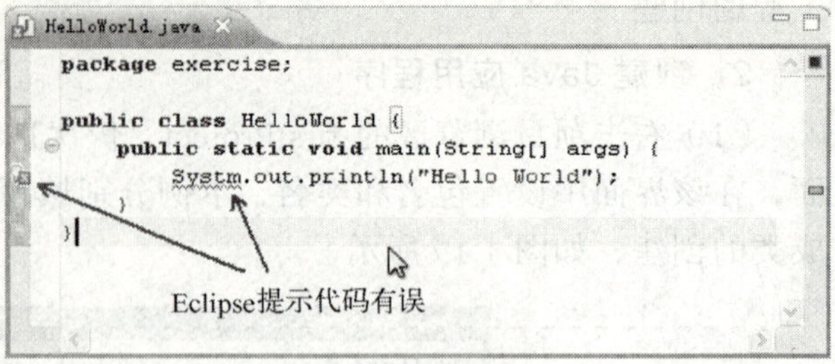

图 1.22　错误提示

4．运行 Java 程序

Java 程序必须是应用程序［也就是必须有 main()方法］时，才能运行。运行步骤如下：选中 Java 源文件后，单击图 1.23 所示的下拉按钮，依次选择 Run As→Java Application 命令。

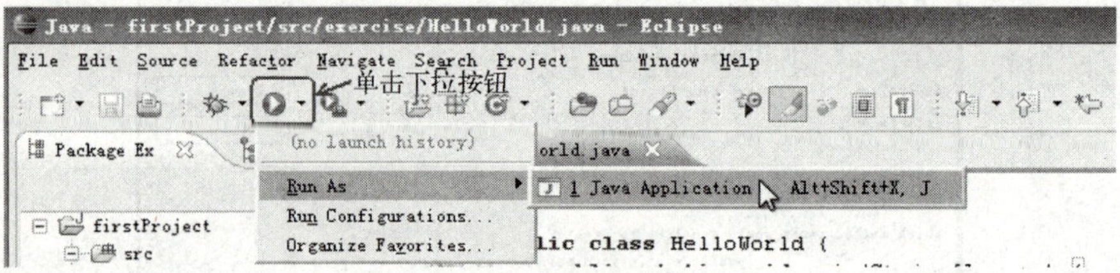

图 1.23　java 应用程序的运行

此时，Eclipse 将运行结果输出到控制台（Console）中，如图 1.24 所示。

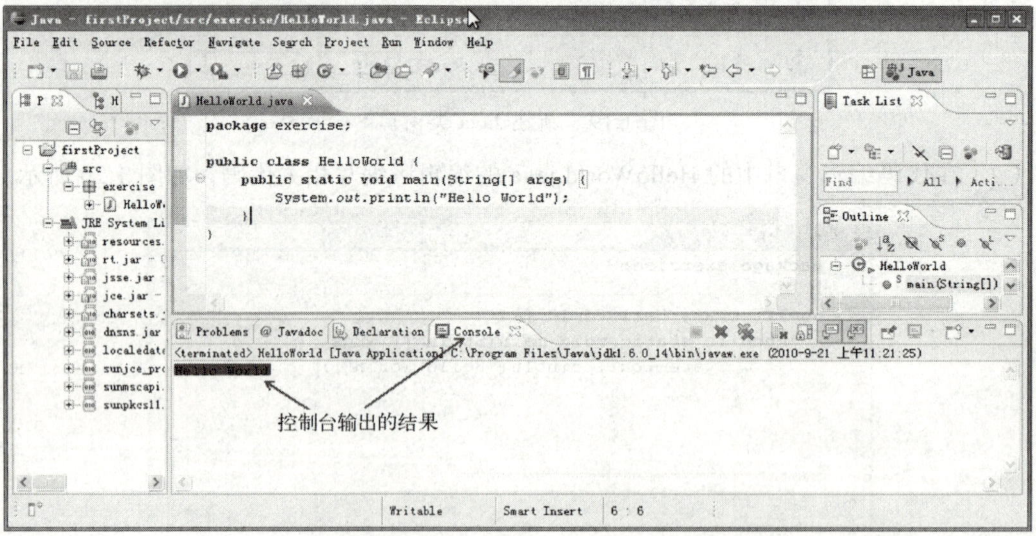

图 1.24　Console 控制台

以上是对 Eclipse 安装和使用的简要介绍，Eclipse 还提供了其他许多功能，例如对多种语言的支持，对 C\C++的开发环境的支持等。

本章小结

本章主要介绍 Java 语言的产生、发展历程、特点，Java 程序的分类和 Java 程序的开发过程，Java 的开发工具及环境变量的设置，Java 虚拟机（JVM）等知识，通过 Java 的两个简单程序 Java Application 和 Java Applet，使读者对 Java 程序有初步的认识。

通过本章的学习，读者应掌握 Java 语言中环境变量的设置及常用的 Java 工具（如 Java 编译器 javac.exe、Java 解释器 java.exe）的使用。在了解 Java 语言之后，要求掌握 Java 语言的分类及其特征。第 2 章将向读者讲解 Java 语言编程的基础知识。

思考与练习

一、选择题

1. Java 语言是在（　　）年正式推出的。

A. 1991　　B. 1992　　C. 2001　　D. 1995

2. 以下（　　）不属于 Java 语言的特点。

A. 健壮性　　B. 简单性　　C. 动态性　　D. 单线程

3. Java 平台共有（　　）个应用版本。

A. 1　　B. 2　　C. 3　　D. 4

4. 以下（　　）不是面向对象程序设计的原则。

A. 继承　　B. 多态　　C. 封装　　D. 过程性

5. 下列命令不是 JDK 中的命令是(　　)。

A. javac.exe　　B. csc.exe　　C. java.exe　　D. javadoc.exe

二、填空题

1. Java 程序的可以分为 Application 应用程序和__________。

2. Java 语言程序是通过__________编译之后产生字节码，然后由__________运行这些生成的字节码。

3. main()方法的声明格式包括__________。

三、简答题

1. 简单描述一下 Java 语言的显著特点。

2. Java Application 和 Java Applet 程序有何区别？

四、程序设计题

尝试编写一个 Java 源程序，使得程序运行后在控制台屏幕输出“Hello Java，I am× ×”，其中，× ×是用户自己的名字。

第 2 章

Java 语言基础

内容提要及教学目标

本章通过三个 Java 程序实例进行学习。通过"学生信息描述"实例，介绍了标识符、Java 关键字、Java 数据类型及其转换等相关基础知识；通过"员工工资扣税"实例，对常量与变量、运算符与表达式以及 Java 的语句等基础知识的进行充分而又简明的讲解；通过"简易日历表"实例，对程序流程控制语句做详细的介绍。通过本章的学习，读者应该掌握以下内容：

- 标识符和关键字。
- 数据类型。
- 常量和变量。
- 运算符与表达式。
- Java 程序的几种流程控制语句的格式、执行过程。

本章重点及难点

Java 语言基础知识（标识符和关键字、数据类型、常量和变量、运算符和表达式）；Java 程序的选择结构和循环结构。

2.1 "学生信息描述"实例

【实例说明】

本实例要求编写一个 Java 应用程序，对学生信息进行描述。程序运行界面如图 2.1 所示。

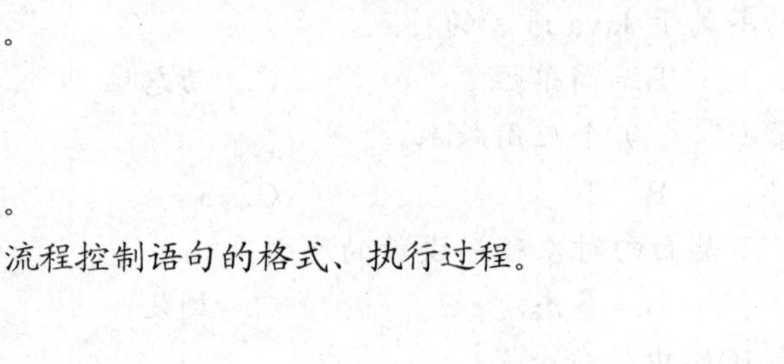

图 2.1　程序输出结果

【实例目的】

（1）学习并了解 Java 语言数据类型的分类。
（2）学习并理解标识符、关键字等概念。
（3）学习并掌握标识符的命名规则，熟练使用标识符。
（4）学习并掌握各种数据类型数据及表示形式。
（5）学习并掌握程序开发的一般步骤和方法。

【相关知识及注意事项】

2.1.1　标识符

1. 标识符的概念

程序员对程序中的各个元素加以命名时使用的命名记号称为标识符。换言之，Java 标识符即程序员自己起的类名、对象名、变量名、方法名、接口名等。

2. 标识符命名的基本规则

Java 标识符的命名，应该遵循以下几点规则：
（1）区分大小写，标识符长度不限。
（2）由字母、数字、下画线(_)和美元符号（$）以及所有在十六进制 0xc0 前的 ASCII 码组成。
（3）首字符必须是字母、下画线或$，不能以数字开头。
（4）不能使用 Java 关键字。

3. 标识符命名的一些约定

Java 标识符命名具有如下一些约定：
（1）标识符用作变量名：可大小写混写，首字符小写，字间分隔符用字的首字母大写。不用下画线，少用美元符号；给变量命名时尽量做到见名知义。
（2）标识符用作方法名：首字的首字母小写，其余的首字母大写，含大小写。尽量少用下画线。例如：setName、getName 等。
（3）标识符用作常量名：基本数据类型的常量名使用全部大写字母，字与字之间用下画线分隔。对象常量可大小混写。例如：SIZE_NAME。
（4）标识符用作类名和接口名：标识符部分的每个单词的首字母大写，含有大小写。例如：StudentInfo，HelloWorld 等。
例如本案例中对学生信息描述字段的标识符命名如下：

```
学生姓名: name
学生年龄: age
学生性别: sex
党员标识: partyMember
平均成绩: averageScore
```

2.1.2 关键字

关键字又称保留字，是 Java 语言专用的标识符，不能当作一般的标识符使用，它有专门的意义和用途。所有的 Java 关键字都不能被用作用户的标识符，如 for、while 和 boolean 等都是 Java 语言的关键字，Java 关键字见附录 A，这些关键字的含义在后面的相关章节中将会详细介绍。

例如，本案例中对学生信息描述字段时所用的数据类型标识符即关键字，如下所示。

```
整型：int
字符型：char
布尔型：boolean
字符串型：String
单精度浮点型：float
```

注意：

- Java 语言中的保留字均用小写字母表示。
- 在定义标识符的时候，千万不要和关键字相同，否则就会出错。

2.1.3 数据类型

在 Java 语言中，数据类型可分为基本数据类型和复合数据类型两大类。

1. 基本数据类型

Java 基本数据类型包括字节型（byte）、字符型（char）、短整型（short）、整型（int）、长整型（long）、单精度浮点型（float）、双精度浮点型（double）和布尔型（boolean）。基本数据类型的字节数、取值范围见表 2.1。

表 2.1 基本数据类型

类 型	说 明	字节数(位数)	取 值 范 围
boolean	布尔型	Java 虚拟机决定	true 和 false
byte	字节型	1(8 位)	$-2^7 \sim (2^7-1)$
char	字符型	2(16 位)	0 ~ 65 535
short	短整型	2(16 位)	$-2^{15} \sim (2^{15}-1)$
int	整型	4(32 位)	$-2^{31} \sim (2^{31}-1)$
long	长整型	8(64 位)	$-2^{63} \sim (2^{63}-1)$
float	单精度浮点型	4(32 位)	-3.403E+38 ~ 3.403E+38
double	双精度浮点型	8(64 位)	-1.798E+308 ~ 1.798E+308

例如本案例中通过各种数据类型的值对学生的相关信息进行描述，如下所示。

```
StudentInfo s = new StudentInfo();
s.name="李华";  //姓名"李华"为字符串型数据
s.age = 17;    // 年龄 17 为整型数据
s.sex = '男';  // 性别'男'为字符型数据
```

```
s.partyMember = false; //党员标识 false 为布尔型数据
s.totalScore = (float)367.9; //总成绩 367.9 为双精度浮点型数据
                    //(float)367.9 强制类型转换为单精度浮点型数据
```

2. 复合数据类型

复合数据类型也称引用数据类型，Java 语言的复合数据类型包括：类（class）、数组、接口（interface）等类型。其中，类是一种自定义的新数据类型，包括 Java 平台已有的定义和编程人员自定义两种形式。例如，把对基本数据类型的所有属性和方法封装起来形成一个类，就形成了基本数据类型的包装类型，包括字节(Byte)、短整数(Short)、整数(Integer)、长整数(Long)、浮点数(Float)、双精度浮点数(Double)、字符(Character)和布尔型（Boolean）等。String 为字符串类型，但从本质上来讲它是一个类，只是其对象较为特殊而已。

例如，本案例中为了对学生信息进行描述时定义类 StudentInfo 就是自定义的复合数据类型，如下所示。

```
StudentInfo s = new StudentInfo();
```

3. 类型转换

Java 数据在进行运算的过程中，会因为考虑其数据类型的范围和精度而对数据的类型进行转换。Java 数据类型的转换一般分三种，分别如下：

- 简单数据类型之间的转换；
- 字符串与其他数据类型的转换；
- 其他实用数据类型转换。

在此，我们主要讲述简单数据类型之间的转换，在 Java 中整型、实型、字符型被视为简单数据类型，简单数据类型之间的转换又可以分为：

- 低级到高级的自动类型转换；
- 高级到低级的强制类型转换。

1）自动类型转换

整型、实型、字符型数据可以混合运算。运算中，不同类型的数据先转化为同一类型，然后进行运算，转换由系统自动执行从低级到高级直接转换，称之为自动类型转换。数据类型由低级到高级关系如下：

低级 ——————————————————→ 高级

byte，short，char → int → long → float → double

例如本案例中对学生信息进行描述其成绩时就存在自动类型转换，如下所示。

```
s.scores[0]=78;          //78 默认为整型
                         //赋给 float 型变量会进行自动类型转换为 float 型
s.scores[1]=85;          //85 默认为整型，
                         //赋给 float 型变量会进行自动类型转换为 float 型
s.averageScore = (s.scores[0]+s.scores[1]+s.scores[2])/3;
      //表达式 (s.scores[0]+s.scores[1]+s.scores[2])/3 中的 3 在运算过程中
      //会进行自动类型转换为 float 类型，计算结果自动转换为 double 类型
```

自动转换规则见表 2.2。

表 2.2 基本数据类型

操作数 1 类型	操作数 2 类型	转换后的类型
byte、short、char	int	int
byte、short、char、int	long	long
byte、short、char、int、long	float	float
byte、short、char、int、long、float	double	double

2）强制类型转换

尽管自动类型转换是很有帮助的，但并不能满足所有的编程需要。例如，如果需要将 int 型的值赋给一个 byte 型的变量，这种转换不会自动进行，因为 byte 型的变化范围比 int 型的要小。这种转换有时称为“缩小转换”，因为肯定要将源数据类型的值变小才能适合目标数据类型。为了完成两种不兼容类型之间的转换，就要将高级数据转换成低级数据，这时就必须进行强制类型转换。所谓强制类型转换只不过是一种显式的类型变换，通用格式如下：

```
（数据类型）数据
```

或

```
（数据类型）（表达式）
```

例如，本案例中对学生信息进行描述其成绩时就存在强制类型转换，如下所示。

```
s.scores[2] = (float) 83.5; //83.5 默认为 double 型，
                              //将其赋值给 float 型变量时需进行强制类型转换
```

说明

（1）相同类型的数据运算，结果还是原类型。

（2）不同类型的数据运算，结果的类型为参与运算的类型中精度最高者。

（3）强制类型转换可能会导致溢出或精度下降，最好不要使用。

【代码及分析】

```
package ch02;
//文件 StudentInfo.java
public class StudentInfo {
    int age;                      //学生年龄
    char sex;                     //学生性别：'F'表示女性，'M'表示男性
    String name;                  //学生姓名
    boolean partyMember;          //党员标识
    float[] scores = new float[3]; //语文、数学、英语三门课的成绩
    float averageScore;           //学生平均成绩

    public static void main(String[] args) {
        StudentInfo s = new StudentInfo();
        s.name="李华";             //姓名"李华"为字符串型数据
        s.age = 17;               // 年龄 17 为整型数据
        s.sex = '男';             // 性别'男'为字符型数据
        s.partyMember = false; //党员标识 false 为布尔型数据
        s.scores[0]=78;           //78 默认为整型
                                  //赋给 float 型变量会进行自动类型转换为 float 型
        s.scores[1]=85;           //85 默认为整型，
                                  //赋给 float 型变量会进行自动类型转换为 float 型
```

```
        s.scores[2] = (float) 83.5; //83.5 默认为 double 型
                                    //赋值给 float 型变量时需进行强制类型转换
        s.averageScore = (s.scores[0]+s.scores[1]+s.scores[2])/3;
    System.out.println("\n 学生姓名: "+s.name+"\n 学生年龄: "+s.age
            +"\n 学生性别: "+s.sex+"\n 是否党员: "+s.partyMember
            +"\n 平均成绩: "+s.averageScore);
    }
    }
```

程序解释及常见问题如下：

（1）语句“float[] scores = new float[3];”定义的是数组，数组中的元素都是同一数据类型，所以在语句“s.scores[0]=78;”“s.scores[1]=85;”“s.scores[2] = **(float)** 83.5;”中都以不同方式将数据转换成为统一的 float 类型的数据。

（2）Java 内部使用 2 个字节表示每个字符，采用 Unicode 编码，所以 Java 中的字符可以是汉字。如语句 `s.sex = '男';`，汉字“男”在此做一个字符处理。

2.2 “员工工资扣税”实例

【实例说明】

本实例是输入任何一位员工的税前工资，即可计算得出员工工资扣税档次并输出，程序运行结果如图 2.2 所示。

图 2.2　程序输出结果

【实例目的】

（1）学习并掌握常量和变量的概念和使用。

（2）学习并掌握 Java 的运算符，理解各类运算符的优先顺序。

（3）学习并掌握表达式的计算，能根据程序的实际需要合理选择运算符并使用表达式。

（4）学习并掌握 Java 语句的特点及使用。

（5）学习并掌握程序开发的一般步骤和方法。

【技术要点】

1）2011 年 9 月 1 日起调整后，实行的 7 级超额累计个人所得税税率如下所示。

级数	全月应纳税所得额	税率/%	速算扣除数/元
1	不超过 1 500 元的	3	0
2	超过 1 500 元至 4 500 元的部分	10	105
3	超过 4 500 元至 9 000 元的部分	20	555
4	超过 9 000 元至 35 000 元的部分	25	1 005

5	超过 35 000 元至 55 000 元的部分	30	2 755
6	超过 55 000 元至 80 000 元的部分	35	5 505
7	超过 80 000 元的部分	45	13 505

2）个人所得税计算方法

（1）全月应纳税所得额=月薪金收入总额–3500–个人支付的社保和公积金费用；

如案例中相应程序段如下：

```
sg = (float) (grossPay * 0.1 + grossPay* 0.05); //计算社保和公积金额度
//根据公式计算全月应纳税所得额=月薪金收入总额-3500-个人支付的社保和公积金费用
allTaxableIncome = grossPay - 3500 -sg;
```

（2）全月应纳税额=全月应纳税所得额 × 适用税率－速算扣除数；

如案例中相应程序段如下：

```
//根据公式全月应纳税额=全月应纳税所得额×适用税率 - 速算扣除数，计算应纳税额
taxPay = allTaxableIncome* taxRate - quickDeduction;
```

【相关知识及注意事项】

2.2.1 常量

1. 常量的概念

常量是指直接用在程序中、在程序运行过程中固定不变的量。变量是指在程序运行过程中其值可以变化的量。

2. 常量的类型

Java 语言中的常量值是用数值或字符串表示的，包括如下几种类型：

1）整型常量

整型常量又称整数，在 Java 中，整数也可以用 4 种数制来表示。

（1）二进制整数

例如 0b101、–0B101，其中，每个数字位必须是 0 或 1。Java SE 7 开始，程序中凡出现以 0b(或 0B)开头的数字序列，一律作为二进制数处理。

（2）八进制整数

例如，010、027，其中，每个数字位必须是 0 ~ 7。程序中凡出现以数字 0 开头的数字序列，一律作为八进制数处理。

（3）十进制整数

例如，250、–12，其中，每个数字位必须是 0 ~ 9。

（4）十六进制整数

例如，0x80、0x1a，0X80、0X1A，其中，每个数字位必须是 0 ~ 9、a ~ f 或 A ~ F。程序中凡出现以 0x（或 0X）开头的数字序列，一律作为十六进制数处理。

Java 的默认整型常量类型为 int 类型，用 4 个字节表示。如果要表示 long 类型的整型常量，需要在整数后加上后续 L 或 l，表示长整型，它在机器中占 64 位。例如，1234567L，9876543201 等。

2）浮点常量

浮点常量是可以含有小数部分的数值常量。根据占用内存长度的不同，可以分为单精度浮点常量和双精度浮点常量两种。如果要表示单精度浮点常量，用 F 或 f 表示，如本案例中的税率 0.03f；双精度浮点常量占 64 位内存空间，可以在小数后面加后缀 D 或 d 进行表示，也可以不加后缀，因为默认的小数就是双精度。

浮点常量又称实数，它可以用两种形式表示，即小数形式和指数形式。

（1）小数形式

小数形式是由数字和小数点组成的（注意：必须要有小数点）。例如：0.123、.123、123.、0.0 都是以十进制小数形式的合法实数。

（2）指数形式

指数形式又称科学计数法。例如：十进制小数 180000.0，用指数形式可表示为 1.8e5；而十进制小数 0.00123，用指数形式可表示为 1.23E-03。这里的字母 E 表示以 10 为底的指数，也可以用小写的 e 表示。采用科学表示法时应注意，字母 E 或 e 前后必须要有数字，且 E 或 e 后面的指数必须为整数。例如，实数 123E4、135.6e-7、.123E8、0e0 都是合法的，而 E5、3.2e0.5、5E、.e3 都是不合法的。

3）字符常量

字符常量是用单引号括起来的一个字符。其中，单引号是字符常量的定界符。例如，'a'、'A'、'@'、';'、'6'等都是合法的字符常量，其中，'a'和'A'是不同的字符常量。

Java 还允许使用一些特殊形式的字符常量，它是以一个反斜杠“\”开头的字符序列，称为转义字符，意思是使反斜杠“\”后面的字符不再有原来的含义。例如，前面例题中出现的字符'\n'，不是表示字符反斜杠“\”和“n”，而是表示换行。Java 语言中常见的转义字符见表 2.3。

表 2.3　转义字符及其功能

字　符	功　能	ASCII 码
\0	表示字符串结束	0
\n	换行，将当前位置换到下一行的行首	10
\t	横向跳格，即从当前位置跳到下一个输出区	9
\v	竖向跳格	11
\b	退格，将当前位置移到前一列	8
\r	回车，将当前位置移到本行行首	13
\f	换页，将当前位置移到下页开头	12
\a	响铃	7
\'	单引号字符	39
\"	双引号字符	34
\\	反斜杠字符	92
\ddd	八进制数表示的 unicode 字符	0 ~ 377
\uhhhh	十六进制数表示的 unicode 字符	

注意：以“\”开头的转义字符，仅代表单个字符，而不代表多个字符。

4）字符串常量

与 C 语言相同，Java 语言的字符串常量是用双引号("　")括起来的一串字符，如"A"、"Hello Java !!"。不同的是，Java 语言的字符串常量是作为 String 类的一个对象来处理的，而不是一个数据。例如，案例中输出员工扣税情况时需要的“员工编号”定义如下：

```
String no = "10000";            //员工编号
```

后面将详细介绍 String 类。

5）布尔型常量

布尔数据类型用于表不两个逻辑状态之一的值：true（真）和 false（假），在控制语句中常用到它。Java 规定不可将布尔型看成整型值，它们不对应于任何整数值。

2.2.2 变量

1. 变量的定义

变量是指运行过程中值能够改变的量。定义变量的一般语法格式为：

```
[变量 修饰符]  变量类型说明符  变量名 列表[=初值];
```

（1）变量名是程序引用变量的手段。Java 语言中的变量名要符合标识符的命名规则。标识符是能被编译器识别而提供的、在程序中唯一的名字，可以是任意长度。如上述例子中的 level、quickDeduction、taxRate 和 taxPay 都是 Java 语言中合法的标识符。此外，变量的名称应具有一定的含义，以增加程序的可读性。

（2）变量修饰符是可选项，说明了变量的访问权限和某些规则，变量修饰符将在第二篇中详细讲解。

（3）变量类型说明符确定了变量的取值范围以及对变量所能进行的操作，关于变量类型可以是本章中所提到的任何数据类型。

（4）变量列表由一个或多个变量名组成。当要定义多个变量时，各变量之间用逗号分隔。

（5）初值是可选项，变量可以在定义的同时赋初值，也可以先定义，在后续程序中赋初值。

例如，案例中相关变量的定义如下：

```
int level = 0;                  //扣税级别
int quickDeduction = 0;         //员工工资扣税中，速算扣除数(元)
float taxRate = 0;              //税率
float taxPay;                   //应纳税额
float sb , gjj;                 //个人支付的社保和公积金费用额度
float grossPay;                 //税前工资
float allTaxableIncome;         //全月应纳税所得额
String no = "10000";            //员工编号
```

2. 变量的作用域

变量的作用域指明了可访问该变量的代码范围，声明一个变量的同时也就指明了变量的作用域。在一个确定的域中，变量名应该是唯一的。

按作用域来分，变量可以分为以下几种：

（1）局部变量：局部变量在方法或方法的一个块代码中声明，它的作用域为它所在的代

码块（整个方法或方法中的某块代码）。

（2）方法参数：方法参数传递给方法，它的作用域就是这个方法。

（3）异常处理参数：异常处理参数传递给异常处理代码，它的作用域就是异常处理部分。

（4）类（成员）变量：在类中声明，而不是在类的某个方法中声明，它的作用域是整个类。

3. 变量的初始化

初始化变量的常用形式有6种，具体操作方法如下：

（1）初始化一个变量，其格式为：

```
变量类型 变量名;
变量名 = 数据;
```

例如，本案例中对社保和公积金额度变量 sg 的定义和初始化，如下所示。

```
float grossPay;  //税前工资
grossPay = input.nextFloat();
```

（2）一行定义多个同样类型的变量再分别赋初值，其格式为：

```
变量类型 变量名1, 变量名2,  …, 变量名n;
变量名1 = 数据; 变量名2=数据; …; 变量名n=数据;
```

例如，本案例中对社保变量 sb 和公积金变量 gjj 的定义和初始化，如下所示。

```
float sb, gjj;  //个人支付的社保和公积金费用额度
sb = (float) (grossPay * 0.1 ); //计算社保额度
 gjj = (float) (grossPay* 0.05); //计算公积金额度
```

（3）定义和赋初值合并使用，其格式为：

```
变量类型 变量名=数据;
```

例如，本案例中对税率变量 taxRate 的定义和初始化，如下所示。

```
float taxRate = 0;  //税率
```

（4）一次定义多个同样类型的变量并且赋初值，其格式为：

```
变量类型 变量名1=数据, 变量名2=数据, … ,变量名n=数据;
```

（5）一次给多个变量赋同样的初值，其格式为：

```
变量名1=变量名2=…=变量名n=数据;
```

例如，本案例中对税率级别变量 level 和速扣除数变量 quickDeduction 的初始化，如下所示。

```
level = quickDeduction = 0;
```

（6）引用变量的赋值格式如下：

```
引用数据类型 变量名= new 引用数据类型( );
```

说明： 方法体中的变量必须初始化后才能使用，而类中的成员变量可自动进行初始化。关于类变量将在第二篇进行详细讲解。

2.2.3 运算符和表达式

1. 运算符

对各种类型的数据进行加工的过程称为运算，表示各种不同运算的符号称为运算符。

1）运算符的分类

Java 语言的运算符按参与运算的数据（即操作数）的数目分为：单目运算符（如++、--等）、双目运算符（如+、-、*、/等）、三目运算符（?:）。按功能可划分为：算术运算符、

赋值运算符、关系运算符、逻辑运算符、条件运算符、位运算符、逗号运算符等。

（1）算术运算符

算术运算符用于各类数值运算。包括正号（+）、负号（-）、加（+）、减（-）、乘（*）、除（/）、求余（或称模运算，%）、自增（++）和自减（--）9 种。

- 自增运算符的作用是使操作数完成自动加 1 的运算。例如，++a 表示在使用变量 a 前，完成变量 n 的加 l 运算；a++表示在使用变量 a 后，完成变量 a 的加 1 运算。
- 自减运算符的作用是使操作数完成自动减 1 的运算。例如，--a 表示在使用变量 a 前，完成变量 a 的减 1 运算；a--表示在使用变量 a 后，完成交虽 a 的减 1 运算。
- 求余运算是一个双目运算符，两个操作数都只能是整数。

```
a++  //变量 a 值自增 1
a--  //变量 a 值自减 1
a+3  //变量 a 值加 3
```

（2）赋值运算符

赋值运算符是一个双目运算符，作用是利用“＝”号，将表达式右例的数据传递给左侧的操作数。赋值运算符可分为简单赋值（=）、复合算术赋值（+=、-=、*=、/=，%=）和复合位运算赋值（&=、|=、^=、>>=、<<=、>>>=）3 类，共 12 种。

```
a=8     //将 8 赋值给变量 a
a+=3    //将 a 的值加 3 之后的值赋值给变量 a
a>>=2  //将变量 a 的值向右移动 2 位后的值赋值给变量 a
```

（3）逗号运算符

逗号运算符用于把若干表达式组合成一个表达式。在 C 和 C++里，逗号不仅作为函数自变量列表的分隔符使用，也作为进行后续计算的一个运算符使用。在 Java 里需要用到逗号的唯一场所就是 for 循环（for 循环在本章第 3 节将会进行详细讲解）。

```
for (i = 0, j=i%5; i < 10; i++, j++)
{
   k = i + j;
}
```

（4）关系运算符

Java 语言提供了 6 种关系运算符：大于（>）、小于（<）、等于（==）、大于等于（>=）、小于等于（<=）和不等于（!=）。

关系表达式的运行结果是一个布尔类型值：true 和 false。如果关系成立，表达式的值为 true；关系不成立，表达式的值为 false。

例如，本案例中对税率级别进行判定时，若 allTaxableIncome=1000，判定表达式 allTaxableIncome<=1500 的值为 true；若 allTaxableIncome=1600，判定表达式 allTaxableIncome<=1500 的值为 false；

（5）逻辑运算符

逻辑运算与关系运算的关系十分密切，关系运算的运算结果是布尔型的运算，而逻辑运算的操作数和运算结果都是布尔型的运算。

逻辑运算符有 6 种，分别为!（非）、&（非简洁与）、|（非简洁或）、^（异或）、&&（简洁与）、||（简洁或），其中，!是单目运算符。

Java 语言提供两种与和或的运算符：

① &&、||：逻辑表达式求值过程中，先求或运算左边表达式的值，对于或运算如果为 true，则整个逻辑表达式的结果就是 true，从而不再对右边的表达式进行运算；同样对于与运算，如果与运算左边表达式的值为 false，则整个逻辑表达式的结果就是 false，右边的表达式就不需再进行运算了。

② &、|：利用&、|做运算时，运算符两边的表达式都要被判断，即不管第一个表达式的结果能否推测出整个逻辑表达式的结果，都要对第二个表达式进行运算。

（6）条件运算符

条件运算符是三目运算符，相当于条件判断，其格式为：

```
表达式 ? 语句 1: 语句 2;
```

其中表达式的值是布尔类型，当表达式的值为 true 时执行语句 1，否则执行语句 2。要求语句 1 和语句 2 返回的数据类型必须相同，并且不能无返回值。

例如：

```
int  x = 5;
int  a = (x>3)? 5: 3;
```

则 a 的值为 5。如果 x=2，则 a 的值为 3。

（7）位运算符

位运算符是用来对整型数据的二进制位进行测试、置位或移位处理。位运算符包括位与（&）、位或（|）、位非（~）、位异或（^）、左移（<<）、右移（>>）和无符号右移（>>>）7 种，按功能划分为位逻辑运算符和位移位运算符。

① 位逻辑运算符

位逻辑运算符是对操作数的每位上进行相应的逻辑运算。位逻辑运算符共 4 种，其中～（非）为单目运算符，其余 3 种&（与）、|（或）、^（异或）为双目运算符，其逻辑运算规则同逻辑运算符。

表 2.4 列出了 Java 语言的位逻辑运算符。表 2.5 列出了位逻辑运算符运算规则。

表 2.4　位逻辑运算符

运　算　符	位运算表达式	功　能
~	~op1	按位取反
&	op1 & op2	按位与
|	op1 | op2	按位或
^	op1 ^ op2	按位异或

表 2.5　位逻辑运算符运算规则

op1	op2	~op1	op1 & op2	op1 | op2	op1 ^ op2
0	0	1	0	0	0
0	1	1	0	1	1
1	0	0	0	1	1
1	1	0	1	1	0

上述每一种位逻辑运算符根据其运算规则都有一定的用途：

- 逻辑与用途是清零：如果将一个存储单元清零，即使其全部二进制位为 0，可以找一个新数，原来数为 1 的位，新数中相应位为 0，原来数中为 0 的位，新数相应位可以为 0 或 1。再对两者进行&运算，就可以将其清零。
- 逻辑或的用途是置 1：如果将一个存储单元置 1，即使其全部二进制位为 1，可以找一个新数，原来数为 0 的位，新数中相应位为 1，原来数中为 1 的位，新数相应位可以为 0 或 1。再对两者进行运算，就可以将其置 1。
- 逻辑异或的用途有两种：一种是位特定位翻转，即将欲翻转的位与 1 进行异或运算；另一种是使特定位保留原值，即将欲翻转的位与 0 进行异或运算。

② 位移位运算符

位移位运算是针对整型数的二进制进行。这里的二进制并不是该数本身的二进制码，而是要进行编码。常用的编码有：原码、反码、补码。

移位运算符是把操作数的第一位向左或向右移动一定的位数。Java 中的位运算符如表 2.6 所列。

表 2.6　位移位运算符

运　算　符	位运算表达式	功　　能
<<	Op1<<n	Op1 左移 n 位
>>	Op1>>n	Op1 右移 n 位
>>>	Op1>>>n	Op1 无符号右移 n 位

对于位的移位运算符要进行如下说明：

① 左移运算中左移一位相当于乘以 2，右移一位相当于除以 2。用移位运算实现乘除比算术中的乘除法快。

② >>称为带符号位右移，进行右移运算时，最高位为 0，则左边补 0，最高位为 1，则左边补 1，即符号位不变。假设操作数按字节类型存储。

③ >>>称为无符号位右移，进行右移运算时，左端出现的空位用 0 补。假设操作数按字节存储。

注意：位运算中的操作数必须是二进制数，而逻辑运算中的操作数必须是 true 和 false。

（8）其他特殊运算符

包括括号( )、下标[ ]、对象运算符 instanceof 和内存分配运算符 new 等。

2）运算符的优先级和结合性

与运算符相关的两个概念分别是优先级和结合性。在对表达式求值时，先按运算符的优先级别由高至低依次执行，如先乘除后加减，而在一个运算数两侧的运算符优先级相同时，则按运算符的结合性所规定的结合方向处理。

Java 语言中各运算符的结合性分为两种，即自左向右和自右向左。例如：算术运算符的结合性是自左向右，赋值运算符的结合性是自右向左。

2. 表达式

（1）表达式的定义

运算符与一定的运算量按照相应的语法规则结合就组成了表达式，从而完成相应的运算。其中，运算量可以为常量、变量、函数调用，甚至可以为表达式。表达式求值按运算符的优先级和结合性所规定的顺序进行。

例如，税率的判定条件是：超过 1500 元至 4500 元的部分，税率为 10%。案例中判断 allTaxableIncome 是满足该条件的表达式如下：

```
(allTaxableIncome>1500 &&allTaxableIncome<=4500)
```

（2）表达式的分类

表达式的类型由运算以及参与运算的操作数的类型决定，可以是简单类型，也可以是复合类型：

```
布尔型表达式： allTaxableIncome<=1500
整型表达式： num1+num2
```

2.2.4 语句

Java 语句用于向计算机系统发出操作指令，主要可以分为以下几类：

1. 表达式语句

表达式语句是由表达式在其最后加一个语句结束标志分号构成。格式如下：

```
表达式;
```

例如：本案例对缴纳税额进行计算的时候，

```
taxPay = allTaxableIncome* taxRate - quickDeduction
```

是一个赋值表达式，而

```
taxPay = allTaxableIncome* taxRate - quickDeduction;
```

是一个赋值语句。

2. 方法调用语句

由一次方法调用加一个分号构成的语句。

例如，本案例中对扣税信息进行输出时的输出语句。

```
System.out.print(no+"员工: \n");
System.out.print("您的扣税级别是"+level+
        ", 该级别税率为"+taxRate+", 应缴纳的税额是: "+taxPay+"\n");
```

3. 空语句

只有一个分号的语句，什么都不做。有时用在循环语句中的循环体，用来实现空循环。下面是一个空语句：

```
;
```

4. 复合语句

可以用{ }把一些语句括起来构成复合语句。

例如本案例中对扣税级别判定后各变量的值的确定就是一个复合语句：

```
{
        level = 1;
        quickDeduction = 0;
```

```
        taxRate = 0.03f;
    }
```

5. 控制语句

控制语句主要完成程序控制功能。Java 提供了 8 种控制语句：if–else 语句、switch 语句、while 语句、do–while 语句、for 语句、break 语句、continue 语句和 return 语句。这些语句将在下一节中详细讲解。

【代码及分析】

```
//文件 TaxClass.java
public class TaxClass {
    public static void main(String[] args) {
        int level;                      //扣税级别
        int quickDeduction;             //员工工资扣税中，速算扣除数(元)
        float taxRate = 0;              //税率
        float taxPay;                   //应纳税额
        float sb, gjj;                  //个人支付的社保和公积金费用额度
        float grossPay;                 //税前工资
        float allTaxableIncome;         //全月应纳税所得额
        String no = "10000";            //员工编号

        level = quickDeduction = 0;
        Scanner input = new Scanner(System.in);
        System.out.print("请输入您的岗位编号: ");
        no = input.next();
        System.out.print("请输入您的税前工资: ");
        grossPay = input.nextFloat();
        sb = (float) (grossPay * 0.1 ); //计算社保额度
        gjj = (float) (grossPay* 0.05); //计算公积金额度
        //根据公式计算全月应纳税所得额
        allTaxableIncome = grossPay - 3500 -sb-gjj;

        if(allTaxableIncome<=1500){
            level = 1;
            quickDeduction = 0;
            taxRate = 0.03f;
        } else if(allTaxableIncome>1500 && allTaxableIncome<=4500){
            level = 2;
            quickDeduction = 105;
            taxRate = 0.10f;
        } else if(allTaxableIncome>4500 && allTaxableIncome<=9000){
            level = 3;
            quickDeduction = 555;
            taxRate = 0.20f;
        } else if(allTaxableIncome>9000 && allTaxableIncome<=35000){
            level = 4;
```

```
            quickDeduction = 1005;
            taxRate = (float) 0.25;
        } else if(allTaxableIncome>35000 && allTaxableIncome<=55000){
            level = 5;
            quickDeduction = 2755;
            taxRate = (float) 0.30;
        }else if(allTaxableIncome>55000 && allTaxableIncome<=80000){
            level = 6;
            quickDeduction = 5505;
            taxRate = (float) 0.35;
        }else if(allTaxableIncome>80000){
            level = 7;
            quickDeduction = 13505;
            taxRate = (float) 0.45;
        }

        //根据公式全月应纳税额=全月应纳税所得额×适用税率－速算扣除数，计算应纳税额
        taxPay = allTaxableIncome* taxRate - quickDeduction;

        System.out.print(no+"员工：\n");
        System.out.print("您的扣税级别是"+level+
                "，该级别税率为"+taxRate+"，应缴纳的税额是："+taxPay+"\n");
    }
}
```

程序解释及常见问题如下：

（1）语句“qjj = (float) (grossPay* 0.05);”在进行赋值的同时还进行了数据类型的转换。需注意的是：数据类型的转换有两种形式：系统自动转换和强制转换。在本条语句中，先是在进行乘法运算的表达式“grossPay* 0.05”中进行系统自动类型转换，接着在赋值运算过程中进行了强制类型转换(**float**) (grossPay* 0.05)。

（2）在用关系表达式表示数学的不等式时要注意两者的区别，要在以后的过程中习惯程序设计语言中的关系表达式的表示形式。如要表达 1500<allTaxableIncome<4500 这个数学表达式，程序设计语言要用 && 运算分段表达，即 allTaxableIncome>1500 && allTaxableIncome<=4500。

【应用扩展】

程序给出的计算应缴纳税额的方法，该方法完善后可形成一个“个人扣税计算器”；另外，还可以进行反推计算，已知某人缴纳的税额，可推出其税前所得。

2.3 “简易日历表”实例

【实例说明】

本实例是在一个页面上输出 1900 年以后任意一年的简易日历表，程序运行界面如图 2.3

所示。

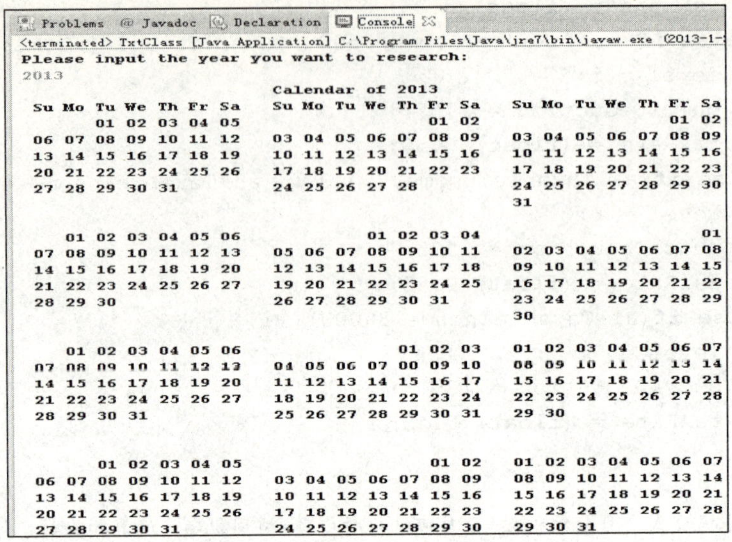

图 2.3 程序输出结果

【实例目的】

（1）学习并掌握简单 if 语句和嵌套 if 语句在多分支结构中的用法。

（2）学习并掌握 for 语句在固定次数循环中的用法。

（3）学习并掌握 while 语句在循环结构中的用法。

（4）学习并掌握 do–while 语句在循环结构中的用法。

（5）学习并了解 break 语句、continue 语句等跳转语句。

（6）学会有关日历表的相关计算方法。

（7）学习并掌握简单循环和多重循环结构程序开发的一般步骤和方法。

【技术要点】

1）自 1990 年之后，“每年的 1 月 1 日是星期几”的求解方案

（1）给定 1900 年 1 月 1 日是星期一。

（2）若某一年的总天数为 365 天，将其除以 7，得余数为 1，则下一年 1 月 1 日的星期为当年 1 月 1 日的星期加 1；若某一年的总天数为 366 天（即闰年），将其除以 7，得余数为 2，则下一年 1 月 1 日的星期为上一年 1 月 1 日的星期加 2。例如，1999 年的 1 月 1 日为星期五，则 2000 年的 1 月 1 日为星期六，而 2001 年的 1 月 1 日为星期一，因为 2000 年为闰年。

例如，案例中相应的程序段如下：

```
// 通过运行时输入的值给出当前日历表所对应的年份
int year = new Scanner(System.in).nextInt();
// 用于计算所给定年份 1 月 1 日为星期几，初值为 1900 年的 1 月 1 日星期一
int Ospa3 = 1;
// 从 1900 开始，计算其后每年的 1 月 1 日为星期几，直到求出指定年份的 1 月 1 日为星期几
for (i = 1900; i < year; i++)
    // 若是闰年，其后年份的 1 月 1 日加 2 天，否则加 1 天
    if (i % 4 == 0 && i % 100 != 0 || i % 400 == 0)
```

```
        Ospa3 += 2;
    else
        Ospa3++;
// 由于7天为一周，所以Ospa3的最终取值应为模7的余数
Ospa3 %= 7;
```

2）“每个月的1日是星期几”的求解方案

（1）首先计算当年1月1日对应的星期。

（2）从2月开始，每月的1日对应的星期应为其上月1日的星期和上月的总天数之和除以7的余数。例如，2008年1月1日为星期二，则2月1日应为(2+31)%7=5，即星期五。

【相关知识及注意事项】

2.3.1　程序的控制结构

在编写程序时，我们往往会遇到由一个语句块跳转到另一个语句块的情况。如果没有流程控制语句，编写的程序只能按照顺序执行。Java语言提供了三种类型的流程控制结构：

- 选择结构：if–else, switch。
- 循环结构：while, do–while, for。
- 与程序转移有关的跳转语句：break, continue, return。

2.3.2　选择结构

在现实生活中，事务处理的过程不是简单地从开始到结束的顺序过程，中间可能会根据具体情况的不同进行不同的操作，这就是选择（也称为分支或条件）。程序语言中的选择结构就是为了适应现实生活中的各种各样的判断而提出的，选择结构可以根据某些表达式的值有选择地执行特定的语句。Java语言主要提供了if语句和switch语句两种选择结构。

1. if语句

if语句，也称为条件语句，是根据给定条件进行判定，以决定执行某个分支程序段。Java中的if语句有两种形式。

（1）if语句

if语句的语法格式如下：

```
if(布尔表达式)
{
    语句块1
}
```

例如，案例中如下程序段：

```
if (i % 7 == 0)
        System.out.print("  "); // 每行中月份之间的空格
```

其中：

- 布尔表达式一般为关系表达式或逻辑表达式，其值为true 或 false。
- 语句块1可以是单条语句，也可以是复合语句。
- if 语句的执行过程为：若布尔表达式值为真，则执行语句块1；否则，不执行该语句

块，而执行 if 语句的后续语句，如图 2.4 所示。

（2）if–else 语句

if–else 语句的语法格式如下：

```
if(布尔表达式)
{   语句块 1  }
else
{   语句块 2  }
```

例如，案例中如下程序段：

```
//若是闰年，其后年份的 1 月 1 日加 2 天，否则加 1 天
if(i%4==0&&i%100!=0||i%400==0)
    Ospa3+=2;
else
    Ospa3++;
```

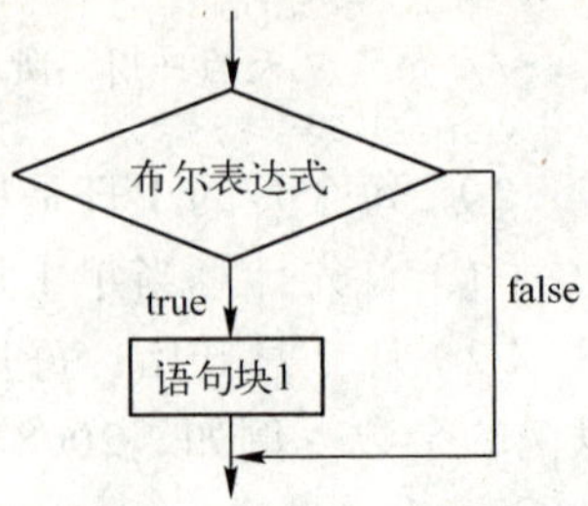

图 2.4　ifa 语句执行过程

其中：

- 布尔表达式一般为关系表达式或逻辑表达式，其值为 true 或 false。
- [] 所括的 else 子句部分是可选的，它必须和 if 成对出现。
- 语句块 1 和语句块 2 可以是单条语句，也可以是复合语句。
- if–else 语句的执行过程为：若布尔表达式值为真，则执行语句 1；否则执行语句 2，如图 2.5 所示。

if 语句的嵌套。现实生活中的条件往往并不单一，在一定的条件下，又需要满足其他的条件才能确定相应的操作。为此，Java 提供了 if 语句的嵌套功能，即一个 if 语句能够出现在另一个 if 语句或 if-else 语句里。if 语句的嵌套语法格式如下：

```
if (布尔表达式 1)
    { 语句块 1   }
else  if (布尔表达式 2)
    { 语句块 2   }
        ⋮
else  if (布尔表达式 n)
      { 语句块 n   }
else
       { 语句块 n+1   }
```

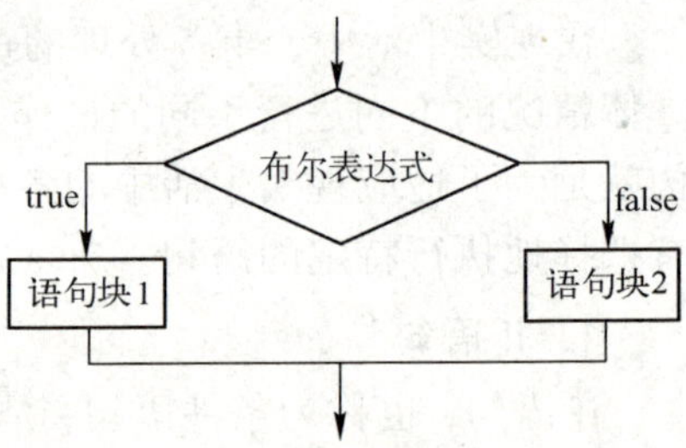

图 2.5　if–else 语句执行过程

例如，案例中如下程序段：

```
if ((i - 1) / 7 == 0) // 每一行的前 7 列输出第 1 个月
        System.out.print(spa1-- <= 0 && day1 <= cou1 ? day1 < 10 ? " 0"
                                + day1++ : " " + day1++ : "   ");
else if ((i - 1) / 7 == 1)// 每一行的中间 7 列输出第 2 个月
        System.out.print(spa2-- <= 0 && day2 <= cou2 ? day2 < 10 ? " 0"
                                + day2++ : " " + day2++    : "   ");
    else// 每一行的后 7 列输出第 3 个月
        System.out.print(spa3-- <= 0 && day3 <= cou3 ? day3 < 10 ? " 0"
                                + day3++     : " " + day3++ : "   ");
```

表示的含义是：如果表达式 1 为真，执行语句块 1；否则对表达式 2 进行判断，如果表达式 2 为真，则执行语句块 2；否则继续判断，直至某个表达式为真就执行对应的语句。如果所有表达式均为假，则执行语句块 n+1。if 嵌套语句的执行过程如图 2.6 所示。

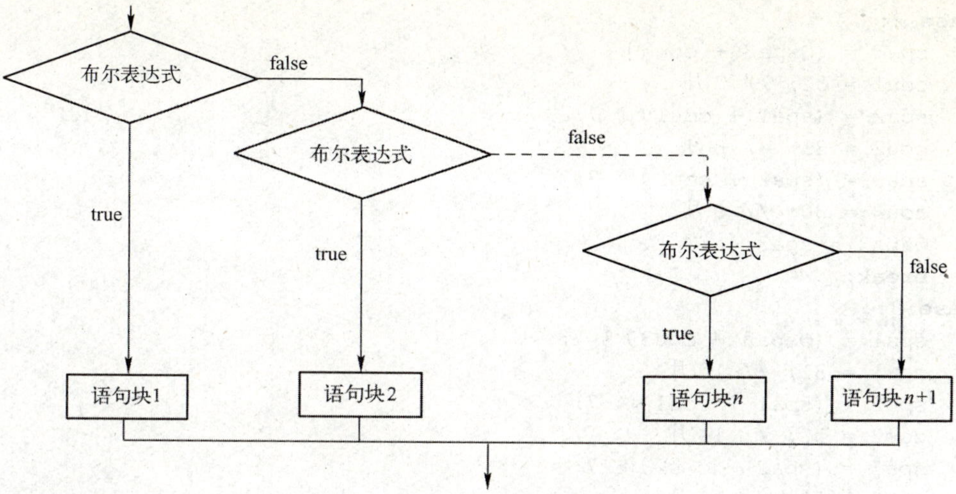

图 2.6 嵌套 if 语句执行过程

2. switch 语句

对于多选择分支的情况，可以用 if 语句的 if–else 形式或 if 语句嵌套处理，但大多数情况下显得比较麻烦。为此，Java 提供了另一种多分支选择结构——switch 语句。

switch 语句的一般形式如下：

```
switch(表达式){
    case 常量1:语句块1[break;]
    case 常量2:语句块2[break;]
            …
    case 常量n:语句块n[break;]
    [default:语句块n+1]
}
```

例如，案例中如下程序段：

```
switch (j / 7) {
case 0:
    spa1 = Ospa3;
    cou1 = 31; // 1月
    spa2 = (spa1 + cou1) % 7;
    cou2 = leap ? 29 : 28; // 2月
    spa3 = (spa2 + cou2) % 7;
    cou3 = 31; // 3月
    Ospa3 = spa3;
    break;
case 1:
    spa1 = (Ospa3 + cou3) % 7;
    cou1 = 30; // 4月
    spa2 = (spa1 + cou1) % 7;
    cou2 = 31; // 5月
    spa3 = (spa2 + cou2) % 7;
    cou3 = 30; // 6月
    Ospa3 = spa3;
    break;
```

```
    case 2:
        spa1 = (Ospa3 + cou3) % 7;
        cou1 = 31; // 7月
        spa2 = (spa1 + cou1) % 7;
        cou2 = 31; // 8月
        spa3 = (spa2 + cou2) % 7;
        cou3 = 30; // 9月
        Ospa3 = spa3;
        break;
    case 3:
        spa1 = (Ospa3 + cou3) % 7;
        cou1 = 31; // 10月
        spa2 = (spa1 + cou1) % 7;
        cou2 = 30; // 11月
        spa3 = (spa2 + cou2) % 7;
        cou3 = 31; // 12月
        break;
    }
```

其中：

（1）switch 语句表达式的值和 case 子句中的常量值的类型必须一致。

表达式的值支持 int 类型相容的数据类型，即 byte、short、char 和 int 四种类型。Java 7 之后，switch 语句控制表达式的值也支持字符串，例如下列程序代码：

```
    private static void switchString(String str) {
        switch (str) {
        case "one":
            System.err.println("1");
            break;
        case "two":
            System.out.println("2");
            break;
        default:
            System.out.println("err");
        }
    }
```

以上代码中 case 子句中的常量值为字符串，这在 Java 7 之前并不支持，但是 Java 7 以后都可以这样使用了。

（2）各 case 子句中的常量值不能相同。

（3）语句可以是单条语句，也可以是复合语句。

switch 语句的执行过程如下：首先对 switch 后面圆括号内表达式的值进行计算，然后从上至下找出与表达式的值相匹配的 case，以此作为入口，执行 switch 结构中后面的各语句块。若表达式的值与任何 case 均不匹配，则执行 default 后面的语句块。如果没有 default 部分，将不执行 switch 语句中的任何语句块，而直接转到 switch 语句后的语句执行。

使用 switch 语句，应注意以下几个问题：

（1）default 子句及其后的语句块 n+1 可以省略。

（2）case 子句和 default 子句出现的次序是任意的，也就是说，default 子句也可以位于

case 子句的前面，且 case 子句的次序也不要求按常量值的顺序排列。

（3）case 子句只起到一个标号的作用，用来查找匹配的入口，并从此开始执行其后面的语句块，对后面的 case 子句不再进行匹配。因此，在每个 case 分支后，用 break 语句来终止后面的 case 分支语句的执行。有一些特殊情况，如多个不同的 case 值要执行一组相同的语句块，在这种情况下，可以不用 break 语句。

处理多分支情况时，用 switch 语句代替 if 语句可以简化程序，使程序结构清晰明了，增强可读性。

2.3.3　循环控制结构

循环结构是指在满足一定条件的前提下，某些语句或操作可以重复执行的处理结构。程序中循环结构有三种：while 语句、do–while 语句和 for 语句。循环结构中，程序流程从循环的开始到循环的结束都依赖于循环的控制条件判断。在每次循环时都需要对循环控制的布尔表达式运算，由这个表达式的值来确定循环是继续还是结束。循环流程总是在控制条件判断的值为 true 时，循环得以继续，控制条件判断的值为 false 时循环结束。

在循环的结构中，循环是由四个部分组成，根据不同的循环语句，它们之间执行顺序有所不同，这四个组成部分是：

- 初始化部分（initalization）：　为循环设置初始量；
- 判断部分（condition）：　布尔表达式，其值决定循环是否继续；
- 循环体部分（body）：　循环的代码段（语句）；
- 迭代部分（iteration）：　每循环一次，改变循环控制变量的值。

1. while 语句

while 语句的语法格式如下：

```
while(布尔表达式){
    循环体语句块
}
```

while 语句的执行过程如下：首先计算表达式的值，若表达式的值为 true，执行循环体语句块，然后再次计算表达式的值，重复上述过程，直到表达式的值为 false，则退出循环。

例如：本案例中输出星期提示列表，程序段如下所示。

```
// 输出星期列表，每行显示 3 个星期
i = 1;
while (i <= 3){
    System.out.print(Weeks);
    i++;
}
```

while 语句的特点是：先计算表达式的值，然后执行语句，因此当表达式的值一开始就为 false 时，循环体将一次也不执行。程序执行流程图如图 2.7 所示。

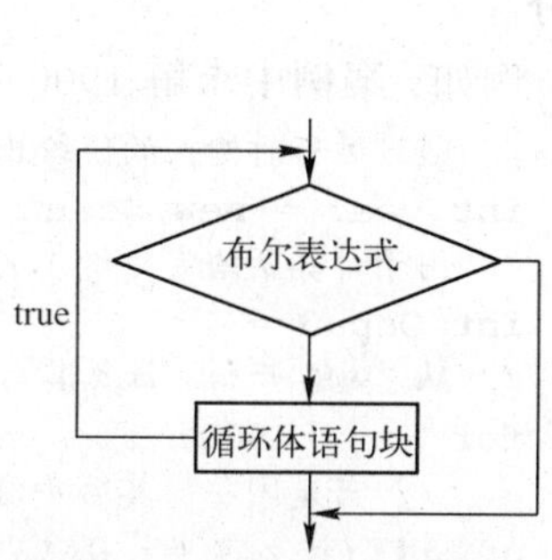

图 2.7　while 循环结构流程图

使用 while 语句时，应注意以下几个问题：

（1）语句可以是单条语句，也可以是复合语句。

（2）为了避免产生“死循环”，循环控制变量要动态变化或在循环体中有使循环趋向于

结束的语句。

2. do-while 语句

do-while 语句的一般格式如下：

```
do {
    循环体语句块
}while(布尔表达式);
```

do-while 语句的执行过程如下：首先执行作为循环体的语句，然后再计算表达式的值，当表达式的值为 true 时，再执行循环体中的语句，重复上述过程，直到表达式的值为 false 时，结束循环。

例如，本案例中输出星期提示列表的 while 循环结构也可以改写为 do-while 循环结构，程序段如下所示。

```
// 输出星期列表，每行显示 3 个星期
i = 1;
do{
    System.out.print(Weeks);
    i++;
} while (i <= 3) ;
```

do-while 语句的特点是：先执行循环体中的语句，然后再计算表达式的值，因此即使一开始条件就不成立，循环体也执行一次。使用 do-while 语句时，应注意结尾处 while（布尔表达式）后的分号不能省略。程序执行流程图如图 2.8 所示。

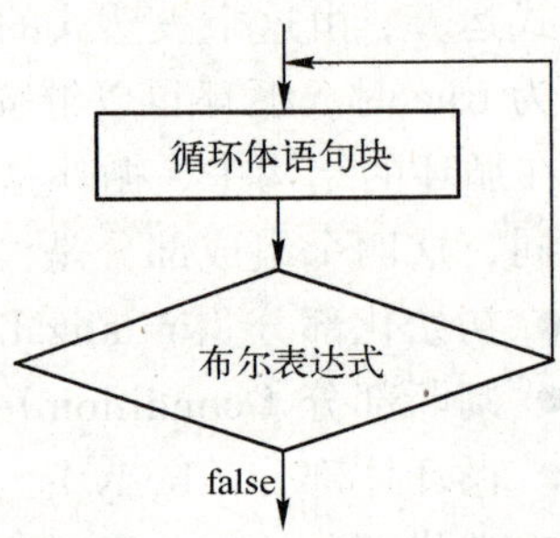

图 2.8　do-while 循环结构流程图

3. for 语句

for 语句的一般格式如下：

```
for([表达式 1];[表达式 2];[表达式 3])
{
  循环体语句块
}
```

表达式 1 通常用于变量的初始化，表达式 2 是一个布尔表达式，一般用来判断循环是否继续执行，表达式 3 通常用于更新循环控制变量的值。循环体语句块是 for 语句重复执行的部分。

例如，案例中求解 1900 年后的任一年（如 2013 年）的 1 月 1 日是星期几的程序段如下：

```
// 通过运行时输入的值给出当前日历表所对应的年份
int year = new Scanner(System.in).nextInt();
// 用于计算所给定年份 1 月 1 日为星期几，初值为 1900 年的 1 月 1 日星期一
int Ospa3 = 1;
// 从 1900 开始，计算其后每年的 1 月 1 日为星期几，直到求出指定年份的 1 月 1 日
for (i = 1900; i < year; i++)
    // 若是闰年，其后年份的 1 月 1 日加 2 天，否则加 1 天
    if (i % 4 == 0 && i % 100 != 0 || i % 400 == 0)
        Ospa3 += 2;
    else
        Ospa3++;
Ospa3 %= 7; // 由于 7 天为一周，所以 Ospa3 的最终取值应为模 7 的余数
```

for 语句的执行过程如下：

（1）求解表达式 1。

（2）求解表达式 2，若表达式 2 的值为 true，执行语句；若表达式 2 的值为 false，则退出循环。当表达式 2 的值一开始就为 false 时，循环体将一次也不执行。

（3）求解表达式 3，转（2），如图 2.9 所示。

使用 for 语句时，应注意以下几个问题：

（1）循环体语句块可以是单条语句，也可以是复合语句。

（2）表达式 1、表达式 2 和表达式 3 都可以省略，但作为分隔符的分号一定要保留。当省略表达式 2 时，相当于无限循环（循环条件总为 true），这时就需要在 for 语句的循环体中设置相应的语句，以结束循环。

（3）for 语句中的表达式 1 和表达式 3 可以是简单表达式，也可以是逗号表达式。

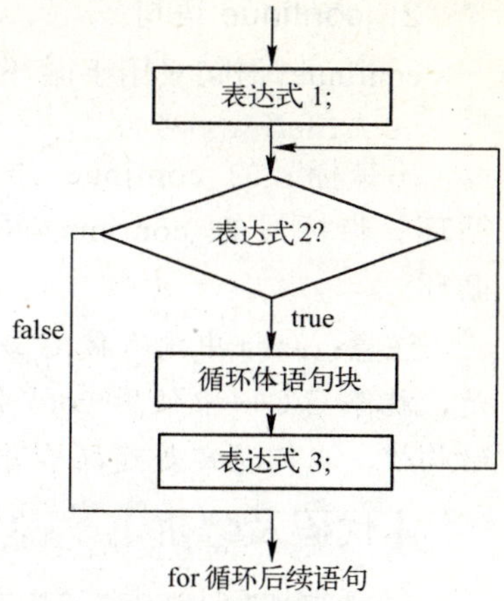

图 2.9　for 循环结构流程图

2.3.4　break 和 continue 语句

1. break 语句

break 语句在 switch 语句中，用于终止 switch 语句的执行，使程序跳出 switch 语句块转而从 switch 语句的下一语句开始执行。

break 语句的另一种使用情况就是跳出它所指定的块，并从紧跟该块的第一条语句处执行。break 语句的语法格式为：

```
break  [标号];
```

break 语句有两种形式：不带标号和带标号。标号是一个标识符，用于给程序块起一个名字。标号必须位于 break 语句所在的封闭语句的开始处。

不带标号的 break 语句只能终止包含它的最小程序块，有时希望终止更外层的块，可使用带标号的 break 语句，它使得程序流程转到标号指定语句块的后面执行。

例如，可以通过不带标号的 break 语句终止循环，来实现 1901—2008 年之间任意一年的 1 月 1 日是星期几的求解，参考程序段如下：

```
// 通过运行时输入的值给出当前日历表所对应的年份
int year = new Scanner(System.in).nextInt();
// 用于计算所给定年份 1 月 1 日为星期几，初值为 1900 年的 1 月 1 日星期一
int Ospa3 = 1;
// 从 1900 开始，计算其后每年的 1 月 1 日为星期几，直到求出指定年份的 1 月 1 日为星期几
for (i = 1900; i < year; i++)
    // 若是闰年，其后年份的 1 月 1 日加 2 天，否则加 1 天
    if (i % 4 == 0 && i % 100 != 0 || i % 400 == 0)
            Ospa3 += 2;
        else
            Ospa3++;
// 由于 7 天为一周，所以 Ospa3 的最终取值应为模 7 的余数
Ospa3 %= 7;
```

2. continue 语句

continue 语句只用于循环结构中，它的语法格式为：

```
continue  [标号];
```

不带标号的 continue 语句的作用是终止当前循环结构的本轮循环，直接开始下一轮循环；带标号的 continue 语句的作用是把程序直接转到标号所指定的代码段的下一轮循环。

注意：Java 中没有像 C 或 C++中那样的 goto 语句，标号就相当于是一种 goto 语句。但是，就像 C/C++中使用 goto 会破坏代码的可读性一样，在 Java 中使用标号也会影响代码的结构性。我们通常是建议尽可能避免使用标签，一定要用时务必要谨而慎之。

【代码及分析】

```java
// 文件 MyCalendar.java
public class MyCalendar {

    public static void main(String[] args) {
        String Weeks = " Su Mo Tu We Th Fr Sa  "; // 星期列表
        int i, j; // 循环控制变量
        System.out.println("Please input the year you want to research:");
        // 通过运行时输入的值给出当前日历表所对应的年份
        int year = new Scanner(System.in).nextInt();
        // 用于计算所给定年份 1 月 1 日为星期几，初值为 1900 年的 1 月 1 日星期一
        int Ospa3 = 1;
        // 从 1900 开始，计算其后每年的 1 月 1 日为星期几，直到求出指定年份的 1 月 1 日
        for (i = 1900; i < year; i++)
            // 若是闰年，其后年份的 1 月 1 日加 2 天，否则加 1 天
            if (i % 4 == 0 && i % 100 != 0 || i % 400 == 0)
                Ospa3 += 2;
            else
                Ospa3++;
        // 由于 7 天为一周，所以 Ospa3 的最终取值应为模 7 的余数
        Ospa3 %= 7;
        // 输出日历的第一行提示信息
        System.out.println("\t\t\tCalendar of " + year);
        // 输出星期列表，每行显示 3 个星期
        i = 1;
        while (i <= 3){
            System.out.print(Weeks);
            i++;
        }
        System.out.println("");
        // 存放连续 3 个月的 1 日对应的星期和当月的总天数
        int spa1=0, spa2=0, spa3=0, cou1=0, cou2=0, cou3=0;
        // 存放连续 3 个月的当前日期
        int day1=0, day2=0, day3=0;
        // 判断当年是否是闰年，为了计算当年 2 月份的天数
        boolean leap = year%4 == 0 && year%100 != 0 || year % 400 == 0;
```

```
    for (j = 1; j <= 28; j++) {
        if ((j - 1) % 7 == 0) {
            day1 = 1;
            day2 = 1;
            day3 = 1; // 设置连续 3 个月的日期输出均从 1 号开始
            // 分别设置一年中每个月 1 日的星期和当月的总天数
            switch (j / 7) {
            case 0:
                spa1 = Ospa3;
                cou1 = 31; // 1 月
                spa2 = (spa1 + cou1) % 7;
                cou2 = leap ? 29 : 28; // 2 月
                spa3 = (spa2 + cou2) % 7;
                cou3 = 31; // 3 月
                Ospa3 = spa3;
                break;
            case 1:
                spa1 = (Ospa3 + cou3) % 7;
                cou1 = 30; // 4 月
                spa2 = (spa1 + cou1) % 7;
                cou2 = 31; // 5 月
                spa3 = (spa2 + cou2) % 7;
                cou3 = 30; // 6 月
                Ospa3 = spa3;
                break;
            case 2:
                spa1 = (Ospa3 + cou3) % 7;
                cou1 = 31; // 7 月
                spa2 = (spa1 + cou1) % 7;
                cou2 = 31; // 8 月
                spa3 = (spa2 + cou2) % 7;
                cou3 = 30; // 9 月
                Ospa3 = spa3;
                break;
            case 3:
                spa1 = (Ospa3 + cou3) % 7;
                cou1 = 31; // 10 月
                spa2 = (spa1 + cou1) % 7;
                cou2 = 30; // 11 月
                spa3 = (spa2 + cou2) % 7;
                cou3 = 31; // 12 月
                break;
            }
        }
        // 在屏幕上输出日历，一行显示 3 个星期,共输出 21 列
        for (i = 1; i <= 21; i++) {
            if ((i - 1) / 7 == 0) // 每一行的前 7 列输出第 1 个月
                System.out.print(spa1--<=0&&day1<=cou1?day1<10? " 0"
```

```
                        + day1++ : " " + day1++ : "   ");
            else if ((i - 1) / 7 == 1) // 每一行的中间 7 列输出第 2 个月
                System.out.print(spa2--<=0&& day2<=cou2?day2<10?" 0"
                        + day2++ : " " + day2++   : "   ");
            else
                // 每一行的后 7 列输出第 3 个月
            System.out.print(spa3--<=0&&day3<=cou3?day3< 10 ? " 0"
                          + day3++    : " " + day3++ : "   ");
            if (i % 7 == 0)
                System.out.print("  "); // 每行中月份之间的空格
        }
        System.out.println("  "); // 换行
      }
    }
}
```

程序解释及常见问题如下：

（1）“boolean leap=year%4==0&&year%100!=0||year%400==0;”语句的作用是判断当年是否是闰年，其判断依据是：“四年一闰，百年不闰，四百年又闰。”

（2）“System.out.print(spa1--<=0&&day1<=cou1?day1<10?" 0"+day1++:" "+day1++:" ");”语句的作用是：要使得每月 1 日与星期相对应地显示在屏幕上，就得在开始前加若干个空格，空格数由此月 1 日的星期决定。在显示时，每个月的天数不能超过其总天数，所有超过部分都应用空格代替。另外，所有的日期数字均以两位数的方式显示，故需要在一位的数字前加 0。

语句的执行过程为：如果“spa1--<=0&&day1<=cou1”表达式的值为真，就计算“day1<10?" 0"+day1++:" "+day1++”表达式，此表达式是一个三目运算，须继续判断。如果“day1<10”表达式为真，计算“" 0"+day1++”表达式，否则计算“" "+day1++”表达式。此语句相当于以下的程序段：

```
if(spa1--<=0&&day1<=cou1)
        if(day1<10)  System.out.print(" 0"+day1++);
        else   System.out.print(" "+day1++);
else
        System.out.print ("   ");
```

【应用扩展】

程序是在一个页面上显示某一年的 12 个月，也可以利用下拉式菜单有选择地进行显示，并且在一个页面上只显示一个月份的信息。

本章小结

本章主要介绍了 Java 程序设计语言的基础知识。通过“学生信息描述”案例，介绍了 Java 语言的标识符和关键字及其数据类型；通过“员工工资扣税”案例，介绍了 Java 的常量与变量、运算符、表达式和 Java 语句；通过“简易日历表”案例，详细讲述了 Java 中的程序控制结构的特点及使用。通过这些内容的学习，读者能够掌握编写简单条件和复杂条件结构的程序的相关知识，能编写具有简单循环和多重循环结构的程序的相关知识。

思考与练习

一、选择题

1. 下面无效的标识符为（　　）。

A. A1234　　B. _two　　C. jdk1_3　　D. 2_cugii

2. 以下（　　）不是 Java 的原始数据类型。

A. int　　B. boolean　　C. float　　D. String

3. Float 与 float 的区别是（　　）。

A. float 是一个基本类型而 Float 是一个类

B. float 是一个类而 Float 是一个基本类型

C. 都是基本类型

D. 都是类

4. 以下代码段执行后的输出结果为（　　）。

```
int  x=3;
int  y=10;
System. out. println(y%x);
```

A. 3　　B. 1　　C. 0　　D. 2

5. 有以下方法的定义，该方法的返回类型为（　　）。

```
ReturnType  method(byte x, double y)
{
    return  (short)x/y*2;
}
```

A. byte　　B. short　　C. int　　D. double

二、填空题

1. 在 Java 中，int 数据类型所占的位数为____________。

2. 布尔型 boolean 有____________和____________两种取值。

3. Java 语言的各种数据类型之间提供两种转换：____________和强制转换。

4. Java 中的返回语句是____________语句。

5. else 子句不能单独作为语句使用，它必须和 if 子句配对使用，else 子句和 if 子句配对的原则是：else 子句总是与____________的 if 子句配对使用。

三、程序分析题

1. 阅读如下程序，给出运行结果。

```
public class Ex1_3_1{
   public static void main(String args[]){
      int i=1,j=10;
      do{
           if(i>j)continue;
           j--;
      }while(++i<6);
      System.out.println("i="+i+",j="+j);
```

```
    }
}
```

2. 阅读如下程序，给出运行结果。

```
public class Ex1_3_2{
   public static void main(String args[]){
         for(int i=1;i<=4;i++)
         switch(i){
              case 1: System.out.print("a");
              case 2: System.out.print("b");  break;
              case 3: System.out.print("c");
              case 4: System.out.print("d");  break;
         }
    }
}
```

四、程序设计题

1. 用循环语句分别打印如图 2.10 所示的九九乘法表。

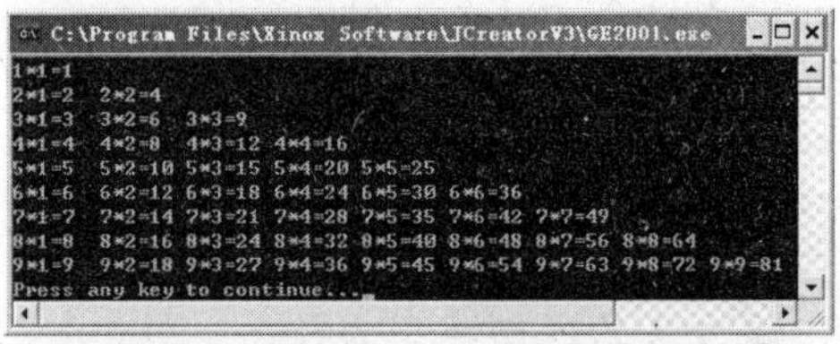

（a）九九乘法表 1

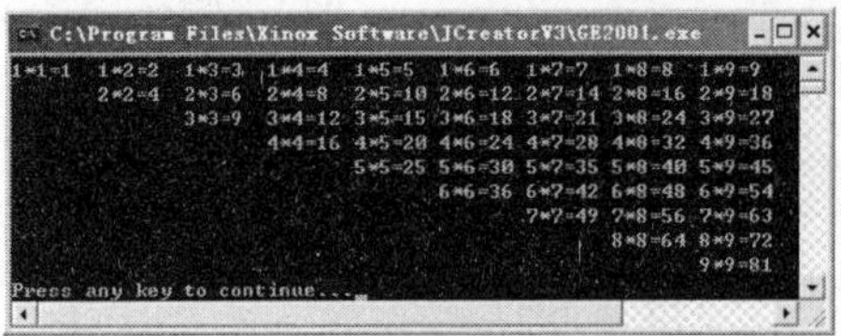

（b）九九乘法表 2

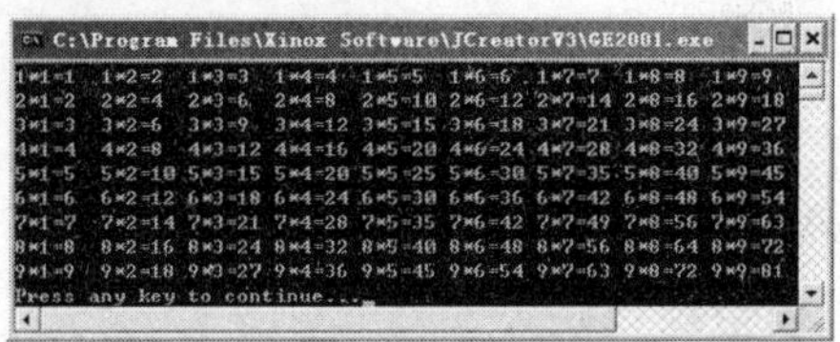

（c）九九乘法表 3

图 2.10　3 种九九乘法表

2. 编写一个简单的考试程序，如图 2.11 所示，要求：

（1）随机给出一系列的 1～100 的操作数。

（2）随机给出一系列的运算符，在屏幕上输出操作数和运算符组成的表达式，格式为："操作数 1　运算符　操作数 2 =?"。

（3）等待用户输入计算结果，如果计算结果正确，输出提示信息："正确！"，同时输出用户计算本题的用时，时间以秒表示，即完整的输出格式为："正确！用时：n 秒。"；如果计算结果错误，则输出提示信息："错误！答案：+【本题的答案】。"；如果用户输入"A"或"a"，则输出本题的答案，格式为："答案：+本题的答案，请多努力！"。

图 2.11　简单的考试系统

（4）前面的题目处理结束后，提示用户是否继续，如果输入"Y"或"y"，则继续抽下一道题，否则退出程序。提示格式为："继续吗(Y/N)？"。

第3章

数组和字符串

内容提要及教学目标

本章通过两个Java程序实例进行学习。通过"Fibonacci数列和杨辉三角形求值"实例，介绍了一维数组、多维数组以及main()方法中的args[ ]数组的相关知识及使用方法；通过"恺撒密码"实例，对字符串常量、字符串变量、从字符数组生成字符串、字符串的一系列操作及转换等相关概念及使用方法进行了详细的讲解。通过本章的学习，读者应该掌握以下内容:

- 一维数组的定义及使用。
- 多维数组的定义及使用。
- 字符串常量、变量的定义及使用。
- 从字符数组生成字符串。
- 字符串的相关操作及转换。

本章重点及难点

一维数组及多维数组的定义和使用；字符串的相关操作；字符串的转换。

3.1 "Fibonacci数列和杨辉三角形求值"实例

【实例说明】

斐波纳契数列（Fibonacci Sequence），又称黄金分割数列，指的是这样一个数列：1，1，2，3，5，8，13，21，…在数学上，斐波纳契数列以如下被以递归的方法定义：$F_0=0$，$F_1=1$，$F_n=F_{n-1}+F_{n-2}$（$n\geqslant 2$，$n\in\mathbf{N}^*$）。在现代物理、准晶体结构、化学等领域，斐波纳契数列都有直接的应用，为此，美国数学会从20世纪60年代起出版了《斐波纳契数列》季刊，专门刊载这方面的研究成果。

杨辉三角形，又称贾宪三角形、帕斯卡三角形，是二项式系数在三角形中的一种几何排列。二项式定理与杨辉三角形是天然的一对，它把数形结合带进了计算数学。求二项式展开式系数的问题，实际上是一种组合数的计算问题。用系数通项公式来计算，称为"式算"；用杨辉三角形来计算，称作"图算"。其实，中国古代数学家在数学的许多重要领域中处于遥遥领先的地位。中国古代数学史曾经有自己光辉灿烂的篇章，而杨辉三角的发现就是十分精彩的一页。

本实例分别通过一维数组实现 Fibonacci 数列前 32 项的求值并将序列打印输出，通过二维数组实现杨辉三角形前 10 行的求值并打印输出，程序运行界面如图 3.1 所示。

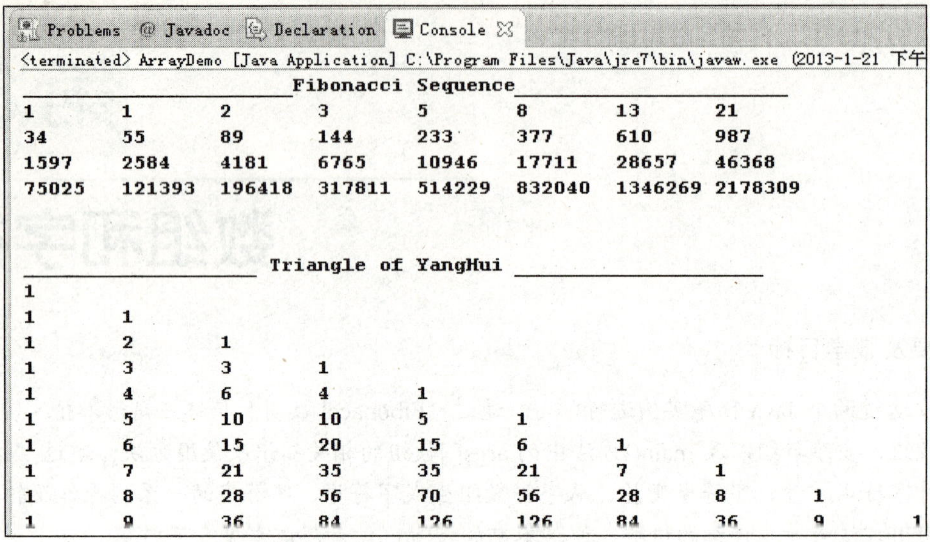

图 3.1　Fibonacci 数列和杨辉三角形求值

【实例目的】

（1）熟悉并掌握定义和初始化一维数组、二维数组的方法以及引用数组元素的方法。

（2）熟练掌握利用数组分别求解 Fibonacci 数列前 n 项的具体方法以及求解杨辉三角形前 n 行数据的具体方法。

【技术要点】

（1）利用一维数组求 Fibonacci 数列的前 n 项

该数列的初值及递推公式表示如下：

$$\begin{cases} F_1=1 & \text{当 } n=1 \\ F_2=1 & \text{当 } n=2 \\ F_n=F_{n-1}+F_{n-2} & \text{当 } n\geqslant 3 \end{cases}$$

（2）利用二维数组求解杨辉三角形前 n 行的数据

杨辉三角形可以看作 $n\times n$ 方阵的下三角，各行的数值分布有如下规律：

① 数组的第 0 列和对角线元素为 1。

② 数组的其余各元素是上一行同列和上一行前一列的两个元素之和。

例如，案例中存放杨辉三角形数据的二维数组赋值方法如下：

```
for( i=0;i<10;i++){
   TriangleYH[i][0]=1;
   TriangleYH[i][i]=1;
}
for( i=2;i<10;i++)
  for(int j=1;j<i;j++)
   TriangleYH[i][j]=TriangleYH[i-1][j-1]+TriangleYH[i-1][j];
```

【相关知识及注意事项】

3.1.1 一维数组

数组是相同类型的数据按顺序组成的一种复合数据类型。通过数组名加数组下标来使用数组中的数据。下标从 0 开始。Java 中的数组实际上属于系统定义的类 Array，其中定义了一些数据成员和方法。

一维数组是最简单的数组，在 Java 中，数组是作为数组类的一个实例来处理的，故可以用 new 运算符来建立一个数组。由于数组中每一个元素都作为一个单独的对象来考虑，因而必须逐一建立，所以定义的时候，必须显式或隐含地指明数组中对象的数目。

1. 一维数组的声明和创建

（1）一维数组的声明

数组变量在使用之前要事先声明，其数组元素的类型可分为三类，第一类是 Java 的基本数据类型；第二类是 Java 类和接口类型（引用类型）；第三类是数组类型。声明一维数组有以下两种格式：

```
数组元素类型  数组名字[];
```

或

```
数组元素类型[]  数组名字;
```

以上两种定义方式完全等价。

例如，案例中一维数组 Fibonacci 的声明如下：

```
int Fibonacci[];
```

该声明也可以用以下方式进行：

```
int[] Fibonacci;
```

（2）一维数组的创建

声明数组仅仅是给出了数组名字和元素的数据类型，要想真正地使用数组，还必须为它分配内存空间，即创建数组。在为数组分配内存空间时必须指明数组的长度。

为一维数组分配内存空间的格式如下：

```
数组名 = new  数组元素类型[数组元素的个数];
```

例如：本案例中为 Fibonacci 数组分配空间，代码如下：

```
Fibonacci = new int[32];
```

声明数组和创建数组可以一起完成，例如：

```
int Fibonacci[] = new int[32];
```

2. 一维数组的初始化

所谓初始化，就是在为数组的元素分配内存空间的同时，为每个数组元素赋初始值。Java 数组必须先初始化，然后才能使用。初始化的方式有静态初始化和动态初始化两种：

（1）静态初始化

静态初始化是由程序员显式地指定每个数组元素的初值，由系统决定数组的大小。使用静态初始化方式进行数组的初始化时只指定数组元素的初始值，不指定数组长度。例如：

```
int Fibonacci[]= new int[]{1,1,2,3,5,8,13,21,34,55};
```

也可以简化初始化方式：

```
int Fibonacci[]={1,1,2,3,5,8,13,21,34,55};
```

上述语句相当于：

```
int Fibonacci[]=new int[10];
Fibonacci[0]=1;
Fibonacci[1]=1;
Fibonacci[2]=2;
Fibonacci[3]=3;
Fibonacci[4]=5;
Fibonacci[5]=8;
Fibonacci[6]=13;
Fibonacci[7]=21;
Fibonacci[8]=34;
Fibonacci[9]=55;
```

在这种情况下，数组的存储空间不需要再用 new 运算符来分配。

（2）动态初始化

数组的动态初始化是指程序员仅指定数组长度，由系统为每个数组元素分配一个默认的初始值，如 float 型的默认值是 0.0。在声明数组的同时也可以给数组元素一个初始值，例如本案例中为 Fibonacci 数组进行初始化如下所示。

```
Fibonacci=new int[32];
```

该案例中，系统为 Fibonacci 数组中的每个数组元素都分配一个默认的初始值 0。

系统按如下规则指定初值：

- 整数类型（byte、short、int 和 long）数组元素的值为 0。
- 浮点类型（float、double）数组元素的值是 0.0。
- 字符类型 char 的数组元素值是 ASCII 码值为 0 的字符，即'\u0000'。
- 布尔类型 boolean 数组元素的值是 false。
- 类、接口和数组等对象类型，其数组元素的值是 null。

注意：不要静态初始化和动态初始化同时使用，也就是说不要在进行数组初始化时既指定数组的长度，也为每个数组元素分配初始值。

例如，下列初始化就是错误的：

```
int Fibonacci[]= new int[10]{1,1,2,3,5,8,13,21,34,55}; //错误
```

这行代码编译的时候是通过不了的，会提示编译错误。

3. 一维数组元素的引用

在 Java 中，可以通过数组名加下标的方式使用数组元素。需要注意的是，下标从 0 开始。

引用一维数组元素的方式为：

```
数组名[下标 ]
```

例如本案例访问并输出 Fibonacci 数组元素的值，程序代码如下：

```
// 访问并输出一维数组的元素
for (i = 0; i < Fibonacci.length; i++) {
    System.out.print(Fibonacci[i] + "\t");
    if ((i + 1) % 8 == 0)
        System.out.println("");
    }
```

在 Java 中，每个一维数组都有一个属性 length 指明它的长度。例如上述案例代码中的 Fibonacci.length 是指明数组 Fibonacci 的长度。

3.1.2 多维数组

数组元素有多个下标的数组就是多维数组。多维数组是一种数组的数组，例如，当数组的元素又是一维数组时，该数组就是一个二维数组。在 Java 程序中，可以有三维数组，或四维数组等。由于多维数组中用得较多的还是二维数组，因而以下以二维数组为例说明多维数组声明、创建和引用的方法，其他多维数组可以依此类推。

1. 二维数组的声明和创建

（1）二维数组的声明

声明二维数组的一般形式有以下 3 种：

```
数组元素类型  数组名[][];
```

或

```
数组元素类型[][]  数组名;
```

或

```
数组元素类型[] 数组名 [];
```

类似的代码可以声明多维数组。

如案例中二维数组 TriangleYH 的声明如下：

```
int[][] TriangleYH;
```

以上声明也可以用以下方式进行：

```
int TriangleYH[][];
```

或者以如下方式声明：

```
int[] TriangleYH[];
```

（2）二维数组的创建

创建二维数组对象的方法以下几种：

① 直接分配（平衡二维数组——矩阵）。

```
数组名=new  数组元素类型[行数][列数];
```

或者，声明和创建一起完成：

```
数组元素类型  数组名[][]=new 数组元素类型[行数][列数];
```

例如：本案例中为 Fibonacci 数组分配空间，代码如下：

```
TriangleYH=new int[10][10];
```

声明和创建一起完成的话，程序代码如下：

```
int TriangleYH=new int[10][10];
```

Java 要求在编译时（即在源代码中）二维数组至少有一维的尺度已确定，其余维的尺度可以在以后分配。

② 从最高维开始，分别对每一维分配不等长的空间（非平衡数组）。

以二维数组为例，先指定第一维，创建有指定子数组个数的二维数组然后，依次对每个子数组确定元素个数，并创建子数组。

例如，本案例中的二维数组 TriangleYH，前 3 个子数组，第一个子数组有 1 个元素，第 2 个子数组有 2 个元素，第 3 个子数组有 3 个元素，创建这样一个二维数组，其声明和创建代码如下：

```
int TriangleYH[][] = new int[3][];  //创建第 1 维，确定有 3 个子数组
```

```
TriangleYH[0]= new int [1];          //创建第 1 个子数组，有 1 个元素
TriangleYH[1]=new int[2];            //创建第 2 个子数组，有 2 个元素
TriangleYH[2]=new int[3];            //创建第 3 个子数组，有 3 个元素
```

③ 直接赋值创建。声明二维数组，同时直接给出各子数组的元素。如果子数组的元素个数不同，则创建是一个非平衡的二维数组。例如，创建本案例中存储杨辉三角的前三行的数组代码如下：

```
int TriangleYH[][] ={{1},    //第 1 个子数组，有 1 个元素
                    {1,1},   //第 2 个子数组，有 2 个元素
                    {1,2,1}  //第 3 个子数组，有 3 个元素
                    };       //数组共有 3 个子数组
```

2. 二维数组的初始化

二维数组的初始化同一维数组初始化类似，同样可以使用"{}"大括号完成二维数组的初始化，不同的是每个一维数组的元素使用大括号定义新的一维数组，即一维数组的每个元素又是一个新的一维数组。

语法：

```
数组数据类型 数组名称[][] = {{value1,value2…valuen},{value1,value2,…;valuen}… };
```

value：数组中各元素的值。

例如：初始化二维数组的实例代码如下所示。

```
int myarr[][] = {{12,0},{45,10}};
```

初始化二维数组后，要明确数组的下标都是从 0 开始。如上面的代码中 myarr[1][1]的值为 10。

int 型二维数组是以 int myarr[][]来定义的，所以可以直接给 myarr[x][y]赋值。例如：给 myarr[1]的第 2 个元素赋值的语句如下所示。

```
myarr[1][1] = 20;
```

3. 二维数组元素的引用

对二维数组进行了初始化后，就可以在程序中引用数组的元素。二维数组元素的引用同一维数组的引用类似，也是通过数组名和下标值来进行的，引用二维数组元素的方式为：

```
数组名[下标 1][下标 2]
```

其中，下标 1 为数组元素的高维下标；下标 2 为数组的低维下标。二维数组中，下标同样是一个 int 类型数，也可以使用与 int 类型进行自动类型转换的类型，如 short、byte、char 类型（使用时转换成 int 类型），但下标不能是 long 类型的数。如果非得用 long 类型的数定义数组的下标，则须强制转换。

熟悉 C/C++的读者知道，在 C/C++使用二维数组的时候，要求每一维的长度必须一致，例如在 C 中有如下的定义："int array [3][];" 其对应的二维表如表 3.1 所示。

表 3.1　C/C++中二维数组存储格式

array[0][0]	array[0][1]	…	array[0][n]
array[1][0]	array[1][1]	…	array[1][n]
array[2][0]	array[2][1]	…	array[2][n]

在 Java 中，却并不要求多维数组的每一维长度相同。例如，当在 Java 有如下的定义：

```
int array [3][]=new int[3][];
```

其对应的二维表如表 3.2 所示。

表 3.2　Java 中二维数组存储格式

array[0][0]	array[0][1]	…	array[0][n]
array[1][0]	array[1][1]	…	array[1][m]
array[2][0]	array[2][1]	…	array[2][k]

表 3.2 中并不要求 n=m=k，实际应用中有可能 n≠m≠k。

注意：Java 的主要目标之一是安全性。许多在 C/C++中困扰人们的问题，Java 都不再重蹈覆辙。Java 保证数组一定会被初始化，并对数组提供了下标越界检查机制，即所有下标必须大于等于 0 且小于等于数组长度减 1。若越界使用元素，将产生异常信息：

```
ArrayIndexOut OfBoundsExccption
```

4. 多维数组赋初值嵌套循环语句

循环可以进行多层嵌套，即循环语句中还包含循环语句。多维数组赋初值往往利用嵌套循环语句进行。例如：案例中可以用嵌套循环语句给存放杨辉三角形数据的二维数组赋值，方式如下所示。

```
for( i=0;i<10;i++)
   for(int j=0;j<=i;j++)
      if(i==j||j==0)
         TriangleYH[i][j]=1;
      else
         TriangleYH[i][j]=TriangleYH[i-1][j-1]+TriangleYH[i-1][j];
```

3.1.3　关于 args[]数组

main()方法是 Java 应用程序的入口，也就是说，程序在运行时，第一个执行的方法就是 main()方法，这个方法不同于其他的方法，它不能由其他方法调用和传递参数，而只能由应用程序在启动运行时传递参数。所以在 Java 应用程序中 main()方法的方法头都是以如下形式出现：

```
public static void main(String[] args)
```

在 DOS 环境下执行 Java 应用程序的时候，使用“java className arg1 arg2 arg3…argn”的形式运行该 Java 应用程序，命令行的参数之间用空格隔开，命令行上的第 1 个参数保存在 args[0]中，第 2 个参数保存在 args[1]中，依此类推，参数的个数是多少，main()方法中 args[]数组的长度就是多少；没有参数传入时，args[]数组的长度就是 0。

例如，使用 Test.java 文件的程序代码打印运行该 Java 应用程序时命令行上的参数：

```
public class Test {
    public static void main(String[] args) {
        // 打印命令行传入的参数
        if (args.length > 0){
            System.out.println("该应用程序通过 args 传入的参数有: ");
            for (int i = 0; i < args.length; i++)
                System.out.println(args[i]);
        }
        else
            System.out.println("命令行没有传入参数! ");
```

```
    }
}
```

该程序代编译、运行界面如图 3.2 所示。

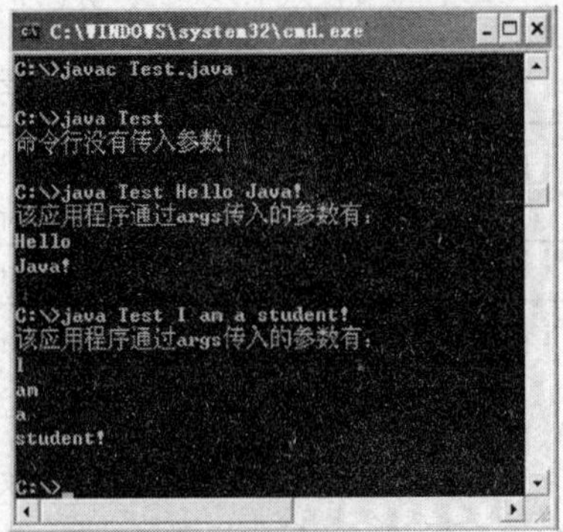

图 3.2　程序运行界面

运行该应用程序时的 java 命令如下：

```
java Test
```

程序运行结果为：

```
命令行没有传入参数!
```

如果输入的 java 命令如下：

```
java Test Hello Java!
```

程序运行结果为：

```
该应用程序通过 args 传入的参数有:
Hello
Java!
```

由此可知，args[0]中保存了第 1 个参数的值“Hello”，args[1]中保存了第 2 个参数“Java!”的值。

如果输入的 Java 命令如下：

```
java Test I am a student!
```

程序运行结果为：

```
该应用程序通过 args 传入的参数有:
I
am
a
student!
```

程序运行结果显示，args 数组中从下标位置为 0 的元素起，依次保存了命令行上的 4 个参数。

【代码及分析】

```
//文件 ArrayDemo.java
public class ArrayDemo {

    public static void main(String[] args) {
        int i;
        int Fibonacci[];
        Fibonacci = new int[32];
        // 根据 Fibonacci 数列的算法列数据，给一维数组赋值
        Fibonacci[0] = 1;
        Fibonacci[1] = 1;
        for (i = 2; i <Fibonacci.length; i++)
            Fibonacci[i] = Fibonacci[i - 1] + Fibonacci[i - 2];
        System.out.println("__________Fibonacci Sequence__________");
        // 访问并输出 Fibonacci 一维数组的元素
        for (i = 0; i < Fibonacci.length; i++) {
            System.out.print(Fibonacci[i] + "\t");
            if ((i + 1) % 8 == 0)
                System.out.println("");
        }
        int[][] TriangleYH;
```

```
        TriangleYH = new int[10][10];
        // 根据杨辉三角形算法列数据，给二维数组赋值
        for (i = 0; i < 10; i++)
            for (int j = 0; j <= i; j++)
                if (i == j || j == 0)
                    TriangleYH[i][j] = 1;
                else
                    TriangleYH[i][j] = TriangleYH[i - 1][j - 1]
                            + TriangleYH[i - 1][j];
        System.out.println("\n\n_______ Triangle of YangHui _______");
        // 访问并输出杨辉三角二维数组的元素
        for (i = 0; i < 10; i++) {
            for (int j = 0; j <= i; j++)
                System.out.print(TriangleYH[i][j] + "\t");
            System.out.println("");
        }
    }
}
```

程序解释及常见问题如下：

（1）语句“**int** Fibonacci[];”和“Fibonacci = **new int**[32];”分别定义和创建了一个一维数组。此数组的数据类型为整型，数组大小为 32。需注意的是：创建数组时，一定要规定数组的大小，否则将会出错，其出错信息为：“array dimension missing”，大体意思为：数组失去度，即数组没有大小。

（2）使用“Fibonacci[i]=Fibonacci[i-1]+Fibonacci[i-2];”语句时，要特别注意 i 的取值是否合法。访问数组时，数组元素的下标从 0 开始，到数组元素的个数减 1。如果超过此范围，在解释运行 Java 应用程序时系统会给出错误信息“Exception in thread "main" java.lang.ArrayIndexOutOfBoundsException at ArrayDemo.main”，大体意思为：数组的下标越界，在 ArrayDemo 文件的 main()方法中。

【应用扩展】

（1）求解 Fibonacci 数列的前 *n* 项，除了应用一维数组解决外，还可以应用典型的迭代算法进行处理。例如，程序段的核心代码如下。

```
int Fib1,Fib2,Fib3;
Fib1=1;
Fib2=1;
System.out.println("\t\t___________Fibonacci___________");
System.out.print(Fib1+"\t"+ Fib2+"\t"); //输出 Fibonacci 数列前 2 项
for(i=2;i<32;i++) {
 //迭代求出 Fibonacci 数列第 3 项至第 32 项并输出
      Fib3=Fib2+Fib1;
      Fib1=Fib2;
      Fib2=Fib3;
      System.out.print(Fib3+"\t");
      if((i+1)%8==0) System.out.println("");
}
```

（2）求解杨辉三角形前 *n* 行的数据，除了可以应用二维数组解决外，还可以应用组合的

概念进行处理。例如，杨辉三角形中，每个数值可以由组合 C_m^n 来计算。

$$C_0^0$$

$$C_1^0 \quad C_1^1$$

$$C_2^0 \quad C_2^1 \quad C_2^2$$

$$C_3^0 \quad C_3^1 \quad C_3^2 \quad C_3^3$$

$$C_4^0 \quad C_4^1 \quad C_4^2 \quad C_4^3 \quad C_4^4$$

$$\vdots \quad \vdots \quad \vdots \quad \vdots \quad \vdots$$

$$C_9^0 \quad C_9^1 \quad C_9^2 \quad \vdots \quad C_9^7 \quad C_9^8 \quad C_9^9$$

其中，每一项的求值如下。

$$C_m^0 = 1 \qquad \text{当 } m=0,1,2,\cdots,9$$

$$C_m^n = [(m-n+1)/n] \times C_m^{n-1} \qquad \text{当 } n=1,2,3,\cdots,m$$

3.2 “恺撒密码”实例

【案例说明】

恺撒密码是罗马时期恺撒创造的，用于加密通过信使传递的作战命令。它是将字母表中的字母移动一定位置来实现加密。例如，如果向右移动两位，则字母'A'将变为'C'，字母'B'将变为'D'，……，字母'X'变成'Z'，字母'Y'则变为'A'。假如有个明文字符串"Hello"用这种方法加密，它将变为密文"Jgnnq"；如果要解密该字符串，则只要将字母向相反方向移动同样的位数即可，如密文"Jgnnq"每个字母左移两位将变为"Hello"。这里，移动的位数“2”是加密和解密所用的密钥。本案例要求用 Java 语言编程来实现加密和解密这两个过程，程序运行界面如图 3.3 所示。

图 3.3 加密解密问题

【案例目的】

（1）熟悉并掌握字符串常量的使用。

（2）理解并掌握字符串变量的定义和使用方法。

（3）熟练掌握从字符数组生成字符串的方法。

（4）熟练掌握针对字符串类的常用方法。

（5）理解并掌握字符串的转换方法。

【技术要点】

（1）首先，将要加密的内容和解密的内容看作一个字符串，由于恺撒密码器的移位是针对字符的，因此，需要将待处理字符串中的每个字符取出，然后对每个字符分别加以移位，这就需要使用 String 类的相应方法。

（2）Java 语言提供了两个用于处理字符串的类：

- String 类用于处理不可变的字符串。
- StringBuffer 类用于处理可改变的字符串。

如果能够确信程序中使用的字符串的值在运行过程中不会改变，应尽量使用 String 类对象；如果使用的字符串值在程序运行过程少会改变，就要使用 StringBuffer 类对象，这样可以提高程序的运行性能，在处理字符串的编程中要考虑它们各自的特点。

【相关知识及注意事项】

3.2.1　字符串常量

字符串常量是用双引号引起来的字符序列，如"鲜花"、"Hello world"等。

字符串常量属于不可改变的字符串，因此在 Java 语言中，字符串常量是匿名的 String 对象，可以调用 String 的各个方法来处理这些字符串。

注意：Java 语言中相同的字符串常量属于同一个对象，占用同一块内存空间，这和 C 中的处理方式不同。熟悉 C 的读者知道，若在 C 中定义两个字符串：char s[] = "Hello world",t[] = "Hello world";那么 s 和 t 将占用不同的内存空间，而 Jave 语言与此不同。

3.2.2　字符串变量

1. 字符串的声明和创建

字符串可以用 String 声明和创建，String 不是基本数据类型，而是一个类。

字符串的声明的格式如下：

```
String  字符串变量名;
```

例如，本案例中对要进行处理的加密或解密字符串的声明代码如下：

```
String s; // s即要进行处理的加密或解密字符串
```

2. 字符串的创建

（1）用字符串常量来初始化一个字符串

例如：

```
String  str="abc";
```

（2）用字符数组来创建字符串

例如：

```
char data[] = {'a','b','c'};
String str = new String(data);//利用String构造函数来产生字符串
```

（3）创建一个空字符串

例如：

```
String s = new String();
```

（4）利用初始字符串创建字符串对象

String(String str)，根据给定的字符串 str 创建字符串对象

例如，利用字符串常量创建字符串：

```
s = new String("I am a student.");
```

或简写成：

```
s = "I am a student.";
```
字符串声明和创建也可一起完成：
```
Sting s = new String("I am a student.");
```
以下代码用字符串对象创建新字符串：
```
String  newStr  =  new String(str);
```
以上代码使字符串 newStr 与字符串 str 的内容相同，但是，它们是两个字符串对象。

以上方法均可创建字符串，但采用第一种方法较为方便。表 3.3 列出了 String 类的构造函数。

表 3.3 String 类的构造函数

构 造 函 数	主 要 功 能
String()	没有参数的 String 构造函数
String(byte[]bytes)	以 bytes 数组创建字符串
String(byte[]bytes,int[]offset,int[]length)	取出 bytes 数组，从数组的第 offset 位置开始，创建长度为 length 的字符串
String(char []chars)	利用字符数组来创建字符串
String(char []chars,int offset,int length)	取出字符数组，从数组的第 offset 位置开始，创建长度为 length 的字符串
String(String original)	利用初始字符串创建字符串对象

3.2.3 从字符数组生成字符串

Java 语言提供了用字符数组来创建字符串的 String 类的构造方法，能够实现从字符数组生成字符串。

（1）String(char []chars)

根据字符数组 chars 创建一个字符串。

例如，代码：
```
char chars[] = {'g','i','r','l'};
   String s = new String(chars);
```
所生成的字符串内容是"girl"。

（2）String(char []chars，int offset，int length)

取出字符数组，从数组的第 offset 位置开始，创建长度为 length 的字符串。

例如，以下代码输出 3456。
```
char chars [] = {'1','2','3','4','5','6','7'};
String s = new String (chars,2,4);
System.out.println(s);
```

3.2.4 字符串的操作

String 类也提供了相当多的方法来处理字符串，如字符串的比较、连接、字符串的转换大小写等。表 3.4 列出了一些常用方法。

表 3.4　String 类的常用方法

方　法	主 要 功 能
int length()	返回字符串的长度
Char charAt(int index)	返回字符串中 index 位置上的字符
int indexOf (char ch)	返回字符 ch 在字符串中第一次出现的位置
int indexOf (char ch,int from)	返回字符 ch 在字符串中 from 以后第一次出现的位置
int lastIndexOf (char ch)	返回字符 ch 在字符串中最后一次出现的位置
int lastIndexOf (char ch,int from)	返回字符 ch 在字符串中 from 以前最后一次出现的位置
String substring(int begin)	返回从 begin 开始的子串
String substring(int begin,int end)	用来得到字符串中指定范围内的子串
String contat(String str)	将当前字符串与 str 连接起来
String replace(char old,char new)	把串中出现的所有特定字符替换成指定字符以生成新串
String toUpperCase()	将字符串内的所有小写字符改为大写
String toLowerCase()	将字符串内的所有大写字符改为小写

注意：String 字符串的操作不是对原字符串进行的，而是对新生成的一个原字符串的复制进行的，其操作结果不影响原字符串。相反，StringBuffer 字符串的操作是对原字符串本身进行的，操作之后，原字符串的值发生了变化，变成操作后的新串。

表 3.5 列出了 StringBuffer 类的一些常用方法。

表 3.5　StringBuffer 类的常用方法

方　法	主 要 功 能
StringBuffer append(char ch)	用来在已有字符串末尾添加一个字符 ch
StringBuffer append(String str)	用来在已有字符串末尾添加一个字符串 str
StringBuffer deleteCharAt(int index)	删除字符串 index 位置上的字符
StringBuffer insert(int offset, char ch)	用来在字符串的第 offset 位置处插入字符 ch
StringBuffer insert(int offset, String str)	用来在字符串的第 offset 位置处插入字符串 str
StringBuffer replace(int m,int n, String str)	以字符串 str 取代串中的第 *m* 个到第 *n* 个字符
StringBuffer reverse()	将字符串反向排列
String toString()	将缓冲区中的字符串转换成 String

注意：如果操作后的字符串超出已分配的缓冲区，则系统会自动为它分配额外的空间。

下面对 String 类中常用的一些操作进行讲解。

1. 字符串连接

字符串有一个连接运算符+，得到连接两个字符串的结果；一个连接方法 concat(String s)，实现复制参数 s 字符串的内容，连接在字符串对象之后，得到一新的字符串。

（1）运算符“+”

当两边都是字符串实例的引用时，运算的结果是将生成一个新的字符串实例，内容为两字符串实例内容的合并的结果。例如：

```
"String "+"abc"  结果是"String abc"
```

当两侧不一致时，先将不为字符串数据的数据转化成字符串数据，再进行字符串间的“+”操作。例如：

```
"String"+1   结果为"String 1"
```

（2）字符串连接方法

```
String  concat(String str)
```

该方法将指定字符串 str 连到此字符串的结尾。

如果参数字符串的长度为 0，则返回此 String 对象。否则，创建一个新的 String 对象，用来表示由此 String 对象表示的字符序列和由参数字符串表示的字符序列串联而成的字符序列。例如：

```
"cares".concat("s")   returns "caress"
"to".concat("get").concat("her")  returns "together"
```

2. 获取字符串的长度

length()方法可以获取一个字符串长度。

```
public  int  length( )
```

该方法返回此字符串的长度，长度等于字符串中 16 位 Unicode 字符数。

例如，以下代码输出 4 。

```
String s = "我是学生";
int strlen = s.length();
System.out.println(strlen);
```

字符串常量也可以使用 length()方法获得长度。例如："我是好学生".length()的值是 5 。

3. 字符串比较

（1）boolean equals(String str)和 boolean equalsIgnoreCase(String s)

这两个方法都用来比较两个字符串的值是否相等，不同之处在于：后者是忽略大小写的。例如：

```
System.out.println("Java".equals ("JAVA "));//输出的值应为 false
System.out.println("Java".equalsIgnoreCase ("JAVA"));//输出的值应为 true
```

注意：运算符“==”用于比较两个引用变量是否引用同一个实例，而 equals()和equalsIgnoreCase()则用于比较两个字符串中对应的每个字符值是否相同。例如：

```
String s1="123";
String s2="123";
String s3=new String("123");
String s4=new String("123");
System.out.println(s1==s2);              //输出的值应为 true
System.out.println(s3==s4);              //输出的值应为 false
System.out.println("123"=="123");        //输出的值应为 true
```

（2）int compareTo(String str)

该方法用于比较两个字符串的大小，若调用方法的字符串比参数串大，则返回正整数；反之，则返回负整数；若两串相等，则返回 0。

注意：① 若两个串对应位置上的字符均相同，但长度不同，则方法的返回值为两者长度之差。例如：

```
System.out.println("Java".compareTo("JavaApplet")); //输出结果为-6
```

② 若两个串有不同的字符，则从左边起第一个不同字符的 Unicode 码值之差即为两个字符串比较大小的结果。例如：

```
System.out.println("java".compareTo("Java"));//输出结果为32
```

（3）boolean endsWidth(String str)和 boolean startsWidth(String str)

判断当前字符串是否以 str 字符串为后缀或是否以 str 字符串为前缀。例如，知道每一地区的电话号码都是以一些特定数字串开始，如果想要区分不同地区的电话号码，则可使用如下语句：

```
String  phone=User.getPhone();        //假设User为用户对象
if(phone. startsWidth("0536")){       //0536为山东省潍坊市的区号
      …                               //执行相关的操作
}
```

4. 字符串检索

（1）charAt(int index)

该方法用于检索此字符串指定索引处的 char 值，索引范围为从 0 到 length()-1，第一个 char 值在索引 0 处。

（2）indexOf(int ch)和 indexOf(int ch，int fromIndex)

indexOf(int ch)方法检索在该对象表示的字符序列中第一次出现该字符的位置索引，如果未出现该字符，则返回-1。

indexOf(int ch，int fromIndex)方法在此对象表示的字符序列中第一次出现的大于或等于 fromIndex 的字符的位置索引，如果未出现该字符，则返回-1。

（3）lastIndexOf(int ch)和 lastIndexOf(int ch，int fromIndex)

lastIndexOf(int ch) 方法检索在该对象表示的字符序列中最后一次出现该字符的位置索引，如果未出现该字符，则返回-1。

lastIndexOf(int ch, int fromIndex)方法检索在此对象表示的字符序列中最后一次出现的大于或等于 fromIndex 的字符的位置索引，如果在该点之前未出现该字符，则返回-1。

（4）int indexOf(String s)和 int indexOf(String s，int startpoint)

实现字符串检索。前一个方法是从指定字符串的头开始检索参数字符串 s，返回字符串 s 首次出现的位置。后一个方法则在指定字符串中从某个位置开始检索参数字符串 s，返回字符串 s 首次出现的位置。如果没有检索到。则返回-1。

例如以下代码，结果见注释。

```
String s="ABCDEFGHIJABC";
System.out.println(s.charAt(4));                //输出值为'E'
System.out.println(s.indexOf('A'));             //输出值为0
System.out.println(s.indexOf('A', 11));         //输出值为-1
System.out.println(s.lastIndexOf('A'));         //输出值为10
System.out.println(s.lastIndexOf('J', 3));      //输出值为-1
System.out.println(s.indexOf("C"));             //输出值为2
System.out.println(s.indexOf("EFG",2));         //输出值为4
System.out.println(s.indexOf("A",7));           //输出值为10
```

```
System.out.println(s.indexOf("D",4));          //输出值为-1
```

5. 字符串截取

截取字符串的子串得到一新的字符串，可以使用 String 类中的如下方法：

```
String substring(int startpoint);
String substring(int startpoint, int end);
```

其中 startpoint 是字符串的开始下标，end 是截止下标。子串是从开始下标开始，至截止下标的前一个下标为止范围内的子串。例如，以下程序代码，结果如注释所示。

```
String s ="0123456789", s1, s2;
s1= s.substring(2);          //s1 是"23456789"
s2 = s.substring(2,5);       //s2 是"234"
```

6. 替换字符串的某字符得到一个新字符串

使用 String 类中的方法

```
String replace(char oldChar,char newChar)
```

用参数 newChar 指定的字符替换 s 中由 oldChar 指定的所有字符，产生一个新的字符串。例如，代码：

```
String s1 = "1234567788";
String s2 = s1.replace("7","A");
```

创建两个 String 对象，s1 为"1234567788"，s2 为"123456AA88"。

7. 去掉前后空格得到一个新字符串

方法 trim()可以去掉字符串的前后空格。例如代码：

```
String s = "    Hello world!     ";
System.out.println(s.trim()); //输出结果为"Hello world!"
```

字符串"   Hello world!   "去掉空格后得到一个新的字符串"Hello world!"。

注意：方法 trim()不能改变字符串自己，而是产生一个新的字符串。

3.2.5 字符串的转换

1. 字符串大小写的转换

（1）toUpperCase()

该方法将字符串内的所有小写字符改为大写。

（2）toLowerCase()

该方法将字符串内的所有大写字符改为小写。

例如代码：

```
System.out.println("hello".toUpperCase());   //输出结果为"HELLO"
System.out.println("YOU".toLowerCase());     //输出结果为"you"
```

2. 字符串与基本数据类型的转换

Java 中的各种原始数据类型与 String 类之间可以通过提供的各种方法相互转换。

（1）从基本类型到字符串的转换

String 类提供的 valueOf()系列的静态方法可用于从原始数据类型对象转换成字符串。valueOf()系列的静态方法见表 3.6。

表 3.6 String 类中 valueOf 系列静态方法

方 法	主要功能
static String valueOf(boolean b)	返回 boolean 参数的字符串表示形式
static String valueOf(char c)	返回 char 参数的字符串表示形式
static String valueOf(char[] data)	返回 char 数组参数的字符串表示形式
static String valueOf(char[] data, int offset, int count)	返回 char 数组参数的特定子数组的字符串表示形式
static String valueOf(double d)	返回 double 参数的字符串表示形式
static String valueOf(float f)	返回 float 参数的字符串表示形式
static String valueOf(int i)	返回 int 参数的字符串表示形式
static String valueOf(long l)	返回 long 参数的字符串表示形式
static String valueOf(Object obj)	返回 Object 参数的字符串表示形式

例如，下列代码实现了整型数据到字符串的转换：

```
int intvar = 12;
String strvar;
strvar = String.valueOf (intvar);   //整型数据 12 被转换为字符串数据"12"
System.out.println(strvar+1);       //输出结果为"121"
```

其他基本数据类型到字符串的转换与此类似。

（2）字符串到基本数据类型的转换

将字符串的值转换为其他数据类型的数据的实现方法有两种：

① 先转换成相应的包装类实例，再调用对应的方法转换成其他类型。

基本数据类型对应的包装类大都提供了 valueOf(String s)方法，一般格式如下：

```
public static 类型名 valueOf(String s)
```

该方法可以将字符串转换为指定包装类实例。

在此基础上，再调用包转类提供的可生成对象基本值的 typeValue 方法即可。例如：

```
Boolean b = Boolean.valueOf("true").booleanValue(); //将字符串转换成布尔数据
```

注意：Character 没有成员方法 valucOf 方法，实现字符串的值到字符型基本数据类型的转换可使用 String 类的 charAt(int n)方法。例如：

```
String str = "abc";
char a = str.charAt(0);//返回字符'a'
```

② 静态 parseXXX 方法。基本数据类型对应的包装类还提供了将字符串转换为基本值的 parseType 方法，使用该方法可以直接将字符串转换为指定的基本数据类型。

例如：

```
String s = "1";
byte b = Byte.parseByte( s );
short t = Short.parseShort( s );
int i = Integer.parseInt( s );
long l = Long.parseLong( s );
float f = Float.parseFloat( s );
double d = Double.parseDouble( s );
```

上述代码将字符串"1"转换成为了不同基本数据类型的数据。

3. 字符串与数组的转换

（1）字符数组到字符串的转换

字符数组到字符串的转换可以通过下面的方法：

① String(char []chars)

该方法为 String 类的构造方法，利用字符数组来创建字符串。

② static String valueOf(char[] data)

该方法为 String 类提供的 valueOf( )系列的静态方法，可以返回 data 数组参数的字符串表示形式。

例如，以下实现转换的代码：

```
char[]   data={'a','b','c'};
String  s1=new  String(data); //字符串 s1 的内容为"abc"
String s2 = String.valueOf(data);//字符串 s2 的内容为"abc"
```

（2）字符串到字符数组的转换

字符串到到字符数组的转换可以利用以下方法：

```
public char[ ]  toCharArray( )
```

该方法将此字符串转换为一个新的字符数组，返回一个新分配的字符数组，它的长度是此字符串的长度，而且内容被初始化为包含此字符串表示的字符序列。例如：

```
String str="Hello,World";
char[] charArray=str.toCharArray();//charArray 输出 Hello,World
System.out.println(charArray[6]); //输出字符'W'
```

4. String 与 StringBuffer 的转换

String类和StringBuffer类之间既有联系又有区别，为了在程序中更好的应用两者的优点，有时会对两者进行转换。

（1）String 到 Stringbuffer 的转换

String 到 Stringbuffer 的转换可以利用 StringBuffer 类的构造方法实现：

```
public StringBuffer(String str)
```

该方法可以构造一个字符串缓冲区，并将其内容初始化为指定的字符串内容。该字符串的初始容量为 16 加上字符串参数的长度。

例如：

```
String s="abc";
StringBuffer b = new StringBuffer(s);//以字符串 s 构建字符串缓冲区 b
System.out.println(b.capacity()); //输出 b 的容量为 19
```

（2）Stringbuffer 到 String 的转换

Stringbuffer 到 String 的转换有两种方法实现：

① public String(StringBuffer buffer)

该方法分配一个新的字符串，它包含当前包含在字符串缓冲区参数中的字符序列。此字符串缓冲区的内容已被复制，后续对它的修改不会影响新创建的字符串。

② public String toString( )

该方法返回对象本身（它已经是一个字符串！）。

例如：设 b 为 StringBuffer 类型的变量，则

```
StringBuffer b = new StringBuffer("Hello");
String s = new String(b);    //以字符串缓冲区的内容构建字符串 s，s 的值为"Hello"
b.append(" world!");         //将字符串缓冲区的内容进行追加
System.out.println(s);       //字符串 s 的值仍为"Hello"
```

以上代码中，String s = new String(b);与 String s = b.toString();有相同的效果。

【代码及分析】

```
//文件 Caesar.java
public class Caesar {
    String s; // 要进行处理的加密或解密字符串
    int key; // 字符移动的位数

    public Caesar(String es, int n) { // 构造方法
        s = es;
        key = n;
    }

    public String process() { // 加密和解密方法
        String es = "";
        for (int i = 0; i < s.length(); i++) {
            char c = s.charAt(i); // 取字符串中每一位
            if (c >= 'a' && c <= 'z') { // 是小写字母
                c += key % 26; // 移动 key%26 位
                if (c < 'a')
                    c += 26; // 向左越界
                if (c >'z')
                    c -= 26; // 向右越界
            } else if (c >= 'A' && 'c' <= 'Z') { // 是大写字母
                c += key % 26;
                if (c < 'A')
                    c += 26;
                if (c > 'Z')
                    c -= 26;
            }
            es += c;
        }
        return es;
    }

    public static void main(String args[]) {
        String s = "hello";
        Caesar c = new Caesar(s, 2); // 进行加密
        String str = c.process();
        System.out.println("加密字符串为: " + str);
        Caesar c1 = new Caesar(str, -2); // 进行解密
        str = c1.process();
        System.out.println("解密字符串为: " + str);
    }
}
```

程序解释及常见问题如下：

（1）字符串与数组一样，也是从 0 号字符开始的，所以在取字符串中的字符的循环“for(int i=0;i<s.length();i++){…}”中，循环变量 i 的初始值为 0，终止值为字符串长度减 1 的大小。length()方法可以返回字符串的长度。

（2）代码“s.charAt(i)”的功能是返回字符串 s 中序列号为 i 的字符，序列号从 0 开始。

（3）代码“c+=key%26;”作用是将字符 c 往后移动 key%26 位，但是不能超出小写字母或大写字母的范围，如'z'再向后移动 2 位会超出范围，对于超出范围的数据要通过代码“if(c<'a')c+=26;if(c>'z')c-=26;”进行纠正，这样就能保证加密或解密后仍然是字母。对于大写字母的处理也一样。

【应用扩展】

（1）除 String 类外，还可以利用字符串缓冲类 StringBuffer 来处理字符串。这个类处理的是长度和内容可变的字符串。使用 StringBuffer 类，可以方便地在缓冲字符串里加入字符和子串，或替换缓冲字符串中的字符和子串。

（2）对英文句子的加密或解谜

对英文句子的加密或解谜时，只对单词进行加密或解谜处理，空格并不做处理。此时需要使用 StringTokenizer 类对英语句子处理成单个单词再加密或解谜，空格不进行加密。

java.util 包中的类 StringTokenizer 用于语言符号（单词）的分析。例如，如果把空格作为分隔符，字符串“We are learning Java programming”有 5 个单词。要分析出字符串中的单词，要用 StringTokenizer 类的构造方法，由给定的字符串构造一个 StringTokenizer 对象，StringTokenizer 对象称作字符串分析器。然后利用一个单词方法 nextToken()，结合循环，从字符串分析器中逐一取出单词。用 hasMoreTokens()方法控制循环，只要字符串中还有语言符号，该方法就返回 true，否则返回 false。调用 countTokens()方法能得到字符串分析器中一共有多少个单词。

StringTokenizer 类有两个常用构造方法：

StringTokenizer(String s)，为字符串 s 构造一个分析器。使用默认的分隔符集合，即空格符（若干个空格被看作一个空格）、换行符、回车符、Tab 符、进纸符。

StringTokenizer(String s,String delim)，为字符串 s 构造一个分析器，以字符串参数 delim 中的字符作为分隔符。

下面是一个使用 tokenizer 的实例，代码如下：

```
StringTokenizer st = new StringTokenizer("this is a test");
while (st.hasMoreTokens()) {
     System.out.println(st.nextToken());
}
```

输出以下字符串：

```
this
is
a
test
```

分离出的单词可运用本案例代码进行加密、解谜操作。

本章小结

本章主要介绍了Java程序设计语言中的一维数组、多维数组的定义及使用和字符串的概念、字符串的操作、字符串的转换等知识。通过“Fibonacci数列和杨辉三角形求值”案例，介绍了数组的创建、使用；通过“恺撒密码”案例，介绍了String类字符串常量和变量的相关概念和字符串的操作方法。通过这些内容的学习，读者能够掌握程序中涉及的数组及字符串的创建和操作。

思考与练习

一、选择题

1. 下列选项中哪条语句不能通过编译（　　）。

A. int[] a={1,2,3,4};　　B. int b[];

C. int c[]=new int[3];　　D. int d=new int[];

2. 下列（　　）数组声明是非法的（　　）。

A. int[][] a=new int[4][4]　　B. int[][] a=new int[5][]

C. int[][] a=new int[][4]　　D. int[]a []=new int[4][]

3. 执行"StringBuffer s1 = new StringBuffer("abc"); s1.insert(1,"efg");" 的正确结果是（　　）。

A. s1="efgabc"　　B. s1="abcefg"

C. s1="aefgbc"　　D. s1="abefgc"

4. 执行 int i = "abcd".compareTo("abbd");后，i的值为（　　）。

A. 正整数　　B. 负整数　　C. true　　D. false

5. 应用程序的main()方法中有以下语句，则输出的结果是（　　）。

```
String s1 = "0.55", s2 = "13";
double x = Double.parseDouble(s1);
int y = Integer.parseInt(s2);
System.out.println(x + y);
```

A. 12.5　　B. 120.5　　C. 13.55　　D. "130.55"

二、填空题

1. 已知 Java 语句 double[][] balance = new double[NYEARS][NRATES];数组 balance 是__________维数组。

2. 设有数组定义：int MyIntArray[ ] = { 10 , 20 , 30 , 40 , 50 , 60 , 70}；则执行以下几个语句后的输出结果是__________。

```
int  s = 0 ;
for ( int  i = 0 ; i < MyIntArray.length ; i + + )
   if  ( i % 2 = = 1 )  s += MyIntArray[i] ;
System.out.println( s );
```

3. 下列程序的功能是统计命令行参数的个数，请在下画线处填上适当的代码。

```
public class Length{
```

```
    public static void main(String args[]){
    System.out.println("number of String args:"+args.__________);
    }
}
```

4. 设有字符串定义：String s="ABCDABCD"; 则表达式 s.indexOf("B")的值是____________。

5. 设有两个字符串对象 str1 和 str2，则表达式“strl==str2”的意义是判别字符串 strl 和 str2____________。

三、程序填空题

1. 方法 int sigmaEvenNum（int[]a）的功能是求已知数组中偶数的个数。

```
static int sigmaEvenNum(int []a){
  int s =0;
  for ( int i=0;__________;i++ ) {
     if(__________) s++;
  }
  return s;
}
```

2. 应用程序 Test.java 的源程序如下，在命令行输入：

```
java Test  aaa  bb  cc  ddd  eeeee
```

则输出的结果是____________。

```
public class Test {
    public static void main(String args[]) {
        int k1 = args.length;
        int k2 = args[4].length();
        System.out.print(k1 + "    " + k2);
    }
}
```

3. 应用程序的 main()方法中有以下语句，则输出的结果是____________。

```
String s="12345#aaa#bbb#67890#123";
int n=s.indexOf("#");
int k=s.indexOf("#",n+1);
int m=s.indexOf("#",k+1);
String s2=s.substring(m+1);
System.out.println(s2);
```

四、程序设计题

1. 编写应用程序实现：接受键盘输入的字符串，并判断该字符串是否回文。回文是指一个字符串自左向右读和自右向左读完全一样。

2. 编写一个方法 halfArray()，要求该方法有一个元素类型为 int 的数组参数，方法返回一个新数组，新数组的长度与参数数组的长度相同，而新数组元素的值是参数数组各元素的一半。

第二篇　面向对象篇

第 4 章

类和对象

内容提要及教学目标

类和对象是Java语言的核心内容。它是Java语言的基础，因为类定义了对象具有的状态和行为自然属性。本章中将介绍类和对象的基本概念，讲解如何创建类，并运用类来创建对象、访问对象，学会应用类和对象解决实际问题。理解并掌握好类和对象的概念是编写好Java程序的前提。通过本章的学习，读者应该掌握以下内容:

- 面向对象的基本概念。
- 类的定义和使用。
- 对象的创建和使用。
- 方法和构造方法。
- 静态变量和静态方法。

本章重点及难点

Java类的定义和使用；对象的创建和使用、构造方法；static关键字。

4.1 “用户类的设计”实例

【实例目的】

（1）掌握面向对象的基本概念。

（2）掌握类的定义和使用。

（3）掌握对象的创建和使用。

【实例内容】

采用面向对象编程的方式，通过Java语言编写一个用户类，测试创建admin管理员账户，并打印出设置的管理员账户和密码。

【技术要点】

（1）设计用户类，首先需要设置用户类的成员变量，接着设计该类的构造方法，然后设计该类的成员方法。用户类包含三个成员变量，用户名、用户密码和用户类型。

（2）打开 Eclipse 软件，创建一个名为 firstApp 的 Java 工程。然后在该工程 src 目录中新建一个名为 User 的 class 文件，输入源代码，如图 4.1 所示。

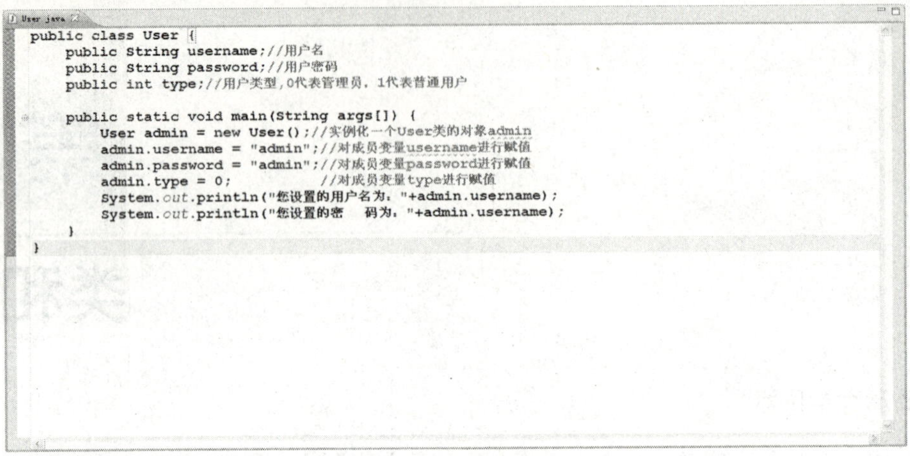

图 4.1　User 类的源代码

（3）运行 User 类，在控制台显示程序结果，如图 4.2 所示。

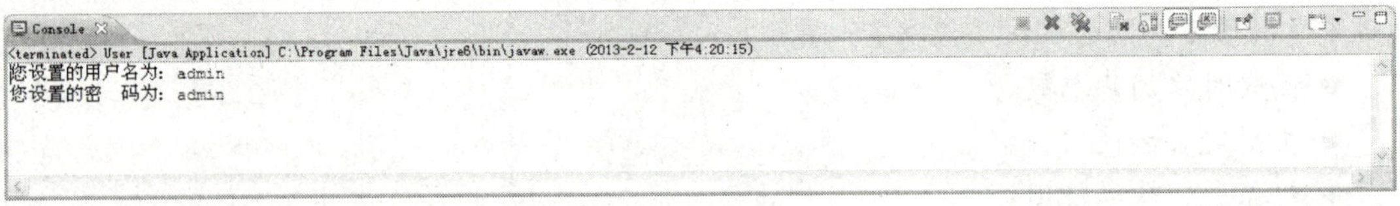

图 4.2　Console 控制台的输出结果

【相关知识及注意事项】

4.1.1　面向对象的基本概念

1．理解面向对象

面向对象程序设计是将人们在认识世界的过程中普遍采用的思维方法应用到程序设计中。对象是现实世界中存在的事物，它们是有形的，如某个人、某种物品；也可以是无形的，如某项计划、某次商业交易。对象是构成现实世界的一个独立单位，人们对世界的认识，是从分析对象的特征入手的。

对象的特征分为静态特征和动态特征两种。静态的特征指对象的外观、性质、属性等；动态的特征指对象具有的功能、行为等。客观事物是错综复杂的，但人们总是从某一目的出发，运用抽象分析的能力，从众多的特征中抽取最具代表性、最能反映对象本质的若干特征加以详细研究。

人们将对象的静态特征抽象为属性，用数据来描述，在 Java 语言中称之为变量；人们将对象的动态特征抽象为行为，用一组代码来表示，完成对数据的操作，在 Java 语言中称之为方法。一个对象由一组属性和一组对属性进行操作的方法构成。

2．对象和类

不同的物体可能有相同的特征，如两个人都有人的特征，两辆汽车都有汽车的特征等。把一类对象的共性抽象出来，形成一个模型就是类。所以类是一组具有相同特性的对象的抽象化模型。例如，所有的人具有相同的特征，可以抽象化为“人”类，我们每一个具体的人，就是“人”类中的一个实例，即一个对象。

类和对象的关系可以这样理解：把具有相同特征的对象（包括属性和行为）进行抽象化就是类；把类实例化就是对象。简单地说，**对象**是表示现实世界中某个具体的事物，**类**是对对象的抽象描述，如图 4.3 所示。

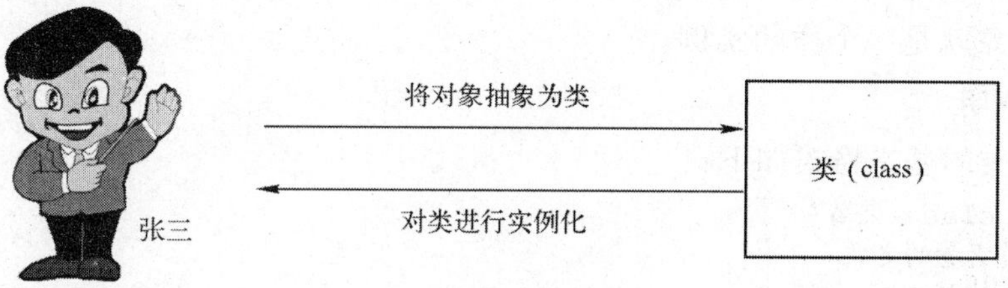

图 4.3　类与对象的关系

类是一个抽象的概念，要利用类的方式来解决问题，必须用类创建一个实例化的具体对象，然后通过对象去访问类的成员变量，去调用类的成员方法来实现程序的功能。这如同“汽车”本身是一个抽象的概念，只有使用了一辆具体的汽车，才能感受到汽车的功能。

3．面向对象的特点

（1）封装性

封装是指把类的基本成分（包括数据和方法）封装在类体之中，使类与外界分隔开。封装性减少了程序各部分之间的依赖性，降低了程序的复杂性，由于隐藏了其内部信息的细节，使内部信息不易受到破坏，安全性有了保证，同时也为外界访问提供了简单方便的界面。

（2）继承性

面向对象程序设计的类也具有“继承”的特性，如果在软件开发中已经建立了一个名为 A 的类，又想建立一个名为 B 的类，而后者与前者内容基本相同，只是在前者的基础上增加一些属性和行为，显然不必再从头设计一个新类，而只需在类 A 的基础上增加一些新内容即可。这就是面向对象程序设计中的继承机制。这种继承的特性能让用户在开发程序时不必从零开始，只要继承现有的类，再新增功能就能产生新的类，这样一来就会大大节省程序开发时间，提高程序开发的效率。

（3）多态性

多态性是指一个类中不同的方法具有相同的名字。其通过方法“重载”和方法“覆盖”实现多态性。方法重载指多个方法具有相同的名字，但参数的个数或类型不同，调用重载方法时，根据传递的参数个数和类型决定调用哪一个方法；方法覆盖指在继承过程中，子类重新定义父类的方法，实现于类中所需要的功能。利用多态性对一些方法只需定义其方法体，不再取新的名字。多态使程序具有良好的可扩展性，并使程序易于编写维护、易于理解。

4．面向对象程序设计语言的优势

面向对象程序设计语言的优势之一是代码重用，主要体现在如下几点：

（1）由于采用大量可重用的类库，提高开发效率，缩短了开发周期，降低了开发成本。

（2）由于采用了已经被证明为正确、有效的类库，提高了程序代码的可靠性，减少了程序的维护工作量。

（3）提高了程序的标准化程度。

4.1.2 类的定义

类是一种用户自己定义的数据类型，它封装了对象的属性和方法，一旦定义后，就可以用这种新类型来创建该类型的对象。这样，类就是对象的模板，而对象就是类的一个实例。事实上一个对象就是一个类的实例。

1. 类的声明

声明一个类的基本格式如下：

```
[修饰符]  class 类名{
    //成员变量的定义
    //方法的定义
}
```

其中：

（1）类的修饰符用来说明类的特殊性质。主要分为四种类型的修饰符：访问控制类的修饰符、抽象类说明符、最终类的说明符、内部类的说明符。

（2）其中关键字 class 引导一个类的声明，类名是一个标识符，一般要求单词首字母大写。类的成员变量用于存储对象的属性，方法用于描述对象的行为。类中不能有独立的执行代码，所有的执行代码只能出现在方法中。

2. 成员变量

从类的定义中知道，类体分为两部分：成员变量和方法的定义。成员变量定义的一般语法格式为：

```
[修饰符]    数据类型  变量名 列表[=初值];
```

其中：

（1）修饰符是可选项，说明了变量的访问权限和某些规则。

（2）数据类型确定了变量的取值范围以及对变量所能进行的操作，关于变量类型可以是基本数据类型，也可以是引用数据类型。

（3）变量列表由一个或多个变量名组成。当要定义多个变量时，各变量之间用逗号分隔。

（4）初值是可选项，变量可以在定义的同时赋初值，也可以先定义，在后续程序中赋初值。

【例 4-1】 下列代码定义了一个人类，包含人的姓名和年龄。

```
class  Person {
   String name ;
   int age ;
   void talk(){
        System.out.println("姓名: "+name+" 年龄: "+age);
   }
}
```

程序说明：

（1）程序首先用 class 声明了一个名为 Person 的类，这里 Person 是类的名称。

（2）在第 2、3 行的代码中声明了两个成员变量 name 和 age，name 为 String 字符串类型，age 为 int 整型。

（3）在第 4～7 行，声明了一个 talk 方法，用于向屏幕打印信息。

4.1.3　对象的创建和使用

1. 对象的创建

要使用 Java 类中的属性和方法，必须创建类对象，然后通过类对象来引用类的成员变量和方法。创建对象包括声明对象和为对象分配内存两部分，其格式为：

（1）对象声明的格式

```
类名　对象名;
```

类名指已经定义好的类的名字。

对象名指生成的某个类对象的名字，必须是 Java 中的合法的标识符。

例如声明类 Person 的对象 obj，其代码为：

```
Person obj;
```

（2）对象的实例化

使用 new 运算符和类的构造方法为声明的对象分配内存，也称为实例化对象。如果类中没有构造方法，系统会调用默认的构造方法（默认的构造方法是不带任何参数的）。例如：

```
obj = new Person ();
```

对于上述的两个步骤可以用一条语句实现，如创建上例中的 obj 对象，可用如下的代码：

```
Person obj=new Person ();     //声明对象 obj 的同时为其分配内存，实例化对象 obj
```

2. 对象的使用

对象实例化后就可以实现对象的使用。对象使用是由对象通过运算符，对引用的实例成员变量和方法的访问。通过对象对变量和方法的访问，实现了对象的行动。由成员访问权限修饰符限定，允许或禁止对象对它的访问。

引用成员变量的形式如下：

```
对象名.成员变量名
```

引用成员方法的形式如下：

```
对象名.成员方法名(参数表)
```

例如，创建了 Person 类的对象 obj 之后，就可以按照以下方式引用其成员变量：

```
obj.name = "张三";
obj.age = 23;
```

可以按照以下方式调用其成员方法：

```
obj.talk();
```

【例 4-2】 下面的程序定义了一个类，演示了对象的使用方法。

```
public  class  Person {
    String name ;
    int age ;
    void talk(){
       System.out.println("姓名: "+name+" 年龄: "+age);
    }
```

```
    public static void main(String args[]){
        Person per1 = new Person();
        Person per2 = new Person();
        per1.name = "张三";
        per1.age = 23;
        per1.talk();
        per2.name = "李四";
        per2.age = 21;
        per2.talk();
    }
}
```

编译运行程序：

```
javac Person.java
java Person
```

运行结果为：

```
姓名: 张三  年龄: 23
姓名: 李四  年龄: 21
```

其中，上面的类中定义了 Person 类，类中包含了成员变量 name 和 age，成员方法 talk()。在 main()方法中使用 new 关键字实例化两个对象 per1 和 per2。分别给每个对象的成员变量 name 和 age 赋值，调用 talk 方法显示个人信息。

4.1.4 对象的销毁

Java 程序运行时系统通过垃圾收集机制，周期性地释放不再被对象引用所占用的内存，完成对象的清除。Java 的垃圾收集器自动扫描对象的动态内存区，对被引用的对象加标记，然后把未被引用的对象作为垃圾收集起来并释放。

在确保对象不会遗留任何需保存的信息后，java 的内存垃圾清理程序就可以处理了。当对象不再引用，或当前的代码段不属于对象的作用域，或者把对象的引用赋值为 NULL，该对象就成为一个无用的对象。

垃圾收集在 Java 程序的生命周期中自动进行，它解除了取消分配存储器的要求，免了存储器漏洞。

Java 在对象作为垃圾被收集前，自动调用 finalize()方法，清除自己所占用的资源。如果需要主动释放对象，或者在释放对象时需要执行特定操作，则在类中可以定义 finalize()方法。该方法声明的格式以下：

```
public void finalize(){
    //方法体;
}
```

4.2 “用户登录设计”实例

【实例目的】

（1）掌握方法的定义与调用。

（2）掌握构造方法的概念。

（3）掌握构造方法的定义。

【实例内容】

采用 Java 语言编写一个用户类，设计两个构造方法，一个判断是否为管理员的方法，利用主方法 main()测试用户类的功能，如果是管理员，则显示欢迎信息，如果不是管理员，则给出提示信息。

【技术要点】

（1）设计用户类，第一步需要设计用户类的成员变量，第二步设计该类的构造方法，第三步设计该类的成员方法，完成程序的业务功能。在本实例中，用户类包含两个成员变量，用户名、用户密码。

（2）打开 Eclipse 软件，创建一个名为 funApp 的 Java 工程。然后在该工程 src 目录中新建一个名为 UserLogin 的类文件，输入源代码，如图 4.4 所示。

UserLogin.java

```java
import java.util.*;
//用户登录类
public class UserLogin {
    private String userName;//用户名
    private String userPassword;//用户密码
    //构造方法
    public UserLogin(){

    }
    //构造方法
    public UserLogin(String name,String password){
        userName = name;
        userPassword = password;
    }
    //判断用户是否是管理员的方法
    public boolean isValidUser(){
        boolean flag = false;
        if(userName.equals("admin") && userPassword.equals("admin")){
            flag = true;
        }
        return flag;
    }
```

图 4.4　UserLogin 类的源代码

（3）编写 main()主方法，完成功能测试，具体的源代码如图 4.5 所示。

UserLogin.java

```java
    //main主方法，完成功能测试
    public static void main(String[] args) {
        Scanner sc = new Scanner(System.in);
        System.out.println("请输入用户：");
        String userName = sc.nextLine();
        System.out.println("请输入密码：");
        String userPwd = sc.nextLine();
        UserLogin ul = new UserLogin();
        ul.userName  = userName;
        ul.userPassword = userPwd;
        if(ul.isValidUser()){
            System.out.println("欢迎管理员登陆！");
        }else{
            System.out.println("您不是管理员");
        }
    }
}
```

图 4.5　main 主方法的源代码

（4）运行 UserLogin 类，按照提示输入用户名和密码之后，在控制台显示程序结果，如图 4.6 所示。

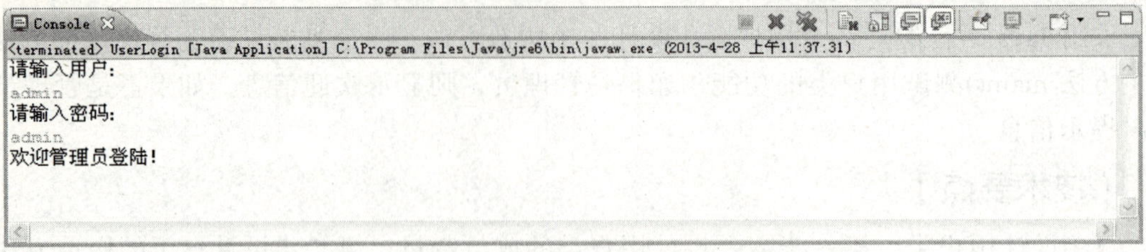

图 4.6　Console 控制台的输出结果

【相关知识及注意事项】

4.2.1　方法

方法（Method）是 Java 程序设计的重要概念之一。如果一个程序中有两个或者多个地方需要完成同一组动作的时候，为了提高程序的可复用性，避免程序的重复编写，可以把这一组动作单独出来，写成一个可以为其他程序所调用的“程序段”。这个程序段就是方法。本节主要介绍方法的定义、参数传递机制和方法的调用与递归。

1．方法的定义

方法的定义形式如下：

```
[修饰符] 返回类型 方法名([参数列表]){
    方法体;
    return 语句;
}
```

其中修饰符包含访问控制修饰符和其他修饰符，返回类型是指出该方法要直接返回给调用者什么类型的结果，它可以是 Java 中的任何数据类型，还可以是自定义的类；

方法名是 Java 中合法的标识符，遵循 java 中标识符的命名规则。参数列表根据需要设定，多个参数用逗号进行区分，每一个参数都包含参数类型和参数标识符，参数列表中的参数都是局部变量，只在方法体中发挥作用。

方法体是一个方法的核心部分，它完成了数据的处理与返回，从某种意义上说方法体决定了该方法的功能和性质。

方法的返回值是给调用者返回数据的一种机制，它可以在方法调用返回的时候被赋值给任何具有相同或者相容类型的变量。

【例 4-3】 本节中判断用户是否是管理员的方法代码如下：

```
//判断用户是否是管理员的方法
public boolean isValidUser(){
    boolean flag = false;
    if(userName.equals("admin") && userPassword.equals("admin")){
        flag = true;
    }
    return flag;
}
```

2. 方法的调用

方法的调用实质上把实际参数传递给形式参数的过程，一般来说，参数传递有两种方式：按值传递和按引用传递。

（1）参数的值传递

当 Java 方法的参数是基本数据类型的时候，是按值传递的。

【例 4-4】 编写一个简单的程序，测试参数的值传递。

```
public class Example402 {
    //test 方法，用来测试 i 的值在调用前后是否变化
    public static void test(int i){
        i = 15;
        System.out.println("在 test 方法内部，i="+i);
    }
    public static void main(String[] args) {
        //i 的初始值为 90
        int i=90;
        System.out.println("在 test 方法调用前，i="+i);
        //调用 test 方法
        test(i);
        System.out.println("在 test 方法调用后，i="+i);
    }
}
```

该程序的运行结果如图 4.7 所示。

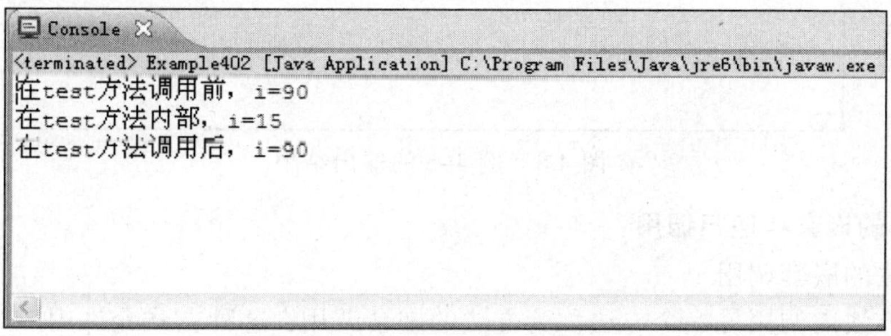

图 4.7　例 4-4 的输出结果

从例 4-4 中可以看出，test 方法改变了变量 i 的值，但是 main()方法中的 i 的值在调用 test 方法的前后没有发生变化，这说明，当参数为基本数据类型的时候，是按照值传递的方式进行赋值的，是将参数的一份副本传进 test 方法的，如果在方法里改变其值，其结果都是只改变了副本的值，而不会改变传入前的原值。

（2）方法的引用传递

什么是引用？简单地说，引用就像是一个对象的名字或者别名，引用传递也称为地址传递。方法调用时，实际参数的引用被传递给方法中相对应的形式参数，在方法执行中，对形式参数的操作实际上就是对实际参数的操作，方法执行中形式参数值的改变将会影响实际参数的值。

【例 4-5】 编写一个程序，测试参数的引用传递。

```
public class Example403 {
```

```
    //test 方法，用来测试 arr[1]的值在调用前后是否变化
    public static void test(int arr[]){
        arr[1] = 15;
        System.out.println("在 test 方法内部，arr="+arr[1]);
    }
    public static void main(String[] args) {
        //arr 的初始值为 5
        int arr[] = {10,30,50,70};
        System.out.println("在 test 方法调用前，arr[1]="+arr[1]);
        //调用 test 方法
        test(arr);
        System.out.println("在 test 方法调用后，arr=[1]"+arr[1]);
    }
}
```

在上述实例 4-5 中，test 方法的参数是引用数据类型数组，在 main()方法中调用了 test(arr)方法，将数组的首地址（数组名）传递给 test 方法，在 test 方法中修改了 arr[1]的值，main()方法中输出 arr[1]的值，发现 arr[1]的值变为 test 方法中的 arr[1]的值。

该程序的运行结果如图 4.8 所示。

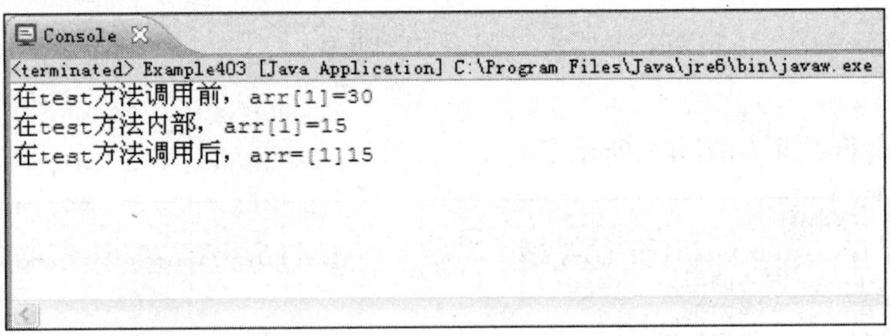

图 4.8　例 4–5 的输出结果

3．方法的嵌套和递归调用

（1）方法的嵌套调用

在一个方法内调用另一个方法称为方法的嵌套调用，这种方式允许用户对已经分出的模块（方法）再次细化，是符合“逐步求精”思想的。

【例 4-6】 我们定义了两个方法 sum 和 mul，其中 mul 方法计算两个数的乘法，sum 方法用来计算 a+b*c。代码如下：

```
public class Example404 {
    //sum 方法，用来计算 a+b*c
    public static int sum(int a,int b,int c){
        int sum = 0;
        sum = a+mul(b,c);
        return sum;
    }
    public static int mul(int a,int b){
        return a*b;
    }
    public static void main(String[] args) {
        int a,b,c;
```

```
        //输入三个参数
        a = Integer.parseInt(args[0]);
        b = Integer.parseInt(args[1]);
        c = Integer.parseInt(args[2]);
        //计算 a+b*c
        int i = sum(a,b,c);
        System.out.println(a+"+"+b+"*"+c+"="+i);
    }
}
```

在 sum()方法中，嵌套调用了 mul()方法，用来计算 b*c，并返回计算结果给 sum()方法。程序运行之后，输出的结果为：

```
12+6*8=60
```

（2）方法的递归调用

Java 支持递归。递归就是依照自身定义事物的过程，递归是允许方法调用自身的过程。调用自身的方法称为是递归。因此递归可以看作嵌套的一种特殊形式。

【例 4-7】 利用递归求 5 的阶乘。

```
public class Factorial {
    //递归函数
    public static int fac(int n){
        int result;
        if(n==1)
            return 1;
        result = n*fac(n-1);
        return result;
    }
    public static void main(String[] args) {
        int n = 5;
        System.out.println(n+"的阶乘是:"+fac(n));
    }
}
```

递归的执行过程：当 fac(1)带着参数 1 被调用时，该方法返回 1，否则它返回 fac(n-1)与 n 的乘积。为了对这个表达式求值，fac(n-1)带着参数 n-1 被调用。重复这个过程直到 n 等于 1，对该方法的调用开始返回。

4.2.2　构造方法

Java 中提供了一种特殊的成员方法——构造方法，构造方法是类的必要组成部分，负责完成类的实例对象的初始化工作。

构造方法的定义形式如下：

```
[修饰符] 类名([参数列表]){
    //方法体
}
```

修饰符只能是访问控制修饰符，构造方法是每个类所必需的，如果在类的定义中没有显式给出构造方法，则 Java 默认生成一个默认的构造方法，这个默认的构造方法无参数并且方法体为空。

【例 4-8】 构造方法的示例。

```
public class TestConstructor {
    //成员变量
    public int x;
    public int y;
    //构造方法
    public TestConstructor (){
        x = 5;
    }
    //构造方法
    public TestConstructor (int a,int b){
        x = a;
        y = b;
    }
    public static void main(String[] args) {
        TestConstructor obj1 = new TestConstructor ();
        TestConstructor obj2 = new TestConstructor (8,9);
        System.out.println("obj1.x="+obj1.x);
        System.out.println("obj1.y="+obj1.y);
        System.out.println("obj2.x="+obj2.x);
        System.out.println("obj2.y="+obj2.y);
    }
}
```

在上面的程序中，定义了两个构造方法，但是这两个构造方法的参数表不同，并且用这两个构造方法分别创建了 obj1 和 obj2 对象。构造方法的特性反映在如下几个方面:

（1）构造方法的名字必须与定义他的类名完全相同，没有返回类型，甚至连 void 也没有。

（2）构造方法的调用是在创建一个对象时使用 new 操作进行的。构造方法的作用是初始化对象。

（3）每个类可以有零个或多个构造方法，如果没有构造方法，则系统会默认的添加一个构造方法，这个默认的构造方法无参数并且方法体为空。

（4）不能被 static、final、synchronized、abstract 和 native 修饰。构造方法不能被子类继承。

（5）构造方法在初始化对象时自动执行，一般不能显式地直接调用。当同一个类存在多个构造方法时，java 编译系统会自动按照初始化时后面括号的参数个数、参数类型和参数的顺序来自动一一对应，完成构造函数的调用。

4.3 “班费管理类的设计”实例

【实例目的】

（1）掌握类变量的定义与应用。

（2）掌握类方法的定义与应用。

【实例内容】

采用 Java 语言编写一个班级管理类，设计三个成员变量，其中班费是班级共享的，所以定义为类变量，一个构造方法，用来实例化对象。

【技术要点】

（1）设计班级管理类，定义三个成员变量，分别为班级学生姓名、学生学号和班费，由于班费是班级每个学生共同支配的，所以班费应该定义为类变量。

（2）打开 Eclipse 软件，创建一个 Java 工程。然后在该工程 src 目录中新建一个名为 ClassAdmin 的类文件，输入源代码，如图 4.9 所示。

```
ClassAdmin.java
public class ClassAdmin {
    //成员变量
    public String sname;
    public String sno;
    public static double classfee;
    //构造方法
    public ClassAdmin(String name,String no){
        sname = name;
        sno = no;
    }
    public static void main(String[] args) {
        ClassAdmin ca1 = new ClassAdmin("张子文","20100014");
        ClassAdmin ca2 = new ClassAdmin("田立勇","20100017");
        ca1.classfee = 25.5;
        ca2.classfee = 35.5;
        System.out.println(ca1.classfee);
        System.out.println(ca2.classfee);
        System.out.println(ClassAdmin.classfee);
        ClassAdmin.classfee = 100;
        System.out.println(ca1.classfee);
        System.out.println(ca2.classfee);
        System.out.println(ClassAdmin.classfee);
    }
}
```

图 4.9　ClassAdmin 类的源代码

（3）运行 ClassAdmin 类，在控制台显示程序结果，如图 4.10 所示。

```
Console
<terminated> ClassAdmin [Java Application] C:\Program Files\Java\jre6\bin\javaw.exe
35.5
35.5
35.5
100.0
100.0
100.0
```

图 4.10　Console 控制台的输出结果

【相关知识及注意事项】

4.3.1　类变量

用 static 修饰的变量是静态变量。静态变量与其他成员变量有区别，其他成员变量必须通过类的对象来访问。而静态变量独立于该类中的任何对象，它是该类以及该类所有对象所共享的，可以用类名直接使用，也可以通过类的对象去访问，它一直属于定义它的类以及该类的所有对象，因此称为类变量。static 变量通常也称全局变量。

类变量的引用方式：
类名.静态变量名；
对象名.静态变量名；

【例 4-9】 静态变量的定义和引用。首先在类 Test 中定义了实例变量 x 和静态变量 y，然后在类 Test 中输出变量 x 和 y 的值。

```
public class Test {
    public int x;//实例变量
    public static int y;//静态变量
    public static void main(String[] args) {
        Test t = new Test();
        t.x = 20;
        t.y = 30;
        System.out.println("t.x="+t.x);
        System.out.println("t.y="+t.y);
        System.out.println("Test.y="+Test.y);
    }
}
```

程序的运行结果如下：

```
t.x=20
t.y=30
Test.y=30
```

在上面的程序中，在访问静态变量 y 时，可以通过类名 Test 直接访问，也可以通过对象名 t 访问。

4.3.2 类方法

用 static 修饰的方法是静态方法，也称为类方法。静态方法与其他成员方法有区别，其他成员方法必须通过类的对象来访问，而静态方法可以通过类名来访问，也可以通过对象来访问。

【例 4-10】 静态方法的定义和引用。在类 Test 中定义了实例变量 x 和静态变量 y，同时定义了一个实例方法，一个静态方法。然后在类 Test 中调用这些方法。

```
public class Test {
    public int x;                        //实例变量
    public static int y;                 //静态变量
    public int getResult1(){             //实例方法
        return x-y;
    }
    public static int getResult2(){ //静态方法
        return y;
    }
    public static void main(String[] args) {
        Test t = new Test();
        t.x = 30;
        t.y = 20;
        System.out.println(t.getResult1());
        System.out.println(t.getResult2());
```

```
        System.out.println(Test.getResult2());
    }
}
```

程序的运行结果如下：

```
10
20
20
```

用 static 说明的方法是静态方法或类方法，该方法具有以下规则：

（1）它们只可以调用其他 static 静态方法，不能调用实例方法。

（2）它们仅可以访问静态变量，不能调用实例变量。

（3）实例方法可以调用实例方法，也可以调用静态方法。

（4）它们不能参考 this 或 super。

本章小结

本章主要介绍了 Java 语言面向对象的基本知识，重点讲解 java 中的类和对象、方法和构造方法、静态变量和静态方法等知识。通过本章的学习，读者可以掌握 Java 语言中类的定义和对象的实例化，方法的定义和调用，构造方法的定义和应用，static 关键字的应用等知识。

思考与练习

一、选择题

1. main( )方法的返回类型是（　　）。

   A. int　　B. void　　C. boolean　　D. static

2. 以下关于构造函数的描述错误的是（　　）。

   A. 构造函数的返回值只能是 void 型

   B. 构造函数是类的一种特殊函数，它的方法名必须和类名相同

   C. 构造函数的主要作用是完成对类的初始化工作

   D. 一般在创建新对象时，系统会自动调用构造函数

3. 下面（　　）是类 Myclass 的构造函数（　　）。

   A. public void Myclass(){　}　　B. public static Myclass(){　　}

   C. public Myclass(){　　}　　D. public static void Myclass(){　　}

4. 下面关于 java 中类的说法不正确的是（　　）。

   A. 类体中只能有变量定义和成员方法的定义，不能有其他语句

   B. 构造函数是类中的特殊方法

   C. 类一定要声明为 public 的，才可以执行

   D. 一个 Java 文件中可以有多个 class 定义

5. 下述（　　）说法是不正确的。

   A. 实例变量是类的成员变量

B. 实例变量是用 static 关键字声明的

C. 类变量在方法执行时创建

D. 类变量在使用之前必须初始化

二、填空题

1. 在 Java 中有一种叫作__________特殊方法，在程序中用它来对类的对象成员进行初始化。

2. 面向对象技术的三大特征：__________、__________、__________。

3. 类变量用关键字__________修饰，可以用__________或者__________调用。

三、程序填空题

1. 将主方法的参数逐个打印输出，文件名为 MyTest.java

```
____________________________________{ //类的声明
  ______________ main(String args [ ] ){
    int n = args.length( );    //n 为数组长度
    if(n == 0)
        System.out.println("没有参数");
     else{
        System.out.println("参数个数: "+n);
        for(int i=0;        ;        )    //循环
          System.out.println("args["+i+"]="+           ); //打印数组元素
      }
   }
}
```

2. 阅读如下程序，完成程序中未完成的部分。

```
public class Example{
   int x,y;
public __________(int a){
   x = a;
   y=a;
}
public Example(int a, int b){
   //和上面一个参数的构造方法做同样的操作，包括赋值
    x=a;
    y = b;
  }
}
```

四、程序设计题

1. 设计一个矩形类，成员变量包括长和宽。类中有计算面积的方法 getArea()和计算周长的方法 getPerimeter()，编写 main()方法测试类的功能。

2. 设计 Point 类用来定义平面上的一个点，用构造函数传递坐标位置。编写测试类，在该类中实现 Point 类的对象。

3. 设计雇员 Employee 类，记录雇员的情况，包括姓名、年薪、受雇时间，要求定义 MyDate 类作为受雇时间，其中包括工作的年、月、日，并用相应的方法对 Employee 类的属性进行设置。编写测试类测试 Employee 类。

第 5 章

类的封装、继承和多态

内容提要及教学目标

本章通过四个 Java 程序实例进行学习。通过“银行账户”实例，介绍面向对象基础知识中类的封装和访问权限的相关知识；通过“银行开户类型设计”实例，对面向对象基础知识中继承的基本概念及其实现的相关知识进行讲解；通过“猜水果名称”实例，对面向对象基础知识中方法的重载和覆盖的相关知识进行讲解；通过“定时输出字符串”实例，对 Java 语言中的 final 类、final 成员以及内部类的相关概念和应用进行讲解。通过本章的学习，读者应该掌握以下内容：

- 类的封装的概念及使用。
- 继承的基本概念及实现。
- 方法的重载和覆盖的定义及使用。
- final 类和 final 成员的概念及使用。
- 内部类的概念及应用。

本章重点及难点

类的封装的概念及应用；继承的基本概念及实现；方法的重载和覆盖的定义及使用；final 类和 final 成员的概念及使用。

5.1 “银行账户”实例

【实例说明】

编写一个银行账户类实现对类的属性和方法的封装。该类包括的属性有“账号”“客户姓名”“密码”“存款余额”，包括的方法有各属性对应的 get()/set()方法、“存款”、“取款”、“查询”等，客户进行不同操作时，显示不同信息。程序运行界面如图 5.1 所示。

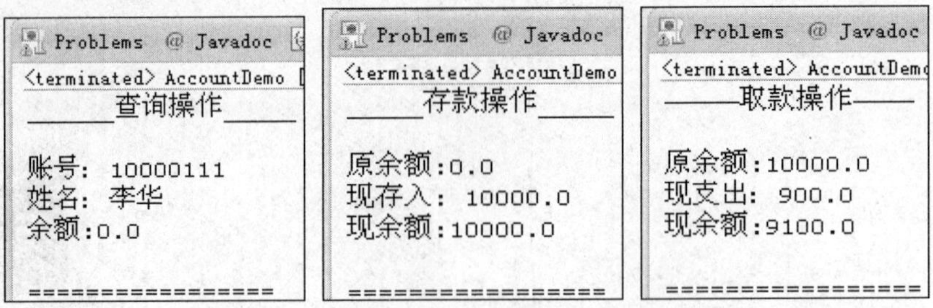

图 5.1 “银行账户”程序运行结果

【实例目的】

（1）理解并掌握类的封装的基本概念。

（2）熟练掌握类的封装的应用及特点。

【技术要点】

（1）本实例中使用包将 Java 程序中需要在一起工作的类放在同一包里，除了 public 修饰的类能够被所有包中的类访问外，默认修饰符的类只能被其所在包中的类访问，不能在其包外访问。包的这种组织方式，把对类的访问封锁在一定的范围，体现了 Java 面向对象的封装性。

在本任务中，将类放在包 ch05.task01 中。包定义如下：

```
package ch05.task01;
```

（2）软件工程中强调“高内聚、低耦合”的设计理念，即一个类的内部联系紧密，类与其他类之间的联系松散。遵循该思想在实现 Account 银行账户类时，尽可能把类的成员声明为私有的 private，只把一些少量的、必要的方法声明为公共的 public，提供给外部使用。

在 Account 类中，属性的修饰符为 private，对属性的访问只局限于类，外界只能通过相应的 get()和 set()方法访问和修改属性的值。

例如，实例中在 AccountTest 类中，只能使用相应的方法访问 Account 对象的属性值，代码如下：

```
Account user=new Account();
user.setId(10000111L);
user.setName("李华");
user.setPassword("123456");
```

【相关知识及注意事项】

5.1.1 封装的基本概念

1. 封装的概念

封装是一种 OOP 原则，就是把对象的属性和行为结合成一个独立的相同单位，并尽可能隐蔽对象的内部细节，外界只能通过授权的操作才能访问其数据。它是保护需要确保安全的对象部分的一种机制，只暴露可以暴露的部分。电视机就是封装的一个很好的例子。电视机内部有成千上万个电子元器件，它们一起构成了可以接收信号并把它们转换成图像和声音的部件。但是这些部件不用暴露给用户，因此制造商就把它们包装在一个坚固的不容易破碎的金属外壳里面。电视机使用起来也很容易，它把一些按钮露在外面，以便用户可以开机和关机，可以调整亮度和声音等。

面向对象语言的封装包含两个含义：

（1）类是数据及对数据操作的封装体，具有封装性。通过封装，将属性私有化，再提供公有方法访问私有属性，把对象的全部属性和全部服务结合在一起，形成一个不可分割的独立单位（即对象）。

（2）信息隐蔽，即尽可能隐蔽对象的内部细节，对外形成一个边界（或者说形成一道屏障），只保留有限的对外接口使之与外部发生联系。

封装的原则在软件上的反映是：要求对象以外的部分不能随意存取对象的内部数据（属性），从而有效地避免了外部错误对它的“交叉感染”，使软件错误能够局部化，大大减少查错和排错的难度。

2. 封装的步骤

要限制类的外部对类成员的访问，可以使用访问修饰符 private 修饰属性，让其他类只能通过公共方法访问私有属性。封装的实现步骤如下：

（1）修改属性的访问修饰符来限制对属性的访问。例如，Account 类中，属性 id、name、password、balance 都设置为 private。

```
private long id;          // 账户号码  设为private
private String name;      // 客户姓名  设为private
```

（2）为每个私有属性创建一对赋值方法 setXxx()和取值方法 getXxx()，用于对属性的访问。例如，Account 类对属性 id 提供的公共 setId()和 getId 法：

```
public long getId() {     //属性id的get方法
    return id;
}

public void setId(long id) {  //属性id的set方法
    this.id = id;
}
```

（3）访问时，并不是简单地赋值。有时需要在 setXxx()和 getXxx()方法中，加入对属性的存取限制。例如，对客户姓名不加存取限制时的 setName()方法：

```
public void setName(String name) {
    this.name = name;
}
```

现在要求如果传入的参数不为空，才能改变 name 的属性，且要对传入的参数去除前面和后面的空格，传入参数为空时在控制台显示出错信息，则 setName()方法改为：

```
public void setName(String name) {
    name = name.trim(); //对传入参数去除前后空格
    if(name.equalsIgnoreCase("") || name.equalsIgnoreCase(null)){
        System.out.println("您的用户名为空! 请重新输入! ");
    }else{  //传入的参数不为空，才能改变name属性
        this.name = name;
    }
}
```

3. 封装之后的使用

在另一个类中要对 Account 类中的私有属性 id、name 赋值，先得到 Account 类的实例 user，再通过使用 setXxx()方法进行。

```
Account user=new Account();
user.setId(10000111L);
user.setName("李华");
```

需要获取私有属性 account、name 的值，必须使用 getXxx()方法。

```
long id = user.getId();
String name= user.getName ();
```

注意：不可以直接用如下方式访问私有属性 account 和 name。

```
user.id=10000111L;
user.name="李华";
String id= user.id;
String name= user.name;
```

5.1.2 类的封装

Java 支持通过访问控制来进行封装。访问控制由访问控制修饰符进行管理。Java 中有 4 种访问控制修饰符：public、protected、private 及 default。访问控制修饰符可以应用到类或者类成员中。

1. 类访问控制修饰符

在一个带有许多类的应用程序中，类可以实例化，并通过同一个包或不同包的其他类成员使用。只要在类声明的开头处使用一个访问控制修饰符，就可以控制这个类的使用范围。

类可以有 public 或 default（即默认）访问控制级。

使用 public 访问控制修饰符时，这个类就是公共的，从任何地方都可以看到这个类。

例如实例中对银行账户类 Account 的声明：

```
//文件 Account.java    银行账户类 (public 访问级别)
public class Account
```

Java 核心类库中的大多数类都是公共类，公共类必须保存在与类同名的文件中，扩展名必须为“.java”。例如，下面是 java.io.File 类的声明：

```
public class File
```

注意：一个 Java 源文件只能包含一个公共类。但是，它可以包含多个非公共类。

如果一个类没有访问控制修饰符，它就具有默认访问级别。带有默认访问级别的类只能被同一个包中的其他类使用。

例如，实例中对银行账户类的测试类 AccountTest 的声明：

```
//文件 AccountTest.java  银行账户测试类（默认访问级别）
class AccountTest
```

因为该类主要针对在同一包中的 Account 类进行测试，不需要被其他类访问，故可以被限制为默认访问级别。

2. 类成员访问控制修饰符

类成员可以有 Java 提供的 4 种访问控制级别中的任意一种——public、protected、private 或 default（即默认级别，不带修饰符）。

表 5.1 列出了每一种访问级别的可见性情况。

表 5.1　类成员访问级别

访问级别	其他包中的类	同一个包中的类	不同包的子类	同 一 个 类
public	是	是	是	是
protected	否	是	是	是
default	否	是	否	是
private	否	否	否	是

提示：子类是指继承和扩展另一个类的类。将在本章第 2 节解释这个概念。

（1）public 访问控制修饰符用来使一个类成员公开化，属于任何包的任何类都可以访问类的公有成员，而与其来源无关。一般只有在确定外部对象对成员的访问不会危及此对象的完整性时才会将成员用 public 声明。

（2）protected 访问控制修饰符也用来使一个类成员公开化，但是该类成员的公开化程度不及 public 修饰的成员，它仅可以被这个类本身、其子类（包括同一个包中以及不同包中的子类）和同一个包中的所有其他的类访问。

（3）private 访问控制修饰符则是使一个类成员私有化，被限定为 private 的成员，只能被这个类本身访问。

（4）类中不加任何访问权限限定的成员属于默认的（default）访问状态，具有默认访问级别，可以被这个类本身和同一个包中的类所访问。

例如，实例中 Account 类成员的声明，代码如下：

```
private String name;                    // 客户姓名
private double balance;                 // 账户余额
//对外界访问提供的方法
public String getName()                 // 获取客户姓名方法
public void setName(String name)        // 设置客户姓名方法
```

【代码及分析】

```
//文件 Account.java   银行账户类
public class Account {
    // 对属性的封装
    private long id;                        // 账户号码
    private String name;                    // 客户姓名
    private String password = "000000";     // 账户密码：初始密码为"000000"
    private double balance;                 // 账户余额

                                            // 对该账户对外界提供方法的封装
    public long getId() {                   // 获取账户号码
        return id;
    }

    public void setId(long id) {            // 设置账户号码
        this.id = id;
    }

    public String getName() {               // 获取客户姓名
```

```
        return name;
    }

    public void setName(String name) {
        name = name.trim(); //对传入参数去除前后空格
        if(name.equalsIgnoreCase("") || name.equalsIgnoreCase(null)){
            System.out.println("您的用户名为空！请重新输入！");
        }else{  //传入的参数不为空，才能改变 name 属性
            this.name = name;
        }
    }
    public String getPersonId() { //获取身份证号码属性
        return personId;
    }

    public void setPersonId(String personId) {
        if (personId.length()==18){ //身份证号码限制为 18 位
            this.personId = personId;
        }else{
            System.out.println("身份证号码不对！");
        }
    }
    public void setPassword(String password) {
        this.password = password;
    }

    public void deposit(double cash) {// 类的存款行为（方法）
        System.out.println("_____存款操作_____\n");
        System.out.println("原余额:" + this.balance);
        System.out.println("现存入: " + cash);
        balance = this.balance + cash; // 余额自动计算
        System.out.println("现余额:" + this.balance);
        System.out.println("\n=================");
    }

    public void withdraw(double cash) {// 类的取款行为（方法）
        if ((this.balance - cash) > 0) { // 禁止透支
            System.out.println("———取款操作———\n");
            System.out.println("原余额:" + this.balance);
            System.out.println("现支出: " + cash);
            this.balance = this.balance - cash; // 余额自动计算
            System.out.println("现余额:" + this.balance);
            System.out.println("\n=================");
        } else {
            System.out.println("余额不足！");
        }
    }

    public void query() { // 类的查询行为（方法）
        System.out.println("_____查询操作_____\n");
```

```
        System.out.println("账号: " + this.id);
        System.out.println("姓名: " + this.name);
        System.out.println("余额:" + this.balance);
        System.out.println("\n================");
    }
}


class AccountTest {//文件 AccountTest.java  银行账户测试类
    public static void main(String[] args) {
        Account user=new Account();
        user.setId(10000111L); //设置银行账户信息
        user.setName("李华");
        user.setPassword("123456");

        user.query();//查询账户信息
        user.deposit(10000); // 存款到该银行账户 10000
        user.withdraw(900);  //从该账户取款 900
        user.query();
    }
}
```

程序解释及常见问题如下：

（1）封装可以把一个对象的属性私有，而提供一些可以被外界访问的属性的方法。比如，在 Account 类中，属性的修饰符为 private，对属性的访问只局限于 Account 类。对需要在类外访问的属性如 id 账户号码、name 客户姓名等，专门设置了相应的 setXxx()方法、getXxx()方法。当在 AccountTest 类中访问这些属性时，就要使用相应的 setXxx()方法和 getXxx()方法来访问和修改属性值。例如：

```
user.setId(10000111L);
user.setName("李华");
user.setPassword("123456");
```

（2）而对于一些该对象不想让外界访问的属性，就不提供其方法，比如说认真阅读该实例代码就会发现，Account 的 password 属性就没有提供 getPassword 的方法，这是因为客户不想让自己的密码被外界访问，外界是不能带到 Account 类的 password 属性的。

（3）实例代码中的“**this**.id”“**this**.name”“**this**.balance”中的 this 代表当前类的实例，相关概念将会在下一节中进行讲解。

【应用扩展】

（1）本实例有两个方面的应用扩展，一个是进一步完善 Account 类的属性，并在其中增加构造方法，升级后的类名改为 Account2，另一个是在类中增加菜单功能。测试类相应升级为 Account2Test。主要代码如下：

```
public class Account2 {
// 对属性的封装
private long id; // 账户号码
private String name; // 客户姓名
private String password = "000000"; // 账户密码: 初始密码为"000000"
```

```
    private String personId;          // 身份证号码
    private double balance;           //账户余额
    private double DWAmount;          // 交易金额
    private Date DWDate;              // 交易日期
    private static double interest;  // 年利率:私有、静态

    public Account2(long id, String name, String password, String personId) {
        this.id = id;
        this.name = name;
        this.password = password;
        this.personId = personId;
        this.balance = 0;
    }
    ...     //其他方法代码同 Account 类
    public boolean check(Account2 user,long id, String pwd){
       if (id == user.getId() && pwd.equalsIgnoreCase(user.password))
           return true;
       else
           return false;
    }

    public static void menuprint(){//打印菜单方法
       System.out.println("============欢迎光临===============");
       System.out.print("1: 存款  \t");
       System.out.print("2: 取款 \t ");
       System.out.print("3: 修改密码\t  ");
       System.out.print("4: 查询\t  ");
       System.out.print("5: 退出\n");
       System.out.println("==========请选择您的操作(1-5): =========");
       }
    }
```

在 Account2Test 测试类中的代码修改如下：

```
    //Account2Test.java  Account2 类的测试类
    public class Account2Test {
       public static void main(String[] args) {
          Account2 user=new Account2(10000111L,"李华","123456", "330762198803212422");
                                                 //构造银行账户对象并初始化
          Account2.setInterest(0.03);            //设置该类账户年利率

          Scanner input = new Scanner(System.in);
          System.out.print("请输入您的账号: ");
          long id = input.nextLong();
          System.out.print("请输入您的密码: ");
          String pwd = input.next();
          if (user.check(user,id,pwd)) {    //验证信息
              while (true) {
                  Account2.menu();
                  int n = input.nextInt();
                  switch (n) {
                  case 1:
```

```
                System.out.print("请输入您的存款金额: ");
                 double cash = input.nextDouble();
                 user.deposit(cash);break;
             case 2:
                 System.out.print("请输入您的取款金额: ");
                 double money = input.nextDouble();
                 user.withdraw(money);
                 break;
             case 3:
                 System.out.print("请输入您的新密码: ");
                 String newpwd = input.next();
                 user.setPassword(newpwd);break;
             case 4:
                 user.query();     break;
             case 5:
                 System.exit(1);
             }
         }
     } else {
        System.out.print("您输入的账号或密码有误! ");
     }
  }
}
```

(2)在设计属性时，还有几个修饰符：

- static：static 定义的属性，称为静态变量，也称为类变量。类变量很特别，与实例变量不同，可以用类直接访问，类的所对象共享该属性。例如，对年利率的声明：

```
private static double interest;// 年利率:私有、静态
```

- final：final 定义常量，在方法中不可改变其值。例如“public static final double PI = 3.14159265358979323846;”语句中，PI 是一个常量。
- transient：transient 定义暂时性变量，用于对象存档。
- volatile：volatile 易失（共享）域变量，用于并发线程的共享。

5.2 “银行开户类型设计”实例

【实例说明】

银行账户，都具有账户号码、客户姓名、密码、客户身份证号码、账户余额等属性，能够进行取款、存款、查询等操作。银行的客户分为两类：储蓄账户（SavingAccount）和信用账户（CreditAccount）。储蓄账户具有自己的最小额度（日均低于最小额度，银行要收取小额账户管理费）等属性，能够计算利息，不允许透支；信用账户具有取现额度和透支额度等属性，可以透支，可以刷卡消费，并允许用户设置自己的透支额度。请编写 Account 银行账户类、SavingAccount 储蓄账户类和 CreditAccount 信用账户类。程序运行界面如图 5.2 所示。

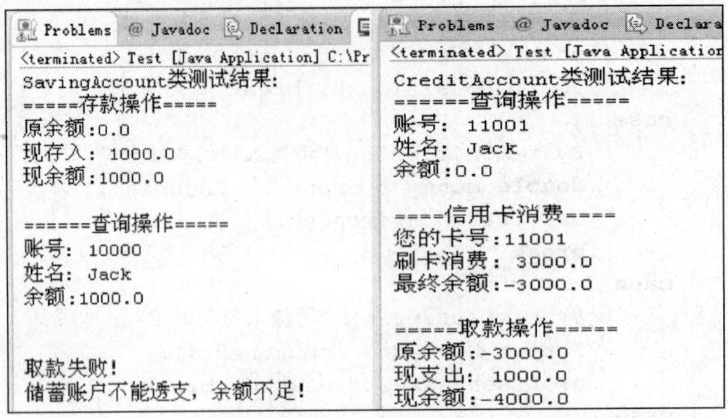

图 5.2　程序运行结果

【实例目的】

（1）理解并掌握继承的概念、继承的关键字。

（2）理解并掌握父类与子类之间的关系。

（3）熟练掌握 super 关键字的使用。

（4）熟练掌握继承的实现及应用。

【技术要点】

（1）如果实例中的三个类各自定义，就会发现三个类中有许多重复的代码。解决方法是，可以在定义类时，将储蓄账户类和信用账户类中相同的属性和方法抽象出来，集中放在银行账户类中，形成一种共享的机制，储蓄账户类、信用账户类中只放自己特有的成员变量和成员方法，减少重复代码。这样就形成一种继承关系，储蓄账户类、信用账户类作为子类继承父类银行账户类的非私有成员变量和成员方法，子类中就省去重复代码。

（2）继承关系建立后，子类和父类中就可能有相同的成员，这时子类的成员会隐藏父类的成员。如果需要使用父类的成员属性和成员方法，可以通过使用 super 关键字。通过使用 super 关键字与 this 关键字，可以显式地区分开调用的是当前对象的成员，还是父对象的成员。

【相关知识及注意事项】

5.2.1　继承的基本概念

继承是面向对象编程的一项非常重要的特征。Java 继承是使用已存在的类的定义作为基础建立新类的技术，新类的定义可以增加新的数据或新的功能，也可以用父类的功能，但不能选择性地继承父类。这种技术使得复用以前的代码非常容易，能够大大缩短开发周期，降低开发费用。比如可以分别定义一个“车”类，车有以下属性：车体大小、颜色、转向盘、轮胎，而又由“车”类派生出“轿车”和“卡车”两个类，为“轿车”添加一个小后备厢，而为卡车添加一个大货厢。

在面向对象编程中，这种通过创建一个新类对一个类进行扩展的过程就称作继承。

在类的继承中，被继承的类称为父类，继承而来的类则称为子类。有多个子类共同继承一个父类，那么这个父类就是多个类的基类。

子类继承父类的属性和方法，同时也可以修改父类的属性或重载父类的方法,以及在父类的基础上添加新的属性和方法。因此,父类和子类之间反映的是“一般与特殊”的关系,即“is–a”的关系。

例如，Account 是一个表示银行账户的类。银行账户有许多种，包括储蓄账户、信用账户等，因此可以创建 Account 的子类，用来表示特定的银行账户种类。图 5.3 所示为 Account 类的继承关系。

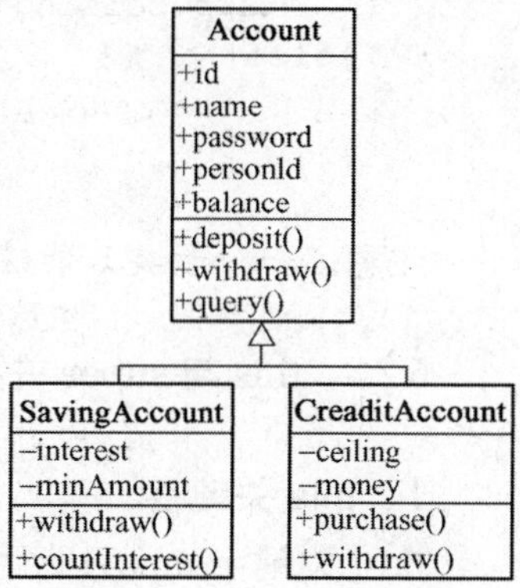

图 5.3　Account 类的继承关系

提示：在 Java 中，类是一个层次结构，其中 Object 为超类或基类，所有类都直接或间接地继承自 Object 类。Java 语言只支持单继承，但可以通过使用接口实现多重继承的概念，详情请见第 6 章。

5.2.2　继承的实现

继承分两个步骤实现：

1. 定义父类

父类可以是系统类，也可以是自定义类。如果是系统类，该步骤可以省略。

在父类中只定义一些通用的属性与方法，例如：Account 银行账户类只定义账户号码、客户姓名、密码、客户身份证号码、账户余额属性，以及取款、存款、查询行为。

```
public long id;                       // 账户号码
public String name;                   // 客户姓名
public String password = "000000";    // 账户密码：初始密码为"000000"
public String personId;               //身份证号码
public double balance;                // 账户余额
public void deposit(double cash)      // 账户存入：类的存入行为（方法）
public void withdraw(double cash)     // 账户支出：类的支出行为（方法）
public void query()                   // 类的查询行为（方法）
```

2. 定义子类

子类定义的一般格式如下：

```
[类修饰符]  class  子类名  extends  父类名{
}
```

extends 关键字表示一个类继承了另一个类。例如，CreditAccount 信用账户类继承 Account 银行账户类。

```
public class CreditAccount extends Account {  //父类名只能有一个
}
```

然后，定义子类特有的成员变量和成员方法。例如，CreditAccount 信用账户类作为子类，新增了自己的特性。

```
private double ceiling;                        //透支额度，子类特有的属性
private double money;                          //取现额度，子类特有的属性
public void setCeiling(double ceiling) {       //设置透支额度，子类特有的方法
    if(ceiling>=0){
```

```
        this.ceiling = ceiling;
    }else{
        System.out.println("您设置的额度小于 0! 请重新设置! ");
    }
}
```

注意：一个子类只能继承一个父类，但一个父类可以有多个子类。

5.2.3 this 与 super 关键字

1. this 关键字

Java 关键字 this 只能用于方法体内。当一个对象创建后，Java 虚拟机（JVM）就会给这个对象分配一个引用自身的指针，这个指针的名字就是 this。因此，this 只能在类中的非静态方法中使用，静态方法和静态的代码块中绝对不能出现 this，并且 this 只和特定的对象关联，而不和类关联，同一个类的不同对象有不同的 this。

可以利用关键字 this 从任何方法或者构造器引用当前的对象。格式如下：

```
this.成员变量(成员方法)
```

例如，如果有一个类级变量与一个局部变量同名，就可以利用下面这个语法引用前者：

```
this.id
```

this 主要有以下三种用法：

（1）在方法中，需要引用该方法所属类的当前对象时候，直接用 this。

（2）方法参数或者方法中的局部变量和成员变量同名的情况下，成员变量被屏蔽，此时要访问成员变量则需要用“this.成员变量名”的方式来引用成员变量。当然，在没有同名的情况下，可以直接用成员变量的名字，而不用 this。

在 Account 类中用 setId()设置 id 属性值时，方法参数和成员变量同名，可用 this 加以区分，代码如下：

```
public void setId(long id) {     //设置账户号码属性
    this.id = id;
}
```

当然，如果参数名设为 acid 的话，此处 this 也可以不用，代码如下：

```
public void setId(long acid) {  //设置账户号码属性
    id = acid;
}
```

（3）通过 this 调用另一个构造方法，用法是 this([参数列表])，这个仅仅在类的构造方法中，别的地方不能这么用。如本实例中的 Account 类的另一个无参构造方法：

```
public Account() {
    this(100011L,"ABC","123456","389329879304011242");
}
```

从以上代码中可以看出，this 关键字不仅可以用来引用成员变量，而且还可以用来引用构造方法，在构造方法中使 this 关键字表示调用类中的另一构造方法 Account(long id, String name, String password, String personId)。

注意：只能在类中的非静态方法中使用，静态方法和静态的代码块中绝对不能出现 this。

2. super 关键字

super 是一个用来引用继承自父类的成员的引用。

super 关键字主要有以下两种用法：

（1）调用父类的构造方法

子类可以调用由父类声明的构造方法。但是必须在子类的构造方法中使用 super 关键字来调用。其具体的语法格式如下：

```
super([参数列表]);
```

如果父类的构造方法中包括参数，则参数列表为必选项，用于指定父类构造方法的入口参数。

在 Account 类中添加一个带参数的构造方法，具体代码如下：

```
public class Account {
  public Account(long id, String name, String password, String personId){
        super();                            //引用 Object 类的构造方法
        this.id = id;                       // 账户号码
        this.name = name;                   // 客户姓名
        this.password = password;           // 账户密码
        this.personId = personId;           //身份证号码
    }
  }
```

这时，如果想在子类 CreditAccount 类中使用父类的带参数的构造方法，则需要在子类 CreditAccount 类的构造方法中通过以下代码进行调用：

```
public CreditAccount(long id, String name, String password,
        String personId, double ceiling, double money) {
    super(id, name, password, personId);//调用父类构造方法
    this.ceiling = ceiling;
    this.money = money;
}
```

（2）操作被隐藏的成员变量和被覆盖的成员方法

如果想在子类中操作父类中被隐藏的成员变量和被覆盖的成员方法，也可以使用 super 关键字，具体格式如下：

```
super.成员变量名
super.成员方法名([参数列表])
```

例如，如果想在子类 CreditAccount 的方法中改变父类 Account 的成员变量 balance 的值可以使用以下代码：

```
super.balance =0;
```

如果想在子类 CreditAccount 的方法中使用父类 Account 的成员方法 withdraw ()可以使用以下代码：

```
super.withdraw(cash);    //调用父类 withdraw 方法
```

注意：子类调用父类的构造方法时，super 语句必须是子类构造方法的第一句。

【代码及分析】

```
public class Account {  //文件 Account.java   银行账户类（父类）
   long id;              // 账户号码
   String name;          // 客户姓名
```

```
    String password = "000000";          // 账户密码: 初始密码为"000000"
    String personId;                     //身份证号码
    double balance;                      // 账户余额
    public Account() {
        this(100011L,"ABC","123456","389329879304011242");
    }

    public Account(long id, String name, String pwd, String personId){
        super();
        this.id = id;
        this.name = name;
        this.password = pwd;
        this.personId = personId;
    }

    public long getId() {                //获取账户号码属性
       return id;
    }

    public void setId(long id) {         //设置账户号码属性
       this.id = id;
    }

    public String getName() {            //获取客户姓名属性
        return name;
    }

    public void setName(String name) {   //设置账户姓名属性
          this.name = name;
    }

    public String getPersonId() {        //获取身份证号码属性
       return personId;
    }

    public void setPersonId(String personId) {
       if (personId.length()==18){       //身份证号码限制为 18 位
           this.personId = personId;
       }else{System.out.println("身份证号码不对!");}
    }

    public void setPassword(String password) {//设置账户密码
       this.password = password;
    }

    public void deposit(double cash) {// 账户存入: 类的存入行为(方法)
       System.out.println("=====存款操作=====");
       System.out.println("现存入: " + cash);
       balance = this.balance + cash; // 余额自动计算
       System.out.println("现余额:" + this.balance+"\n");
```

```
    }

    public void withdraw(double cash) {// 账户支出: 类的支出行为（方法）
            System.out.println("=====取款操作=====");
            System.out.println("现支出: " + cash);
            this.balance = this.balance - cash; // 余额自动计算
            System.out.println("现余额:" + this.balance+"\n");
    }

    public void query() { // 类的查询行为（方法）
        System.out.println("======查询操作=====");
        System.out.println("账号: " + this.id);
        System.out.println("姓名: " + this.name);
        System.out.println("余额:" + this.balance+"\n");
    }

public class SavingAccount extends Account {// 子类:储蓄账户
    private static double interest;// 年利率:私有、静态

    public SavingAccount(long id, String name, String pwd, String pd) {
        super(id, name, pwd, pd); //调用父类构造方法
    }
    public static double getInterest() {  //获取年利率属性
        return interest;
    }

    public static void setInterest(double interest) {//设置年利率属性
        SavingAccount.interest = interest;
    }

    public void countInterest(){ //计算利息并存入账户
        double interesty = this.balance * this.interest;
        this.deposit(interesty);
    }
}

public class CreditAccount extends Account {     //信用卡类 （子类）
    private double ceiling;                         //透支额度
    private double money;                           //取现额度

    public CreditAccount(long id, String name, String password,
            String personId, double ceiling, double money) {
        super(id, name, password, personId);
        this.ceiling = ceiling;
        this.money = money;
    }

    public double getCeiling() {
        return ceiling;
    }
```

```
    public void setCeiling(double ceiling) {//设置信用卡透支额度
            this.ceiling = ceiling;
    }

    public void purchase(double payment){ //类的刷卡消费行为（方法）
        System.out.println("您的卡号:"+this.id);
        System.out.println("刷卡消费: "+payment);
        if ((this.balance+this.ceiling - payment)>0){    // 可以透支
            this.balance=this.balance-payment;           //自动计算余额
            System.out.println("最终余额:"+this.balance+"\n");
        }else{System.out.println("超过透支额度! 此次刷卡无效! \n");}
    }
}
```

程序解释及常见问题如下：

（1）定义子类之后，父类与子类之间就产生了一些特殊的关系，从一个子类内部，可以访问到其父类的 public 和 protected 方法和属性，但是不能访问到其父类的 private 方法。如果子类和父类在同一个包中，还可以访问父类默认的方法和属性。例如：

父类 Account 中有一私有成员变量和一私有成员方法：

```
private String name;                    //父类私有成员变量：客户姓名
private void query()                    //父类中私有成员方法：账户查询
```

子类 CreditAccount 中，按如下方式对父类成员变量和成员方法进行访问，将会出错。

```
name="Alax";                            //子类中访问父类中私有成员变量，出错
query();                                //子类中调用父类中私有成员方法，出错
```

当把父类 Account 中 private 改为 public 或 default 时，子类 CreditAccount 中访问顺利完成。

```
String name;                            //父类中 private 改为缺省
void query()                            //父类中 private 改为缺省
```

（2）子类中可以定义子类特有的属性和方法。如在 SavingAccount 中定义了 public void countInterest()方法用来计算利息。

（3）子类不能继承父类的构造方法，因为父类的构造方法用来创建父类对象，子类需定义自己的构造方法，创建子类对象。例如，CreditAccount 类的构造方法，代码如下：

```
public CreditAccount(long id, String name, String password,
        String personId, double ceiling, double money) {
    super(id, name, password, personId);  //调用父类构造方法
    this.ceiling = ceiling;
    this.money = money;
}
```

（4）继承关系的结果是，可以将子类的实例赋给父类型的引用变量。例如，以下代码是有效的，因为 CreditAccount 是 Account 的一个子类，它始终属于 Account。

```
Account  account = new Credit();
```

但是，下面的代码是非法的，因为不能保证 Account 就是 CreditAccount。

```
CreditAccount  ca = new Account();
```

【应用扩展】

CreditAccount 类继承了 Account 类后，在取款、刷卡消费等功能上加上自己的特性，就

要重写这两个方法。重写形成了多态。CreditAccount 类升级新增方法如下：

```
@Override
public void withdraw(double cash) {//覆盖父类的取款方式
    if ((balance+ ceiling - cash) > 0 &&  cash<= money) {//可以透支
        super.withdraw(cash);    //调用父类withdraw方法
    } else { //但不能超过额度
        System.out.println("\n取现失败！\n超过透支额度或取现额度！\n");
    }
}
```

5.3 “猜水果名称”实例

【实例说明】

本实例通过调用不同的猜测方法，根据给出的谜面猜出是哪一种水果名，一次猜不中，再调用带提示的猜测方法进一步猜测，若再不中则给出谜底。程序运行界面如图 5.4 所示。

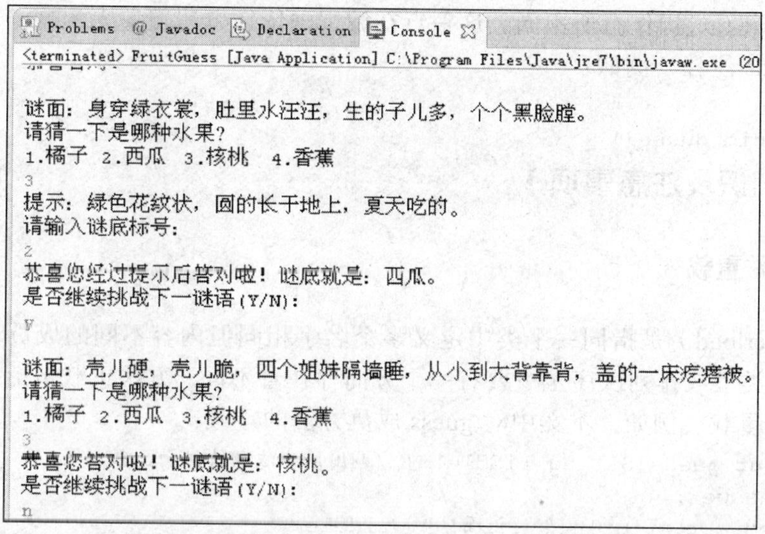

图 5.4　“猜水果名称”程序运行结果

【实例目的】

（1）理解并掌握面向对象中多态的概念。

（2）理解并掌握方法的重载和覆盖的含义及实际应用。

（3）熟练掌握实现方法的重载和覆盖的方法。

（4）能在实际应用中合理选择应用方法重载或方法覆盖。

【技术要点】

（1）多态：多态源自希腊语，本意为“拥有多种形态”。多态是面向对象的重要特征之一。在 Java 中，指的是拥有相同的形式，但根据不同的情形拥有不同的机能的特点。

例如，“数值+数值=数值”，但“String 对象+数值=String 对象”。根据不同的情形，“+”运算符拥有不同的功能，即“+”运算具有多态性。

```
1 + 2 = 3;
"hello" + 123 = "hello123";
```

Java 中提供两种多态机制：重载和覆盖。重载揭示的是同一个类内部多个方法间的关系；而覆盖揭示的是子类与父类间不同方法的关系。

方法重载实现的静态多态性，又称为编译时多态。在同一个类中，定义同名但参数不同的多个重载方法，在编译阶段，具体调用哪个被重载的方法，编译器会根据参数的不同来静态确定调用相应的方法。

方法覆盖／重写实现的动态多态性，又称为运行时多态。由于子类继承了父类除私有以外的所有属性，所以子类对象可以作为父类对象使用。程序中凡是使用父类对象的地方，都可以用子类对象来代替。一个父类对象可以通过引用子类的实例来调用子类的方法。

（2）只给谜面的猜测和带提示的谜面猜测具体的行为不同，应用的场合也不同，所以，类中的猜测方法的编程应用方法重载实现。实例中分别声明的 guess 方法如下：

```
public int guess(int i)
public int guess(String prompt)
```

（3）在 Guess 类和 FruitGuess 类中都有一个名为 public void guess()，方法名、参数、返回类型相同，只不过操作有所不同，这一点在编程中依靠方法覆盖来实现。方法覆盖时，会有一个 Override 注释，例如：

```
@Override
public void guess()
```

【相关知识及注意事项】

5.3.1 方法重载

重载（overload）是指同一个类中定义多个名字相同但内容不同的成员方法。重载方法的参数数量、类型或排列次序至少要有一个方面存在着不同。方法重载包括构造方法的重载和成员方法的重载。例如，本案中对 guess 成员方法的重载：

```
public int guess(String riddle) {//调用该方法只给谜面，猜水果名
    int answer;
    System.out.println("\n谜面: "+ riddle+
            "\n请猜一下是哪种水果? 1.橘子    2.西瓜    3.核桃     4.香蕉");
    answer = input.nextInt();
    return answer - 1;
}

public int guess(String riddle,String prompt){//需要提示时,调用该方法
    int answer;
    System.out.println("\n谜面: "+ riddle+
            "\n请猜一下是哪种水果? 1.橘子    2.西瓜    3.核桃     4.香蕉");
    System.out.println("提示: " + prompt);
    answer = input.nextInt();
    return answer - 1;
}
```

以上两个方法的方法名相同，但参数类型不同，内容不同，应用的场景也不同，称为方法的重载。返回值类型相同不相同无关紧要。两个方法的调用如下：

```
fg.guess(riddle);                //调用的是 guess(String riddle)
fg.guess(riddle,prompt);         //调用 guess(String riddle ,String prompt)
fg.guess(riddle);
```

运行结果如下：

```
谜面：壳儿硬，壳儿脆，四个姐妹隔墙睡，从小到大背靠背，盖的一床疙瘩被。
请猜一下是哪种水果？1.橘子    2.西瓜    3.核桃    4.香蕉
```

fg.guess(riddle,prompt);运行结果如下：

```
谜面：壳儿硬，壳儿脆，四个姐妹隔墙睡，从小到大背靠背，盖的一床疙瘩被。
请猜一下是哪种水果？1.橘子    2.西瓜    3.核桃    4.香蕉
提示：外壳很硬，可以补脑
```

由此，可以看出，两个成员方法执行的动作也不一样。

构造方法的重载与成员方法类似。例如，本实例中提供的FruitGuess类的构造方法如下：

```
public FruitGuess() {
    this.riddle = "小小红坛子，装满红饺子，吃掉红饺子，吐出白珠子。";
}

public FruitGuess(String riddle) {
    this.riddle = riddle;
}
```

两个构造方法方法名都是类名，但参数和内容不同。创建对象代码如下：

```
FruitGuess fg = new FruitGuess();
FruitGuess fg1 = new FruitGuess("4+4+4");
```

关于方法重载的使用要注意以下几点：

（1）定义重载方法时，参数的个数、类型或排列顺序一定要有所区别，否则会发生编译错误。

（2）方法返回值类型的不同，不能用来区分同名方法，因此不能作为方法重载的依据。

（3）调用重载方法时一定要给出正确的参数，系统根据给定的参数数目、类型、次序三个因素来决定到底调用哪个同名方法。参数类型的区分度一定要足够，不能是同一简单类型的参数，如int与long。

5.3.2 方法覆盖

方法覆盖（override）是指在子类中定义的方法与父类的方法具有相同的名称、相同参数列表、返回类型和访问修饰符，又称方法重写。例如，父类guess中有如下方法：

```
public void guess(int i) {
    System.out.println("\n谜面：" + riddles[i]
            + "\n请猜一下是哪种水果？\n1.橘子    2.西瓜    3.核桃    4.香蕉");
    int a = input.nextInt();
    if(a-1==i){
        System.out.println("恭喜您答对啦！");
    }else{
        System.out.println("提示："+prompts[i]+ "\n请输入谜底标号：");
        a = input.nextInt();
        if(a-1==i)
            System.out.println("恭喜您答对啦！");
        else
```

```
            System.out.println("还是没猜对！谜底其实是: " + answers[i]);
        }
    }
```

运行结果为：

```
谜面：小小红坛子，装满红饺子，吃掉红饺子，吐出白珠子。
请猜一下是哪种水果?
1.橘子    2.西瓜    3.核桃    4.香蕉
1
恭喜答对!
```

在子类 FruitGuess 类定义的与父类同名的 guess 中新增自己的内容，这就是覆盖。

```
@Override
public void guess(int i) {
    super.guess(i);     //调用父类方法
    System.out.println("继续挑战看看! \n");  //新增内容
}
```

运行结果为：

```
谜面：小小红坛子，装满红饺子，吃掉红饺子，吐出白珠子。
请猜一下是哪种水果?
1.橘子    2.西瓜    3.核桃    4.香蕉
1
恭喜答对!
继续挑战看看!
```

如上实例所示，通过覆盖继承自父类的方法，实现了方法功能的扩展或变更。这就是覆盖父类方法的目的所在。

覆盖方法的调用原则：Java 系统根据运行时所调用方法的对象类型来决定调用哪个方法。当对象为子类的实例对象时，若子类覆盖了父类的方法，则运行时系统调用子类的方法。如对上述覆盖实例中的 **public void** guess(**int** i)的调用如下：

```
FruitGuess fg = new FruitGuess();
fg.guess(0); //调用 FruitGuess 类的public void guess(int i)方法
```

如果子类继承了父类的方法而并未覆盖，则运行时系统调用父类的方法。

注意：关于方法覆盖要注意以下几点：

- 继承不能去除父类的任何属性和方法，但子类可以添加自己的属性或方法，也可以覆盖父类的方法。
- 在覆盖了父类方法的子类中调用父类方法，必须使用 super 关键字做前缀，否则系统会认为子类在调用它自己的覆盖方法，从而导致无限递归的发生，使程序产生异常。
- 通过父类的引用变量去调用多个子类对象的方法时，系统会自动选择与合适对象对应的子类的覆盖方法。
- 覆盖方法的访问权限不能比被覆盖的父类方法的访问权限更严格，但可以相同。

类中对父类的方法重写时，其访问控制类型要满足以下要求：

- 父类默认的 package 访问类型的方法，子类在重写时，可以定义为 package、protected 或 public 三种访问类型之一。
- 父类 protected 访问类型的方法，子类在重写时，可以定义为 protected 或 public 两种访问类型之一。

➢ 父类 public 访问类型的方法，子类在重写时，只能定义为 public 访问类型。

【代码及分析】

```
//文件 FruitGuess.java
public class FruitGuess extends Guess{
    public FruitGuess() {
        this.riddle = "小小红坛子，装满红饺子，吃掉红饺子，吐出白珠子。";
    }

    public FruitGuess(String riddle) {
        this.riddle = riddle;
    }

    @Override
    public void guess(int i) {
        super.guess(i);
        System.out.println("继续挑战看看！\n");
    }

    public int guess(String riddle) {
        int answer;
        System.out.println("\n谜面: "+ riddle+
                "\n请猜一下是哪种水果？1.橘子   2.西瓜   3.核桃   4.香蕉");
        answer = input.nextInt();
        return answer - 1;
    }

    public int guess(String riddle,String prompt) {
        int answer;
        System.out.println("\n谜面: "+ riddle+
                "\n请猜一下是哪种水果？1.橘子   2.西瓜   3.核桃   4.香蕉");
        System.out.println("提示: " + prompt);
        answer = input.nextInt();
        return answer - 1;
    }

    public static void main(String[] args) {
        int i = 0;
        char choice = 'Y';
        String riddle="壳儿硬，壳儿脆，四个姐妹隔墙睡，从小到大背靠背，盖的一
        床疙瘩被。";
        String prompt = "外壳很硬，可以补脑";
        FruitGuess fg = new FruitGuess();
        fg.guess(0);
        fg.guess(riddle);
        fg.guess(riddle,prompt);
        while (choice == 'Y' || choice == 'y') {
            i = (int) (Math.random() * answers.length);
            if (fg.guess(riddles[i]) == i)
                System.out.println("恭喜您答对啦！谜底就是: " + answers[i]);
```

```
                else if (fg.guess(riddles[i],prompts[i]) == i)
                    System.out.println("恭喜您答对啦!谜底就是: " + answers[i]);
                else
                    System.out.println("还是没猜对! 谜底其实是: " + answers[i]);

                System.out.println("是否继续挑战下一谜语(Y/N): ");
                choice = input.next().charAt(0);
            }
        }
    }
```

程序解释及常见问题如下：

（1）方法重写会隐藏父类的同名方法。也就是说，在子类 FruitGuess 中，如果调用 guess(int i)方法，将不再是调用父类的 guess(int i)方法，而是子类 FruitGuess 中的方法。子类的属性与父类的属性相同时，也会出现隐藏的现象。此时若要调用父类被隐藏的成员，就要使用 super 方法。例如：

```
super.guess(i);
```

（2）FruitGuess 类中的成员方法 public void guess(int i){…}、public int guess(String riddle){…}、public int guess(String riddle,String prompt) {…}是由 Java 的重载实现的。它们是名称相同但参数不同的多个方法在同一个类中的表现形式；调用时利用不同的实际参数进行同类方法的选择；它们只是提供了更多的选择，而不意味着替代。

（3）子类 FruitGuess 类中的成员方法 public void guess(int i){…}的重定义，来自父类 Guess 类中的 public void guess(int i){…}成员方法，是由 Java 的覆盖实现的。它们有相同方法名、形参列表和返回值，调用时利用不同的前缀来选择不同类的方法，具有替代的意味。

【应用扩展】

本实例中的数据是程序代码提供静态数据，数量有限，并不能让玩家尽兴。可以将该应用进行扩展，将该应用与数据库相连接，大量的数据就可以存储于数据库中，既方便操作，又可以让玩家尽兴，不过这要联系本教材第 12 章的内容来完成。

5.4 “定时输出字符串”实例

【实例说明】

本实例分别通过 Timer 类创建了一个计时器对象，通过定义一个 TimerTask 类的子类(定义的内部类）创建计时器任务，实现定时输出字符串的功能，程序运行界面如图 5.5 所示。

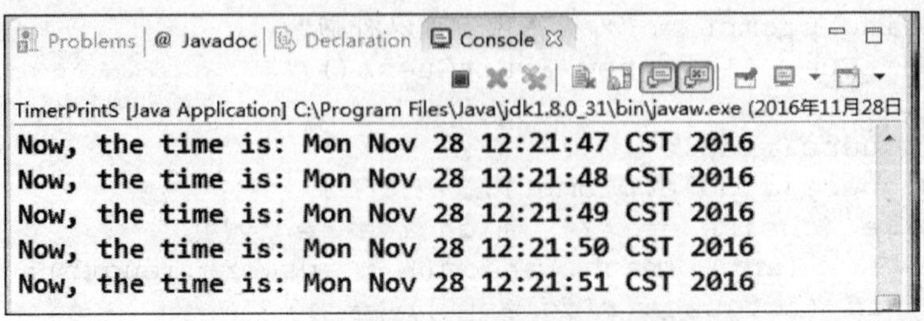

图 5.5 “定时输出字符串”程序运行结果

【实例目的】

（1）熟悉并掌握 final 类的概念及特点。

（2）理解并掌握 final 成员的概念及特点。

（3）了解内部类的定义方法及应用。

（4）熟练掌握实际编程中 final 类和 final 成员的使用。

【技术要点】

（1）Timer 类是一种线程设施，用于安排以后在后台线程中执行的任务。可安排任务执行一次，或者定期重复执行。

它接收一个 TimerTask 作为参数。Timer 有两种执行任务的模式，最常用的是 schedule，它可以以两种方式执行任务：①在某个时间（DatA.；②在某个固定的时间之后（int delay）。这两种方式都可以指定任务执行的频率。本实例中采用后者，代码如下：

```
// 从现在起过 10 000ms 以后，每隔 1 000ms 执行一次。
timer.schedule(new MyTimerTask(),10000, 1000);
```

如果调用方想要快速终止计时器的任务执行线程，那么调用方应该调用计时器的 cancel 方法。本实例中，终止打印字符串时就调用了此方法，代码如下：

```
while(true){//这个是用来停止此任务的,否则就一直循环执行此任务了
        try {
            int ch = System.in.read();
            if(ch-'q'==0){
                timer.cancel();//使用这个方法退出任务
            }
        } catch (IOException e){
            e.printStackTrace();
        }
    }
```

（2）TimerTask 完成由 Timer 为其安排的一次执行或重复执行的任务。TimerTask 类是一个抽象类，所以要定义其子类，子类覆盖 TimerTask 的 run()方法，执行此计时器任务要执行的操作。本案中定义了 TimerTask 的子类，代码如下：

```
class MyTimerTask extends java.util.TimerTask {
  @Override
  public void run() { // 覆盖 TimerTask 的 run()方法，执行计时器任务
      System.out.print(TellTmie);
      System.out.println(new Date());
  }
}
```

【相关知识及注意事项】

5.4.1　final 类

被 final 关键字修饰的类就被定义为 final 类，称为最终类。

类一旦被定义为 final 类，它的所有成员方法都自动成为 final()方法，不管其自身是否声明为 final()方法，但不影响对变量的定义。如果一个类的所有成员都被声明为 final 类型，该

类也就成为一个 final 类。

为了安全理由，final 类不允许被其他类所继承，即 final 类没有子类，处于继承链的尾部，或者除了自动继承 Object 之外，它们是独立存在的支持类，例如执行密码管理的类，处理数据库信息的管理类等。

final 类的方法也不能被覆盖，所以其地址引用和装载在编译期间完成，而不是在运行期间由 JVM 进行复杂的装载，因而简单、有效，执行速度快。所以如果没有必要，或者不存在有继承的可能性时，尽量使用 final 类。当然，在 API 类库中不多使用 final 类是因为它们是标准程序，希望在实际软件开发中得以广泛使用。

例如，完成字符串打印功能的类 TimerPrintS，如果将其定义为 final class，那么最终方法 task()的修饰符 final 就变得可有可无，不管怎样都将成为 final 方法。

```
public final class TimerPrintS {
    …
    public [final] void task(){…}
}
```

注意：final 数据和 final 类的不同。final 数据指常量，即其值一旦初始化，就不能改变。而 final 类则指不能被其他类所继承的类。

5.4.2 final 成员

final 的字面含义：最后、最终、终端。final 可以用来修饰变量、方法和类。final 修饰的类称为最终类或终止继承类；final 修饰的成员变量称为常量；final 修饰的成员方法称为最终方法或禁止覆盖方法。

1. final 变量

用 final 修饰的成员变量将自动成为常量，这类常量只能被初始化一次，以后不再允许被改变，初始化过程一般是在定义时同时进行的。这里所谓的不可被改变具有以下两层意思：

（1）对于基本数据类型的常量而言，其值不可被改变。

（2）对于引用类型的常量而言，其引用不可被改变。

例如：定义要打印的字符串的语句。

```
public static final String TellTmie = "Now, the time is: ";
```

方法的局部变量也可以用 final 来修饰，此时这类变量就成为方法内的常量。例如，本实例中设置的退出键，代码如下：

```
final char quit = 'q';
```

2. final 方法

被 final 修饰的方法能够被子类继承，但不允许被子类覆盖/重写，也不允许被子类扩展。例如：以下代码编译时会出错，因为子类在试图覆盖父类的 task()方法，而父类这一方法已被 final 修饰，是禁止被子类覆盖的。

```
public  class TimerPrintS {
    …
    public final void task(){…}
}
public class TPExtends extends TimerPrintS {
```

```
    public final void task(){ //此处编译报错:
                                //Cannot override the final method from TimerPrintS
        System.out.println("In Sub Class");
    }
}
```

在子类 TPExtends 中覆盖 task() 报“Cannot override the final method from TimerPrintS”编译错误。

5.4.3 内部类

1. 内部类的概念

内部类是指在一个外部类的内部再定义一个类。内部类作为外部类的一个成员，并且依附于外部类而存在的。内部类可为静态，可用 protected 和 private 修饰（而外部类只能使用 public 和 default 的包访问权限）。

2. 内部类的分类

内部类分为：成员内部类、静态嵌套类、方法内部类、匿名内部类。

（1）成员内部类

成员内部类定义在外围类类体中，编译时会产生外围类和成员内部类两个字节码文件。

（2）方法内部类

方法内部类定义在方法内，只能在定义该内部类的方法内实例化，不可以在此方法外对其实例化，其对象不能使用该内部类所在方法的非 final 局部变量。例如，本实例中的 MyTimerTask 类就是一个方法内部内，代码如下：

```
public final void task(){
      Timer timer = new Timer(true);

      class MyTimerTask extends java.util.TimerTask{

          @Override
          public void run() {
             System.out.print(TellTmie);
             System.out.println(new Date());
          }
}
```

因为方法的局部变量位于栈上，只存在于该方法的生命期内。当一个方法结束，其栈结构被删除，局部变量成为历史。但是该方法结束之后，在方法内创建的内部类对象可能仍然存在于堆中。例如：如果对它的引用被传递到其他某些代码，并存储在一个成员变量内。正因为不能保证局部变量的存活期和方法内部类对象的一样长，所以内部类对象不能使用它们。

（3）匿名内部类

匿名内部类，顾名思义，没有名字的内部类。又分为继承式的匿名内部类、接口式的匿名内部类和参数式的匿名内部类。比较适合于以下场合：

- 只用到类的一个实例。
- 类在定义后马上用到。
- 类非常小（推荐是在 4 行代码以下）
- 给类命名并不会导致你的代码更容易被理解。

在使用匿名内部类时，要记住以下几个原则：

- 匿名内部类不能有构造方法。
- 匿名内部类不能定义任何静态成员、方法和类。
- 匿名内部类不能用 public、protected、private、static 修饰。
- 只能创建匿名内部类的一个实例。
- 一个匿名内部类一定是在 new 的后面，用其隐含实现一个接口或实现一个类。
- 因匿名内部类为局部内部类，所以局部内部类的所有限制都对其生效。

（4）静态嵌套类

静态的含义是该内部类可以像其他静态成员一样，没有外部类对象时，也能够访问它，静态内部类中可以定义静态或者非静态的成员。静态嵌套类仅能访问外部类的静态成员和方法。

从技术上讲，静态嵌套类不属于内部类。因为内部类与外部类共享一种特殊关系，更确切地说是对实例的共享关系。而静态嵌套类则没有上述关系。它只是位置在另一个类的内部，因此也被称为顶级嵌套类。

3. 内部类的特性

内部类具有如下特性：

（1）内部类仍然是一个独立的类，在编译之后内部类会被编译成独立的.class 文件，但是前面冠以外部类的类名和$符号。例如本实例中的内部类 MyTimerTask 在编译之后被编译成 TimerPrintS$1MyTimerTask.class 的字节码文件。

（2）内部类不能用普通的方式访问。内部类是外部类的一个成员，因此内部类可以自由地访问外部类的成员变量，无论是否是 private 的。

（3）内部类声明成静态的，就不能随便的访问外部类的成员变量，仍然是只能访问外部类的静态成员变量。

4. 内部类的作用

每个内部类都能独立地继承自一个（接口的）实现，所以无论外围类是否已经继承了某个（接口的）实现，对于内部类都没有影响。如果没有内部类提供的可以继承多个具体的或抽象的类的能力，一些设计与编程问题就很难解决。从这个角度看，内部类使得多重继承的解决方案变得完整。接口解决了部分问题，而内部类有效地实现了“多重继承”。

【代码及分析】

```
//文件 TimerPrintS.java
public class TimerPrintS {
    public static final String TellTime = "Now, the time is: ";

    public final void task(){
        Timer timer = new Timer(true);
```

```
        class MyTimerTask extends java.util.TimerTask{

            @Override
            public void run() {
                System.out.print(TellTime);
                System.out.println(new Date());
            }
        }

        timer.schedule(new MyTimerTask(),1000, 60000);
        final char quit = 'q';
        while(true){//这个是用来停止此任务的,否则就一直循环执行此任务了
            try {
                int ch = System.in.read();
                if(ch == quit){  //输入字符'q'退出任务
                    timer.cancel();//使用这个方法退出任务

                }
            } catch (IOException e){
                e.printStackTrace();
            }
        }
    }

    public static void main(String[] args){
        TimerPrintS tp = new TimerPrintS();
        tp.task();
    }
}
```

程序解释及常见问题如下：

（1）MyTimerTask 类继承了 java.util.TimerTask 抽象类，所以要在类体中覆盖父类 TimerTask 的抽象方法 run()方法，用来实现此计时器任务要执行的操作。

代码“Timer timer = new Timer(true);”中 true 说明这个 timer 以守护线程 daemon 方式运行（优先级低，程序结束 timer 也自动结束）。注意，javax.swing 包中也有一个 Timer 类，如果 import 中用到 swing 包，要注意名字的冲突。

（2）代码“timer.schedule(new MyTimerTask(),60000, 60000);” 作用是从现在起过 1 000ms 以后，每隔 1 分钟执行一次指定任务。

【应用扩展】

本实例实现的是定时打印字符串的功能，应用中采用 Timer 的 schedule(TimerTask task,long delay,long period)方法来安排任务，该方法安排指定的任务从指定的延迟后开始进行重复的固定延迟执行。以近似固定的时间间隔（由指定的周期分隔）进行后续执行。

固定延迟执行适用于那些需要“平稳”运行的重复活动。换句话说，它适用于在短期运行中保持频率准确要比在长期运行中更为重要的活动。这包括大多数动画任务，如以固定时间间隔闪烁的光标。这还包括为响应人类活动所执行的固定活动，如在按住键时自动重复输

入字符。在这些应用中都可以在本实例的方案基础上去实现。

本章小结

本章主要介绍了面向对象的重要特征——封装、继承、多态（即方法的重载和覆盖）。通过“银行账户实例”实例，介绍面向对象的特征中的封装和访问权限的相关概念；通过“银行开户类型设计”实例，讲解面向对象的特征中的继承的基本概念及实现；通过“猜水果名称”实例，讲解面向对象中的多态这一特征，讲述方法的重载和覆盖的相关知识；通过“定时输出字符串”实例，介绍 Java 语言中的 final 类、final 成员，以及内部类的相关概念及应用。通过这些内容的学习，读者能够掌握面向对象的特征——封装、继承和多态的概念及应用。

思考与练习

一、选择题

1. 类 ABC 定义如下：

```
public class ABC{
        public int max( int a, int b) {   }
                 __________
}
```

将以下（　　）方法插入第 3 行是不合法的。

A. public float max(float a, float b, float c){　}

B. public int max (int c, int d){　}

C. public float max(float a, float b){　}

D. public int max(int a, int b, int c){　}

2. Java 语言中，在类定义时用 final 关键字修饰，是指这个类（　　）。

A. 不能被继承

B. 在子类的方法中不能被调用

C. 能被别的程序自由调用

D. 不能被子类的方法覆盖

3. 设类 B 是类 C 的父类，下列关于声明对象 x1 的语句中不正确的是（　　）。

A. B x1=new B();　　　　B. B x1=new C();

C. C x1=new C();　　　　D. C x1=new B();

4. 下面有关多态性的说法正确的是（　　）。

A. 一个类中，不能有同名的方法

B. 子类中不能有和父类同名的方法

C. 子类中可以有和父类同名且同参数的方法

D. 多态性就是方法的名字可以一样，但返回的类型必须一样

5. 下列关于继承的叙述正确的是（　　）。

A. 在 Java 中允许多重继承

B. 在 Java 中一个类只能实现一个接口

C. 在 Java 中一个类不能同时继承一个类和实现一个接口

D. Java 的单一继承使代码更可靠

二、填空题

1. 被关键字＿＿＿＿＿＿修饰的方法是不能被当前类的子类重新定义的方法。
2. Java 中所有类都是类＿＿＿＿＿＿的子类。
3. 如果局部变量的名字与成员变量的名字相同，则＿＿＿＿＿＿变量被隐藏。
4. 在类声明之前用＿＿＿＿＿＿修饰，声明类是不能被再继承的类，即它不能再有子类。
5. Java 语言中，使用关键字＿＿＿＿＿＿对当前对象的父类对象进行引用。

三、程序分析题

1. 根据程序中的注释，将下面的应用程序补充完整。

```
public class A {
    public static void main(String[] args) {
        A a = new B();
        a.test();
    }
    void test() {
        System.out.print("A");
    }
}

class B __________A {
    void test() {
        __________;//调用父类的同名方法
        System.out.println("B");
    }
}
```

2. 阅读下列程序，请写出该程序的输出结果。

```
class Point {
   int x, y;
   Point(int xx, int yy) {x = xx; y = yy; }
   Point(Point p) {x = p.x; y = p.y; }
   void m(int dx, int dy) {x += dx; y += dy; }
}
class Circle extends Point {
   int r;
   Circle(Point p, int rr) {super(p);r = rr;}
   float c() {return 3.14f * 2.0f * r;}
   float a() {return 3.14f * r * r;}
}
public class sample extends Applet {
   Circle yuan;
   Point d;
   public void init(){d = new Point(2, 5);yuan = new Circle(d, 10);}
   public void paint(Graphics g) {
```

```
        g.drawString("yuan Circle" +(int)(yuan.c()* 100.0)/100.0,5,20);
        g.drawString("yuan Area" +(int)(yuan.a() * 100.0) / 100.0, 5, 40);
    }
}
```

四、程序设计题

1. 定义一个类，它包含了一个 int 类型的变量 x、若干个构造函数（根据用户自己的需要)和一个输出方法 show()。编程：从键盘输入一个两位以上的救，将这个数传递给这个类的变量 x，使用方法 show()逆序输出这个数。

2. 定义一个复数 complex，它的内部具有两个实例变量：realPart 和 imagPart，分别代表复数的实部和虚部，编程实现要求的数学运算。

（1）实现两个复数相加。复数加运算的原则是：复数的实部和屋部分别相加。

（2）实现两个复数相减。复数减运算的原则是：复数的实部和虚部分别相减。

（3）输出运算结果，判断是否正确。

第6章

接口与包

内容提要及教学目标

本章主要学习 Java 语言中更抽象的模型：抽象类和接口。抽象类是比类更抽象的概念，接口可以实现多重继承。在面向对象的程序设计工程中，抽象类和接口可以使得程序间的耦合度降低，同时还可以提高程序的可维护行和可扩展性。通过本章的学习，读者应该掌握以下内容：

- 抽象类的定义以及规则。
- 接口的定义与应用。
- 包的定义和引入。

本章重点及难点

Java 的抽象类、抽象方法；接口的应用；包的定义与导入。

6.1 “图书定价标准类的设计”实例

【实例目的】

（1）掌握抽象类的定义。

（2）掌握抽象方法的声明。

（3）掌握抽象类的应用。

【实例内容】

利用抽象类定义完成图书销售类的设计。有三类图书，分别为科技书、文艺书和教材，这三类图书的定价标准不同，如果图书打折，不同种类的图书折扣率也不同。每类图书类都有页码、折扣和价格属性，有显示图书种类、计算图书价格和计算折扣三个方法。

【技术要点】

创建一个名为“BookSell.java”的 Java 类，在该类中首先定义一个抽象类 Book 类，将三种图书中共有的属性和方法进行抽象；然后针对三类图书分别建立三个类，完成各自的具体功能。具体步骤如下：

（1）在 Eclipse 中创建一个 java 工程，在该工程下面创建名为 BookSell 的类文件，完成 Book 抽象类的设计，主要代码如图 6.1 所示。

```
abstract class Book{
    int bookPage;//图书页码
    float discount;//图书折扣
    double price;//图书价格
    public Book(int bookPage,float discount){
        this.bookPage = bookPage;
        this.discount = discount;
    }
    abstract void showKind();//显示图书种类
    abstract double getPrice(int bookPage,float discount);//计算价格
    public void showPrice(){  //显示价格
        System.out.println("this book's price is "+(int)price);
    }
}
```

图 6.1　抽象类 Book 类的源代码

（2）设计完抽象类 Book 类之后，将抽象类作为父类，分别设计三种图书子类，主要代码如图 6.2 所示。

```
class ScienceBook extends Book{//定义科技书类
    public ScienceBook(int bookPage,float discount){
        super(bookPage, discount);
    }
    public void showKind(){
        System.out.println("this book's kind is science");//实现父类中的抽象方法
    }
    public double getPrice(int bookPage,float discount){//实现父类中的抽象方法
        return bookPage*0.1*discount;
    }
}
class LiteratureBook extends Book{//定义科技书类
    public LiteratureBook(int bookPage,float discount){
        super(bookPage, discount);
    }
    public void showKind(){
        System.out.println("this book's kind is literature");//实现父类中的抽象方法
    }
    public double getPrice(int bookPage,float discount){//实现父类中的抽象方法
        return bookPage*0.08*discount;
    }
}
class TeachingBook extends Book{//定义科技书类
    public TeachingBook(int bookPage,float discount){
        super(bookPage, discount);
    }
```

图 6.2　三种图书子类的源代码

（3）设计图书销售类 BookSell 类，完成图书销售的功能，主要代码如图 6.3 所示。

```java
class TeachingBook extends Book{//定义科技书类
    public TeachingBook(int bookPage,float discount){
        super(bookPage, discount);
    }
    public void showKind(){
        System.out.println("this book's kind is teaching book");//实现父类中的抽象方法
    }
    public double getPrice(int bookPage,float discount){//实现父类中的抽象方法
        return bookPage*0.05*discount;
    }
}
public class BookSell {
    public static void main(String[] args) {
        ScienceBook sbk = new ScienceBook(450, 0.7f);
        sbk.price = sbk.getPrice(450, 0.7f);
        sbk.showKind();
        sbk.showPrice();
        LiteratureBook lbk = new LiteratureBook(450, 0.7f);
        lbk.price = lbk.getPrice(450, 0.7f);
        lbk.showKind();
        lbk.showPrice();
        TeachingBook tbk = new TeachingBook(450, 0.7f);
        tbk.price = tbk.getPrice(450, 0.7f);
        tbk.showKind();
        tbk.showPrice();
    }
}
```

图 6.3 图书销售类的源代码

（4）运行图书销售类，显示销售结果，如图 6.4 所示。

```
Console
&lt;terminated&gt; BookSell [Java Application] C:\Program Files\Java\jre6\bin\javaw.exe
this book's kind is science
this book's price is 31
this book's kind is literature
this book's price is 25
this book's kind is teaching book
this book's price is 15
```

图 6.4 运行结果

【相关知识及注意事项】

6.1.1 抽象类的概念

在面向对象的概念中，我们知道所有的对象都是通过类来描绘的，但是反过来却不是这样。并不是所有的类都是用来描绘对象的，如果一个类中没有包含足够的信息来描绘一个具体的对象，这样的类就是抽象类。抽象类往往用来表征我们在对问题领域进行分析、设计中得出的抽象概念，是对一系列看上去不同，但是本质上相同的具体概念的抽象。例如：如果进行一个图形编辑软件的开发，就会发现问题领域存在着圆、三角形这样一些具体概念，它们是不同的，但是它们又都属于形状这样一个概念，形状这个概念在问题领域是不存在的，它就是一个抽象概念。正是因为抽象的概念在问题领域没有对应的具体概念，所以用以表征抽象概念的抽象类不能够实例化对象。

Java 允许在抽象类中只声明方法而不提供方法的实现。这种只有声明而没有方法体的方法称为抽象方法，而包含一个或多个抽象方法的类必须定义为抽象类。

1. 声明抽象方法

以 abstract 修饰的方法称抽象方法，所有的抽象方法都必须在抽象类或者接口中。抽象

方法只有方法头而无方法体，它定义的格式如下：

```
[权限修饰符] abstract 返回值类型 方法名(参数表);
```

说明：

（1）抽象方法只有方法头，没有方法体，以“;”结束。

（2）构造方法不能声明为抽象方法。

例如，计算图形面积的抽象方法 area()课采用如下声明：

```
public abstract double area();
```

2. 声明抽象类

用 abstract 修饰的类成为抽象类，其定义的格式如下：

```
[权限修饰符] abstract  class 类名{
   //抽象类的类体
}
```

6.1.2 抽象类的实现

抽象类一般是用来生成子类的，可以有构造方法，但它本身不能实例化对象。抽象类中可以包含抽象方法，也可以不包含抽象方法，但是如果类体中包含抽象方法的类必须声明为抽象类或者接口。private 和 static 的方法不能声明为抽象的。

在抽象类的子类中，需要重载/覆盖抽象类中的抽象方法，也叫作实现抽象类的抽象方法。如果在子类中没有实现抽象父类中的所有抽象方法，则这个子类也必须声明为抽象类。

【例 6-1】 非抽象子类实现抽象类

```
public abstract class Exam1{
   public abstract void doSomething();
   public void doOthers(){…}
 }
 public class SubExam1 extends Exam1{
   public void doSomething(){
          //方法体
   }
 }
```

在上述代码中，抽象类 Exam2 声明了一个抽象方法 doSomething()和一个成员方法 doOthers()，子类 SubExam1 必须实现抽象父类 Exam2 中的抽象方法 doSomething()；所谓实现抽象方法，就是去掉 abstract 关键字和“;”号，给予方法完整的方法体。

【例 6-2】 抽象子类实现抽象父类

```
public abstract class Exam2{
   public abstract void doSomething();
   public abstract void doOthers();
 }
 public abstract class SubExam2 extends Exam2{
   public void doOthers (){…}
 }
```

在上述代码中，抽象类 Exam2 声明了两个抽象方法 doSomething()和 doOthers()，子类 SubExam2 实现了父类 Exam2 中的抽象方法 doOthers ()但是没有实现 doSomething()，所以子类 SubExam2 必须定义为抽象类。

6.2 “汽车类型设计”实例

【实例目的】

（1）掌握接口的定义。

（2）掌握接口的实现方法。

（3）掌握接口与抽象类的区别。

【实例内容】

采用接口和类的继承关系，完成图 6.5 所示的接口和类的设计。

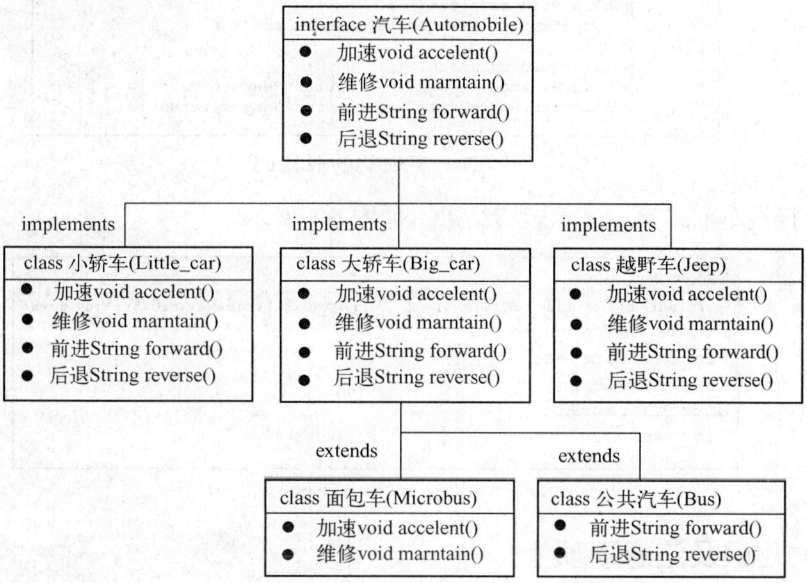

图 6.5　汽车分类

【技术要点】

创建一个名为“Car.java”的 Java 类，在该类中首先定义一个 Automobile 接口，然后定义三个类 Little_car 类、Big_car 类和 Jeep 类，它们都实现了 Automobile 接口；接下来设计了 Microbus 类和 Bus 类，它们继承了 Big_car 类。具体步骤如下：

（1）Automobile 接口中包含一个常量和三个接口方法，主要代码如图 6.6 所示：

```
Car.java
interface Automobile{
    int i=5;//public static final省略
    void accelent();//public和abstract省略
    void maintain();
    String forward();
    String reverse();
}
```

图 6.6　Automobile 接口的源代码

（2）设计三个接口的实现类 Little_car 类、Big_car 类和 Jeep 类，完成具体的功能，主要代码如图 6.7 所示：

```java
class Little_car implements Automobile{//实现了Automobile接口
    public void accelent() {
        System.out.println("Little_car.accelent()");
    }
    public void maintain() {}
    public String forward() { return "Little_car forward";  }
    public String reverse() { return "Little_car reverse";  }
}
class Big_car implements Automobile{//实现了Automobile接口
    public void accelent() {
        System.out.println("Big_car.accelent()");
    }
    public void maintain() {}
    public String forward() { return "Big_car forward"; }
    public String reverse() { return "Big_car reverse"; }
}
class Jeep implements Automobile{//实现了Automobile接口
    public void accelent() {
        System.out.println("Jeep.accelent()");
    }
    public void maintain() {}
    public String forward() { return "Jeep forward";      }
    public String reverse() { return "Jeep reverse";      }
}
```

图 6.7　实现类的源代码

（3）运行汽车 Car 类，显示运行结果，如图 6.8 所示。

```
Console
<terminated> Car [Java Application] C:\Program Files\Java\jre6\bin\javaw.exe
Little_car.accelent()
Big_car.accelent()
Jeep.accelent()
Microbus.accelent()
Big_car.accelent()
```

图 6.8　运行结果

【相关知识及注意事项】

6.2.1　接口的概念

Java 中的接口是一系列抽象方法的声明，一个接口方法没有方法的实现，因此这些方法可以在不同的地方被不同的类实现，而这些实现可以具有不同的行为。Java 接口本身没有任何实现，因为 Java 接口不涉及表象，而只描述 public 行为，所以 Java 接口比 Java 抽象类更抽象化。

接口是用来实现类似多重继承功能的一种结构，它在语法上和类相似，它也有属性和方法，它的属性都是常量，方法都是抽象方法，没有方法体，所以它的名字也就称为“接口”。但是接口不是类，不能使用 new 运算符实例化一个接口。

接口声明的格式如下：

```
[public] interface 接口名 [extends 父接口列表] {
    成员变量(常量)声明;
    成员方法(抽象)声明;
}
```

接口有如下特点：

（1）接口用关键字 interface 来定义，而不是 class。接口不存在最高层，与类的最高层为 Object 类是不同的。

（2）接口中定义的成员变量全部是最终的静态变量。

（3）接口中没有构造方法，不能够实例化对象；接口中定义的方法都是抽象方法，即只提供方法的定义，而不提供具体的实现。这些抽象方法也称为接口方法。

（4）接口的访问控制权限是 public 或默认权限。如果是默认权限，则接口使用默认的访问控制，即接口只能被与它处在同一包中的成员访问。

（5）接口可以采用多重继承机制，而不是采用类的单重继承机制。extends 部分与类声明中的 extends 部分基本相同，不同的是一个接口可以有多个父接口，用逗号隔开，而一个类只能有一个父类。

接口的成员变量的声明形式如下：

```
[public] [static] [final] double 成员变量名 = 常量;
```

即接口中的所有成员变量都默认是 public static final 修饰的，所以 public 、static 和 final 可以省略。

接口的成员方法的声明形式如下：

```
[public] [abstract] 返回类型 成员方法名(参数表);
```

接口中的所有成员方法都默认是 public abstract 修饰的，所以 public 和 abstract 可以省略。

例如，下面是一个接口声明：

```
public interface Shape {
    public static final double PI = 3.14159;
    public abstract double getArea();
    public abstract double getVolume();
    public abstract double show();
}
```

6.2.2 接口的实现

接口可以作为一种引用类型来使用。一旦定义了一个接口，一个或更多的类就能实现这个接口。为了实现接口，类必须实现定义在接口中的方法，每个类能自由地决定方法具体实现的细节。接口的实现类似于继承，只是不用 extends，而是用关键字 implements。声明一个类实现一个接口，其声明格式如下：

```
[修饰符] class 类名 [extends 父类名] implements 接口列表{
    //类体
}
```

说明：

（1）一个类可以实现多个接口，各接口名之间用逗号分隔。

（2）实现接口的类必须实现接口中所有的抽象方法。否则就必须将这个类定义为抽象类。

【例 6-3】 实现接口举例

```
interface Shape {
    public static final double PI = 3.14159;
    public abstract double getArea();
```

```
    public abstract double getVolume();
    public abstract void show();
}
public class Circle implements Shape{
    double radius;
    public Circle(double r){
        radius = r;
    }
    public double getArea(){
        return PI*radius*radius;
    }
    public double getVolume(){
        return 0;
    }
    public void show(){
        System.out.println("圆形半径: "+radius+" 圆形面积: "+getArea());
    }
    public static void main(String[] args) {
        Circle cir = new Circle(5);
        cir.show();
    }
}
```

接口与抽象类有一定的相似性，比如都是引用数据类型，都不能实例化对象，都包含抽象方法。但是两者之间有很大的区别：

（1）接口中的所有方法都是抽象的，而抽象类可以定义带有方法体的不同方法。

（2）一个类可以实现多个接口，而只能继承一个抽象父类。

（3）抽象类及其成员具有与普通类一样的访问权限；接口的访问权限只有 public 或者默认权限，接口中成员的访问权限都是 public。

（4）抽象类中可以声明成员变量，接口中只能声明常量；抽象类中可以声明抽象方法、普通的成员方法和构造方法，但接口中只能声明抽象方法。

（5）接口与实现它的类不构成类的继承体系，即接口不是类体系的一部分。因此，不相关的类也可以实现相关的接口。而抽象类是属于一个类的继承体系，并且一般位于类体系的顶层。

6.3 “图形类的设计”实例

【实例目的】

（1）掌握包的概念。

（2）掌握包的声明和导入。

【实例内容】

设计一个计算图形相关信息的程序，要求将规则的图形放在一个包中进行管理，将不规则的图形放在另一个包中进行管理。并将测试代码单独进行管理。

【技术要点】

创建一个 Java 工程，在工程的 src 中新建三个包，一个包为 regular，用来管理规则图形类，一个包为 irregular，用来管理不规则的图形类，最后的包为 test 包，用来存放测试程序。如图 6.9 所示。

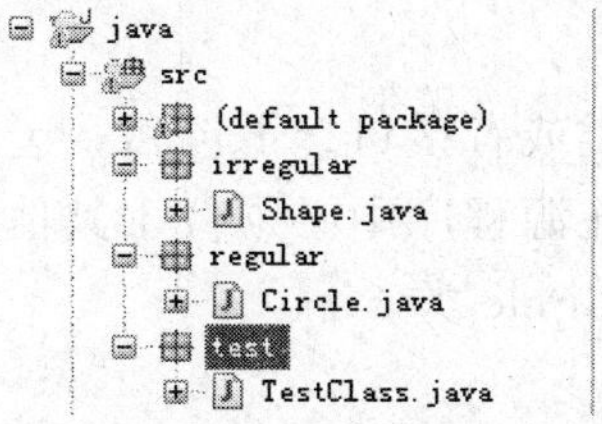

图 6.9　包的目录

【相关知识及注意事项】

6.3.1　包的概念

如果编写的程序代码较繁杂，参加编写的人员较多，很可能由于类的命名和引用问题引发冲突。为了更好地组织类，Java 提供了包机制。包是类的容器，用于分隔类名空间。如果没有指定包名，所有的类都属于一个默认的无名包。Java 里的每一个类都属于一个特定的包。

在 Java 中，包对应一个文件夹，包中还可以有子包，称为包等级。定义的类都加入某一个包中，并作为包的一部分存在，Java 类中的成员变量和成员方法都在类中定义，使用包机制使每个 Java 的变量和方法都可以用全限定的名字来表示，即包括包名、类名和成员（方法和变量）名，各部分间用点号分隔即可。

6.3.2　包的声明与导入

1．包的声明

创建一个包非常简单，在 Java 源文件的最开始处包含一个 package 语句即可。包的声明语法格式为：

```
package 包名;
```

包名是用户自定义的标识符，包名的声明语句必须位于程序的第一行，一个源程序中只能有一条 package 语句。如果类和接口位于子包中，子包和父包之间用“.”隔开。

例如：声明 Circle 类和 Rectangle 属于 shape 包中。

```
package shape;
public class Circle{
    //Circle 类的类体
}
class Rectangle{
    //Rectangle 类的类体
}
```

2．包的导入

Java 中的包可以是 JDK 定义的包，也可以是用户自定义的包。使用包中的类是通过 import 语句实现的。import 语句的格式如下：

```
import 包名.类名
```

或者

```
import 包名.接口名
```

或者

```
import 包名.*
```

如果导入位于一个子包中的类或者接口，子包和父包之间用“.”隔开。“*”表示导入包中所有的类和接口。import 语句在源程序中必须位于其他类或者接口声明之前。例如：可以用下面的程序访问 shape 包中的 Circle 类。

```
import shap.*;
public  class MyCircle extends Circle{
   // MyCircle 类的类体
}
```

例如：下列代码引入 util 包中的 Date 类。

```
import java.util.Date;  //util 包中的 Date 类
Date date = new Date(); //直接使用 Date 类
```

【例 6-4】 定义二维几何图形的包并使用。

（1）文件 Rectangle.java，定义了 Rectangle 类，放入 mypackage1 包中。

```
package mypackage1;
public class Rectangle{
  public c int width = 0;
  public int height = 0;
  public Point point;
  public Rectangle (Point  p, int  w, int  h){
     point = p;
     width = w;
     height = h;
  }
  public void move(int x,int y){
     point. x = x;
     point. y = y;
  }
  public int area(){
     return width* height;
  }
```

（2）文件 Point.java，定义了 Point 类，并放入 mypackage2 包中。

```
package mypackage2;
public class Point{
  public c int x = 0;
  public int y = 0;
  public Point (int  x, int  y){
     this.x = x;
     this.y = y;
  }
}
```

（3）文件 Test.java，包含 main()方法的测试程序。定义了 Test 类，放入 mypackage2 包中。

```
package mypackage2;
import mypackage1.*;
public class Test{
```

```
    public static void main(String args[]){
      Point p = new Point(12,15);
        Rectangle rt = new Rectangle(p,20,10);
        rt.move(p.x,p.y);
        System.out.println("面积为:"+rt. Area()) ;
    }
  }
```

本章小结

本章主要介绍了抽象类、接口和包的概念，以及他们的声明格式和应用。通过本章的学习，读者应掌握 Java 语言中抽象类的声明形式，抽象类的规则；掌握接口的声明和接口的实现，理解 Java 中包的声明和导入。

思考与练习

一、选择题

1. 在 Java 语言中，在包 package1 中包含包 package2，类 Class_A 直接隶属于包 package1，类 Class_B 直接隶属于包 package2。在类 Class_C 要应用 Class_A 的方法 A 和 Class_B 的方法 B，需要（　　）语句。

A. import package1.*; import package1.package2.*;

B. import package1. package2.*;

C. import package2.*;

D. import package2.package1.*;

2. 在 Java 语言中，如果你有下面的类定义：

```
abstract class Shape {  abstract void draw();  }
Class Square extends Shape {}
```

如果试图编译上面的代码会发生（　　）。

A. 一切成功编译　　B. Shape 可以编译，Square 不能编译

C. Square 可以编译，Shape 不能编译　　D. Shape，Square 都不能编译

3. 下列说法正确的是（　　）。

A. Java 语言允许多重继承

B. Java 语言只允许实现一个接口

C. Java 语言不允许同时继承一个类并实现一个接口

D. Java 语言的单一继承使得代码更加可靠

4. 下列关于接口和抽象类的说法不正确的是（　　）。

A. 接口也有构造方法

B. 实现接口时，需对接口中的所有方法都要实现

C. 抽象类也有构造方法

D. 抽象类可以派生出子类

5. 用 abstract 修饰的类称为抽象类，它们（　　）。

A. 只能用以派生新类，不能用以创建对象；

B. 只能用以创建对象，不能用以派生新类；

C. 既可用以创建对象，也可用以派生新类；

D. 既不能用以创建对象，也不可用来派生新类。

二、填空题

1. 在 Java 语言的所有方法中，比较特殊的一类方法是抽象方法，它只有方法头，而没有____________。

2. Java 语言不直接支持多继承，但可以通过____________实现多继承。

3. Java 中定义包的关键字是____________，通过____________引入包。

4. Java 语言的接口是特殊的类，其中包含____________常量和____________方法。

三、程序填空题

1. 下面是定义一个接口 ITF 的程序，完成程序填空。

```
public__________ITF{
  public static final double PI=Math.PI;
  public __________double area(double a, double b);
}
```

2. 下面是定义一个接口 A 的程序，完成程序填空。

```
public interface  A{
  public static __________double PI=3.14159;
  public abstract double area(double a, double b)__________
}
```

四、程序设计题

1. 写一段程序，定义一个抽象类 Shape，类中定义一个 area()方法，然后声明一个类 Circle 类和 Rectangle 类继承 Shape 类，编写测试程序。

2. 利用接口继承完成对生物（Biology）、动物（Animal）、人（Person）三个接口的定义，其中生物接口定义呼吸（breathing）抽象方法，动物接口定义了吃饭（eat）和睡觉（sleep）两个抽象方法，人接口定义了思维（think）和学习（study）两个抽象方法；定义一个普通人（Ordinary）类实现上述三个接口定义的抽象方法。

第7章

异常处理

内容提要及教学目标

本章通过两个 Java 程序实例进行学习。通过“简单的算术运算”实例，介绍异常的概念、异常类的层次结构、异常的处理机制；通过“输出字符系列”实例，介绍了自定义异常的定义及其使用。通过本章的学习，读者应该掌握以下内容：

- 异常的概念。
- 异常类的层次结构。
- 异常的处理机制——捕获和抛出。
- 自定义异常的定义及使用。
- 对程序中可能出现的异常进行处理。

本章重点及难点

异常的处理机制；自定义异常的定义及使用；使用捕获或抛出的方式对程序中可能出现的异常进行处理。

7.1 “简单的算术运算”实例

【实例说明】

编写简单算数运算程序。进行除法运算时，当除数为零时，产生异常。当输入除数、被除数其中有一个不是数字时，也产生异常；当输入的操作符不正确时也产生异常。程序运行界面如图 7.1 所示。

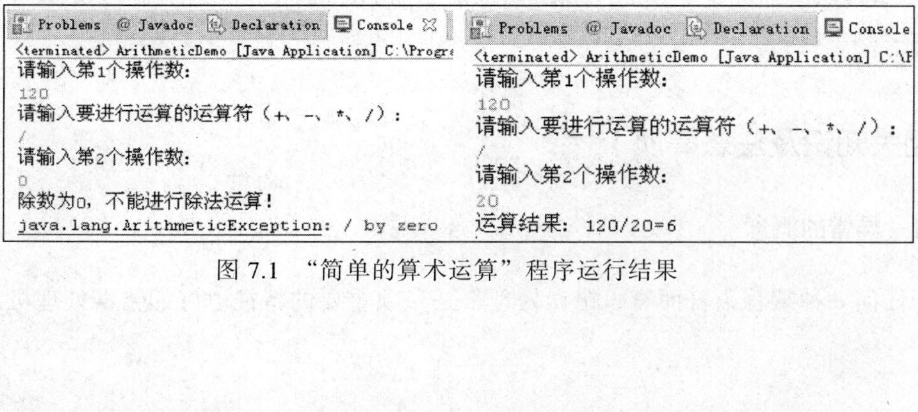

图 7.1 “简单的算术运算”程序运行结果

【实例目的】

（1）理解并掌握异常的定义和异常的类型。

（2）了解 Java 语言中的异常类层次结构。

（3）熟练掌握 Java 的异常处理机制；运用 try、catch、finally 处理异常。

（4）能对程序中可能出现的异常进行处理。

【技术要点】

（1）该实例中，从键盘上输入的运算式可能发生的错误有如下几种情况：

- 输入的运算数不是整数。如果输入了其他的非整数数据，则在使用 Integer.parselnt() 方法进行数据格式转换时就会产生 NumberFormatException 异常。
- 输入的表达式中除数为 0。除数为 0 时就会产生 ArithmeticException 异常。
- 输入的表达式运算符不正确。对于这种情况，系统没有预定义的异常类，如果发生了这种情况，则在程序中生成一个异常。

所有这些异常可以在程序中进行统一处理，即将可能产生异常的语句放入 try 块中，在其后进行捕获并处理这些不同的异常。

实例中采用以下方式解决此类异常并保证程序的健壮性：

```
try {
    p1 = Integer.parseInt(br.readLine());
    op = br.readLine().charAt(0);
    p2 = Integer.parseInt(br.readLine());
    new ArithmeticDemo(p1, p2, op).showResult();
} catch (NumberFormatException e1) {
    System.out.println("输入的数据格式不正确!");
} catch (ArithmeticException e2) {
    System.out.println("除数为 0，不能进行除法运算! ");
} catch (IOException e3) {
    System.out.println("输入输出操作有误! ");
} catch (Exception e4) {
    System.out.println("出现无法处理的异常! ");
}
```

（2）在 try/catch 结构中，出现一个 try 语句块，多个 catch 语句块的情况时，每个 catch 语句块捕获一种异常类的对象。如果捕获的异常类之间没有父子关系，各类的 catch 语句块顺序无关紧要，但是，如果它们之间有父子关系，则必须将子类的 catch 语句块放在父类的 catch 语句块之前。如果几个异常都将由相同的代码进行处理，也可以使用 Java 7 及其以后的版本允许的在一个 catch 块中捕捉多个异常，catch 块的语法如下，两个异常之间用一条竖线（|）隔开。

```
Catch(exception-1 | exception-2 … e) {
//异常处理
}
```

【相关知识及注意事项】

7.1.1 异常的概念

对于任何一种编程语言而言，错误处理都是一项重要的特征。好的错误处理机制会使程序员更容易写出健壮的应用程序，更容易防止 bug 的蔓延。Java 语言的异常处理框架，是 Java 语言健壮性的一个重要体现。

错误包括计算机硬件故障（如断电、硬盘损伤等）与软件缺陷（如死循环、内存泄漏等）。错误产生时，程序自身无法解决，只能通过外来行为的干预来中断当前程序的运行。

异常是在程序运行过程中发生的、打断程序正常执行的事件。异常不像错误那么严重，异常产生时，程序本身可以解决，由异常代码调整程序运行方向，使程序仍可继续运行，直至正常结束。以下情形可能引发异常：

- 代码或调用的代码（如共享库）中有错误；
- 操作系统资源不可用；
- 公共语言运行库遇到意外情况（如无法验证代码）；
- 数组下标越界；
- 算法溢出（超出数值表达范围）；
- 除数为零；
- 无效参数等。

所以在程序设计时，必须考虑到可能发生的异常事件，并做出相应的处理。这样才能保证程序可以正常运行。

7.1.2　异常类的层次结构

异常类是处理运行时错误的特殊类，针对不同的异常，Java 中提供了相应的异常类，每种异常类对应一种特定的运行错误，不过所有这些异常类都是直接或间接继承 java.lang.Throwable 类。只有当对象是此类（或其子类之一）的实例时，才能通过 Java 虚拟机或者 throw 语句抛出。类似地，只有此类或其子类才可以是 catch 子句中的参数类型。

Java 程序中的异常以类的层次结构组织。Throwable 是所有异常类的父类，它是 Object 的直接子类。Exception 和 Error 是 Throwable 的直接子类，而 RuntimeException 是 Exception 的子类，如图 7.2 所示。

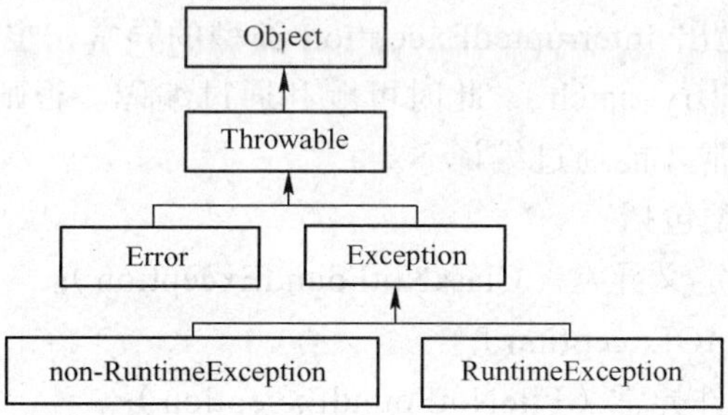

图 7.2　异常类的层次结构

从图 7.2 中可以看出，类 Throwable 有两个直接子类：Error 和 Exception。

（1）Error 类：指一些无法恢复的严重错误，如系统崩溃，虚拟机出错误，动态链接失败等，这类错误将导致应用程序中断，通常不由程序处理，用户也无法捕获。

（2）Exception 类：指由程序和外部环境引起的错误，它是可以被捕获且可能恢复的异常情况，它包括 RuntimeException 类异常与其他 Exception 类异常。

- RuntimeException 类：即运行时异常，表示编程时所存在的隐患或错误在运行期间所产生的异常，如数组越界异常、空指针异常、除 0 运算等。Java 编译器允许对这类异常不进行处理，而在运行期间抛出一个异常信息，告知程序员纠正错误。当然在必要的时候，程序员也可以声明抛出或捕获运行时异常。正确设计与实现的程序不会产生 RuntimeException 类异常，因此对于这类异常处理的策略是纠正错误。
- 其他 Exception 类则为非运行时异常，这些异常通常由环境因素引起的，如文件不存在、无效的 URL 等。Java 编译器要求 Java 程序必须捕获或声明所有的非运行时异常，如果不处理，程序就不能编译通过。如 IOException、SQLException 等以及用户自定义的 Exception 异常，一般情况下不自定义检查异常。

按照异常发生原因的不同，异常还可划分为：

（1）Java 虚拟机检测到的异常。这类异常包括：

- 违反 Java 语言的语义时发生的异常。
- 在载入或链接 Java 程序时发生的异常。
- 超出了某些资源限制时发生的异常。

（2）Java 程序代码中的 throw 语句被执行时抛出的异常。

（3）异步异常。异步异常包括：

- Thread 的 stop 方法被调用时产生的异常。
- Java 虚拟机内部错误发生的异常。

按照编译时对异常的检查机制的不同，异常还可划分为：

（1）可检测的异常类

在编译时，编译器分析哪些方法会产生可检测的异常，然后检查方法中的可检测异常的处理部分。如果方法中没有异常处理部分，就要在方法的 throws 子句说明该方法会抛出但不捕获的异常，以告知调用它的其他方法，即将异常上交给调用者处理。

例如，类 Thread 的方法 sleep 定义如下：

```
public static void sleep (long millis) throws InterruptedException {...}
```

说明 sleep 方法会抛出 InterruptedException 类型的异常，也就是说，这种异常将不再被 sleep 捕获（方法中没有 try–catch），此时可顺利通过编译。否则，必须在 sleep 方法中加入 try–catch 来处理这种异常才能通过编译。

常见的可检测异常类包括：

- 找不到指定的类定义异常（ClassNotFoundException）；
- 输入/输出异常（IOException）；
- 找不到指定的文件异常（FileNotFoundException）；
- 非法访问异常（IllegalAccessException）；
- 实例化对象失败异常（InterruptedException）等。

（2）不可检测的异常类

不可检测的异常类是 RuntimeException 及其子类、Error 及其子类，其他的异常类则是可检测的类。标准 Java API 定义了许多异常类，既包括可检测的，也包括不可检测的。由程序员定义的异常类也可以包含可检测类和不可检测类。编译器对不可检测的异常类不进行检查。

7.1.3　异常的处理机制

Java 语言中使用异常为程序提供了一种有效的错误处理的方式，使得方法的异常中止和错误处理有了一个清晰的结构。异常处理的方式和传统的方式有所不同，它的基本处理方式是，当一个方法引发一个异常之后，可以抛出异常，由该方法的直接或间接调用者处理这个异常。这就是常说的 catch-throw（捕获–抛出）方式。如果一个方法本身能抛出异常，调用者可以捕获异常使之得到处理；也可以回避异常，这时异常将在调用的堆栈中向下传递，直到被处理。这种采用错误代码和异常处理相结合的处理方式具有以下几个优点：

（1）错误的处理变得规范化。

（2）把错误代码和常规代码分开。

（3）可以在 catch 中传播错误信息。

（4）可以对错误类型分组。

（5）方便定位错误和维护。

1. 捕获异常

在 Java 中，可以通过 try–catch–finally 结构对异常进行捕获和处理，其形式如下：

```
try{
   可能出现异常的程序代码
}
catch (异常类名 1   异常对象名 1)
{ 异常类名 1 对应的异常处理代码   }
catch (异常类名 2   异常对象名 2)
{  异常类名 2 对应的异常处理代码  }
⋮
[ finally
  {  必须执行的代码      } ]
```

如本实例中使用 try–catch 捕获异常如下：

```
try {
        p1 = Integer.parseInt(br.readLine());
        op = br.readLine().charAt(0);
        p2 = Integer.parseInt(br.readLine());
        exp = new ArithmeticDemo(p1, p2, op);
        exp.showResult();
    } catch (NumberFormatException e1) {
        e1.printStackTrace();
    } catch (ArithmeticException e2) {
        e2.printStackTrace();
    } catch (IOException e3) {
        e3.printStackTrace();
    } catch (Exception e4) {
        e4.printStackTrace();
    }
```

说明：

（1）将可能发生异常的程序代码放置在 try 程序块中。程序运行过程中，如果该块内的代码没有出现任何异常，后面的各 catch 块不起任何作用。但如果该块内的代码出现了异常，系统将终止 try 块代码的执行，自动跳转到所发生的异常类对应的 catch 块中，执行该块中的代码。

（2）其中的 finally 块是个可选项，如果含有 finally 块，无论异常是否发生，finally 块的代码必定执行。

（3）一个 try 块可以对应多个 catch 块，每个 catch 语句块捕获一种异常类的对象，用于对多个异常类进行捕获。但需要警示的是，如果捕获的异常类之间没有父子关系，各类的 catch 语句块顺序无关紧要，如果它们之间有父子关系，则必须将子类的 catch 语句块放在父类的 catch 语句块之前。例如：不能把一个处理 Exception 异常的 catch 块放在其他任何 catch 块之前，因为这样的结果是，Exception 异常会捕捉到，而它后面的 catch 块将永远不会执行。

（4）如果几个异常都将由相同的代码进行处理，也可以使用 Java 7 及其以后的版本允许的在一个 catch 块中捕捉多个异常，catch 块的语法如下，两个异常之间用一条竖线(|)隔开。

```
Catch(exception-1 | exception-2 … e){
//异常处理
}
```

如本实例中的前三个异常可以采用如下形式：

```
Catch(NumberFormatException | ArithmeticException | IOException e){
        e.printStackTrace();
}
```

2. 抛出异常

在 Java 的异常处理机制中，程序应该能够捕获异常并进行处理，但前提条件是在方法执行过程中能够将产生的异常抛出。Java 语言中异常的对象有两个来源：一是 Java 运行时环境自动抛出系统生成的异常，这些异常总会被强制抛出；二是程序员自己抛出的异常，这个异常可以是自己定义的，也可以是 Java 语言中定义的，用 throw 关键字抛出异常，这种异常能用来向调用者汇报异常的一些信息。

相应地，Java 对异常的抛出处理就分为两类：隐式声明抛出和显示声明抛出。

（1）隐式声明抛出

这类异常的特点是：产生的异常类型是 RuntimeException 及其子类，程序方法可以对异常不进行任何声明抛出或处理，直接交给调用该方法的地方处理，程序能编译通过，不会对可能产生异常的代码给出提示。

（2）显示声明抛出

对于 RuntimeException 来说，方法始终可以抛出这类异常，以便调用该方法的程序进行捕获和处理。而对于受检查的异常和用户自定义的异常来说，必须手工进行抛出。

生成异常对象并把它们提交给运行时系统的过程称为抛出（throw）一个异常。在 Java 程序的运行过程中，一个异常对象可能由 Java 虚拟机产生或调用某个方法产生。抛出异常的一般格式如下：

```
throw  new  ThrowedException( )
```

或

```
ThrowedException e = new ThrowedException();
throw e
```

如本实例中采用如下形式使用 throw 语句抛出异常：

```
default:
        throw new Exception("输入的运算符错误！");
```

说明：

（1）抛出异常只能抛出方法声明中 throws 关键字后的异常列表中的异常或者是 Error、RuntimeException 及其子类。

（2）通常情况下，通过 throw 抛出的异常为用户自己创建的异常类的实例。

一个方法的方法体中抛出异常，如不进行处理，应在方法头声明中通过关键字 throws 声明该方法抛出的异常类型。

例如：

```
public void showResult() throws ArithmeticException, Exception
```

以上 showResult ()方法体中如果遇到 ArithmeticException 或其他 Exception 将会直接抛出，而不对其进行处理。

throws关键字只是声明了方法中可能会产生某种异常，要求调用它的程序进行相关处理；而 throw 是显示地抛出一个异常，以便于异常的捕获和处理。

Java 可能会抛出异常的情况包括：调用的方法抛出了异常、检测到了错误并使用 throw 语句抛出异常、程序代码有错误而导致异常（比如数组越界错误、Java 运行时刻系统产生内部错误）。当前两种异常发生时，应该告诉方法的使用者，此方法强制 Java 抛出异常。

抛出异常需要经历以下三个步骤：

（1）确定异常类。

（2）创建异常类的实例。

（3）抛出异常。

3. 异常处理的一般原则

（1）能处理就早处理，抛不出去还不能处理的就想办法消化掉或者转换为 Runtime Exception 处理。因为对于一个应用系统来说，抛出大量异常是有问题的，应该从程序开发角度尽可能地控制异常发生的可能。

（2）对于检查异常，如果不能行之有效的处理，还不如转换为 RuntimeException 抛出。这样也让上层的代码有选择的余地——可处理也可不处理。

（3）对于一个应用系统来说，应该有自己的一套异常处理框架，这样当异常发生时，也能得到统一的处理风格，将优雅的异常信息反馈给用户。

【代码及分析】

```
// 文件 ArithmeticDemo .java  功能：简单的算术运算
public class ArithmeticDemo {
   private int opera1, opera2;  // 保存算术运算的两个操作数
   private char operator;       // 算术运算的运算符

   public ArithmeticDemo(int opera1, int opera2, char operator) {
      this.opera1 = opera1;
      this.opera2 = opera2;
      this.operator = operator;
   }
```

```
    // 进行算术运算
    private int cal() throws ArithmeticException, Exception {
        int result = Integer.MIN_VALUE;
        switch (operator) {
        case '+': result = opera1 + opera2;    break;
        case '-': result = opera1 - opera2;    break;
        case '*': result = opera1 * opera2;    break;
        case '/': result = opera1 / opera2;    break;
        default:  throw new Exception("输入的运算符错误! ");
        }
        return result;
    }

    // 输出运算结果
    public void showResult() throws ArithmeticException, Exception {
        System.out.println("运算结果: " + opera1 + operator + opera2 + "=" + cal());
    }

    public static void main(String[] args) {
        int p1, p2;
        char op;
        ArithmeticDemo exp;
        BufferedReader br=new BufferedReader(new InputStreamReader (System.in));

        try {
            System.out.println("请输入第 1 个操作数: ");
            p1 = Integer.parseInt(br.readLine());
            System.out.println("请输入要进行运算的运算符 (+、-、*、/): ");
            op = br.readLine().charAt(0);
            System.out.println("请输入第 2 个操作数: ");
            p2 = Integer.parseInt(br.readLine());
            exp = new ArithmeticDemo(p1, p2, op);
            exp.showResult();
        } catch (NumberFormatException e1) {
            System.out.println("输入的数据格式不正确!");
            e1.printStackTrace();
        } catch (ArithmeticException e2) {
            System.out.println("除数为 0, 不能进行除法运算! ");
            e2.printStackTrace();
        } catch (IOException e3) {
            System.out.println("输入输出操作有误! ");
            e3.printStackTrace();
        } catch (Exception e4) {
            System.out.println("出现无法处理的异常! ");
            e4.printStackTrace();
        }
    }
}
```

程序解释及常见问题如下：

（1）该程序定义的 cal()方法，在进行算数运算时如果除数为 0，则可能产生 Arithmetic Exception 类的算术运算异常。如果运算符不是所要求的运算符，则在程序中主动生成并抛出一个 Exception 类的异常，由 throw new Exception("输入的运算符错误！")语句完成该功能，异常信息为 Exception 构造方法中参数所给的内容。对 cal()方法中产生的这两种异常并没有进行捕获与处理，所以在 cal()方法中声明抛出这两种异常，由调用该方法的程序进行处理。

（2）在定义的 showResult()方法体中调用了 cal()方法，因此，在该方法中应该处理由 cal(方法声明抛出的异常。但该方法也没有进行异常捕获与处理，而是将这两种异常继续声明抛出“throws ArithmeticException,Exception”。

（3）在主方法 main()中调用了 showResult()方法，因此对于 showResult()方法声明抛出的异常一定要进行处理，如果不进行处理，则只能在发生异常时中断程序的运行。

在 main()方法中，将可能产生异常的语句放入了 try 块中，对各种异常进行捕获并处理。调用异常类 printStackTrace()方法输出异常发生的信息和方法调用的先后次序。注意：一定要将 Excetion 异常的处理语句放在 catch 块的最后，否则其他异常将无法被捕获。

【应用扩展】

如果在程序运行后，要求无论产生异常，还是不产生异常，都要显示“简单算术运算结束”，则需要在

```
try{
}catch{
}
```

后，增加 finally{}。增加的代码为：

```
finally{
    System.out.println("简单算术运算！");
}
```

7.2 “输出字符系列”实例

【实例说明】

本实例是在一个界面上输出字符序列，如果有异常情况，就中断程序，输出异常信息。程序运行界面如图 7.3 所示。

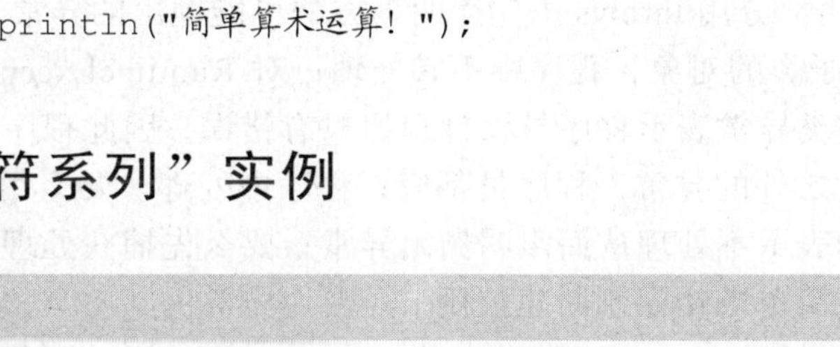

图 7.3　输出字符序列

【实例目的】

（1）了解 Java 语言中自定义异常的意义。

（2）熟练掌握自定义异常的创建方法。

（3）理解自定义异常与内置异常的区别。

（4）能根据实际需要创建合适的自定义异常。

【技术要点】

（1）本实例的字符序列中的字符仅限于 ASCII 码值在 0~255 之间的值。另外，要输出的字符序列不允许为空。违反这两个约定的，都属于异常。本实例用以下代码实现：

```
if(s.equals("")||s.equals(null))
    throw new CheckCharsException("输出对象为空！");
for(int i=0; i<s.length(); i++)
    if(s.charAt(i)<0 || s.charAt(i)>255)
        throw new CheckCharsException("输出的字符不符合要求");
```

（2）程序运行时异常将由 Java 运行时系统自动抛出，这些异常类都是对 Runtime Exception 类的扩展。

有时，需要定义自己的异常类型，用于说明程序运行的特定情况。自定义的异常类型通过 throw 语句显式抛出。凡通过 throw 抛出的异常对象，都必须是可抛出的对象。在 Java 系统中，可抛出对象是 Throwable 类的任意子类的实例。Throwable 类是 Java 语言中所有错误和异常的父类，只有直接或间接继承 Throwable 类的子类，才能被 throw 关键字手工抛出。如果试图使 throw 抛出可抛出的对象，编译器将拒绝编译程序并显示错误信息。

使用自定义异常的步骤为：

① 通过继承 java.lang.Exception 类声明自己的异常类；

② 在方法适当的位置生成自定义异常的实例，并用 throw 语句抛出；

③ 在方法的声明部分用 throws 语句声明该方法可能抛出的异常。

对 Error 类或其子类的对象，程序中不必处理；对 RuntimeException 类或其子类，程序中也不必处理，但这类异常表示程序员设计程序时有错误，因此程序员应改正程序，以消除发生这类异常。除此之外的异常，程序员都应在程序中处理。要么用 Try-catch-finally 进行捕获处理，要么明确表示不处理从而声明抛出异常；要么先捕获处理，然后再次抛出。不能滥用异常机制，一些简单的错误判断建议用 if，因为异常机制比 if 语句要慢很多。

【相关知识及注意事项】

7.2.1 自定义异常

Java 类库提供了丰富的异常处理机制，能够满足大多数情况的要求。但是现实世界更加复杂，常常会有一些特殊的约束要求。有些情况并不会引发 Java 类库中的异常，但对于现实世界却是严重甚至致命的异常。这种情况下，Java 类库中的异常处理类就满足不了要求，需要自己根据需要定义一个异常来抛出。用户可以自定义异常，但必须继承自 Throwable 类、Exception 类或其子类，否则 Java 运行时系统将无法识别它们。

创建自定义异常一般格式如下：

```
class  自定义异常类名   extends Exception{ … }
```

例如：

```
class CheckCharsException  extends Exception {
```

```
    private String msg;
        CheckCharsException(String s) {
            msg = s;
        }

@Override
    public String toString() {
        return "自定义的 CheckCharsException["+msg+"]";
    }
}
```

7.2.2　自定义异常的使用

如果某个方法抛出自定义异常对象，则要在方法头中声明抛出（throws）该异常，同时在方法体中需要抛出异常的位置，通过 throw 子句抛出用户自定义异常对象。

本实例中使用自定义异常 CheckCharsException 如下：

```
static void output(String s) throws CheckCharsException{
    if(s.equals("")||s.equals(null))
throw  new CheckCharsException("输出对象为空！");//抛出异常
    for(int i=0; i<s.length(); i++)
        if(s.charAt(i)<0 || s.charAt(i)>255)
            throw new CheckCharsException("输出的字符不符合要求");
    System.out.println(s);
    System.out.println("字符序列输出正常结束\n");
}
```

程序在执行过程中，若满足了某种异常条件，则相应的异常对象将会被创建，然后再被抛出。若想抛出某种异常，则一定要将所调用的方法定义为可抛出异常的方法。

调用抛出异常的方法时要使用 try-catch 对异常进行捕获并处理。例如：

```
try {
        personId = br.readLine().trim();
        checkPersonId(); //该方法抛出了 CheckCharsException 异常
    } catch (IOException e) {
        e.printStackTracc();
    } catch (CheckCharsException e) {
        e.printStackTrace();
    }
```

【代码及分析】

```
//文件 OutputChars.java
class CheckCharsException  extends Exception {
    private String msg;
    CheckCharsException(String s) {
        msg = s;
    }

    @Override
    public String toString() {
        return "自定义的 CheckCharsException["+msg+"]";
```

```
        }
    }

    public class OutputChars {
        static String personId;
        static BufferedReader br = new BufferedReader(new InputStreamReader
(System.in));

        static void output(String s) throws CheckCharsException{
            System.out.println("调用 output(String s)方法输出字符序列.");
            if(s.equals("")||s.equals(null))
                throw new CheckCharsException("输出对象为空！");//抛出异常
            for(int i=0; i<s.length(); i++)
                if(s.charAt(i)<0 || s.charAt(i)>255)
                    throw new CheckCharsException("输出的字符不符合要求");
            System.out.println(s);
            System.out.println("字符序列输出正常结束\n");
        }

        //应用扩展
        static void checkPersonId() throws CheckCharsException{
            if(personId.equals("") || personId.equals(null))
                throw new CheckCharsException("身份证号码为空！");
        }

        static void inputDate(){
            System.out.println("请输入您的身份证号码：");
            try {
                personId = br.readLine().trim();
                checkPersonId();
            } catch (IOException e) {
                e.printStackTrace();
            } catch (CheckCharsException e) {
                e.printStackTrace();
            }
        }

        public static void main(String[] args) {
            String s1 = "Hello, Exception!";
            String s2 = "Hello,异常！";
            try {
                output(s1);
                output(s2);
                inputDate();
            } catch (CheckCharsException e) {
                e.printStackTrace();
            }
        }
```

程序解释及常见问题如下：

（1）CheckCharsException 是自定义异常类，因此它继承了 Exception 类，在类体中 toString() 方法上面使用@Override，说明是重写方法，覆盖了 Exception 的 toString()方法。

（2）output()方法声明了异常 CheckCharsException，说明该方法可能产生 CheckChars Exception 异常，因此在方法体中响应的位置使用 throw 子句对该异常进行了抛出处理。抛出的异常不能被 catch 语句块处理，系统把异常继续传递到调用该方法的方法，一直到 main()方法为止，如果一直没有相应的处理程序，程序就会终止并由控制台输出出错信息。

（3）本实例中，在 main()方法中调用可能抛出异常的 output()方法时，使用 try-catch 对异常进行了捕获和处理。

【应用扩展】

可以在本实例基础上进一步扩展自定义异常，来对字符串序列做各种校验。比如对身份证号码字符序列的长度、格式等进行检查，是否有异常发生。代码如下：

```
static void checkPersonId() throws CheckCharsException{
    if(personId.equals("") || personId.equals(null))
        throw new CheckCharsException("身份证号码为空! ");
    if(personId.length()!=18)
        throw new CheckCharsException("身份证号码长度有误! ");
    if(Integer.parseInt(personId.substring(6, 10))<1900
            ||Integer.parseInt(personId.substring(6, 10))>2013
            ||Integer.parseInt(personId.substring(10, 12))<1
            ||Integer.parseInt(personId.substring(10, 12))>12
            ||Integer.parseInt(personId.substring(12, 14))<1
            ||Integer.parseInt(personId.substring(12, 14))>31)
        throw new CheckCharsException("身份证号码数据有误! ");
}
static void inputDate(){
    System.out.println("请输入您的身份证号码: ");
    try {
        personId = br.readLine().trim();
        checkPersonId();
    } catch (IOException e) {
        e.printStackTrace();
    } catch (CheckCharsException e) {
        e.printStackTrace();
    }
}
```

本章小结

本章主要介绍了异常的概念、异常的层次结构、异常的处理机制、自定义异常的定义及使用等知识。通过“简单的算数运算”实例，介绍了异常的基本概念、异常的层次结构、异常的处理机制；通过“输出字符系列”实例，介绍了自定义异常类的定义和使用。通过这些内容的学习，读者能够掌握程序中涉及的异常的处理方法及根据需要对自定义异常类进行定义和使用。

思考与练习

一、选择题

1. 以下关于 Java 异常说法不正确的是（　　）。
   A. Throwable 类是 Java 语言中 Error 类和 Exception 类的父类
   B. 当异常对象是 Exception 类（或其子类）的实例时，能通过 Java 虚拟机或者 throw 语句抛出该异常对象，并能通过 try–catch–finally 处理
   C. 如果只用一个 catch 块捕捉多个异常对象，则 catch 子句中的参数类型应是所有异常对象的父类
   D. 以上说法都不对
2. 下面关于 Java 中异常处理 try 块的说法正确的是（　　）。
   A. try 块后通常应有一个 catch 块，用来处理 try 块中抛出的异常
   B. catch 块后必须有 finally 块
   C. 可能抛出异常的方法调用必须放在 try 块中
   D. 对抛出的异常的处理必须放在 try 块中
3. 关于异常，下列说法正确的是（　　）。
   A. 异常是一种对象
   B. 一旦程序运行，异常将被创建
   C. 为了保证程序运行速度，要尽量避免异常控制
   D. 以上说法都不对
4. 编译，运行下列代码后的结果是（　　）。

```
public class Test {
  static int age;
  public static void main (String args[]) {
    age = age + 1;
    System.out.println("The age is " + age);
  }
}
```

   A. 编译，运行后没有输出
   B. 编译，运行后输出：The age is 1
   C. 能通过编译，但运行时产生错误
   D. 不能通过编译
5. 请阅读下面程序

```
import java.io.*;
public class ExceptionCatch{
  public static void main(String args[]){
    try{
      FileInputStream fis=new FileInputStream("text");
```

```
        System.out.println ("content of text is:");
    }catch (FileNotFoundException e) {
        System.out.println (e);
        System.out.println ("message:"+e.getMessage ( ) );
        e.printStackTrace (System.out);
    }________________{
        System.out.println (e);
    }
  }
}
```

为保证程序正确运行，程序中下画线处的语句应是（　　）。

A. catch（FileInputStream fis）

B. e.printStackTrace（ ）

C. catch（IOException e）

D. System.out.println（e）

二、填空题

1. Java语言认为那些可预料和不可预料的出错称为____________。

2. Java中用来抛出异常的关键字是____________。

3. ____________类是所有异常类的父类。

4. Java虚拟机能自动处理____________异常。

5. 同一段程序可能产生不止一种异常。可以放置多个____________子句，其中每一种异常类型都将被检查，第一个与之匹配的就会被执行。

6. Throwable类有两个子类：____________类和Exception类。

7. Java中的异常对象是Error类或Exception类的对象，这两类对象中____________类的对象不会被Java应用程序捕获和抛出。

三、程序填空题

1. 下面程序抛出了一个“异常”并捕捉它。请在横线处填入适当内容完成程序。

```
class TrowsDemo{
  static void procedure() throws IllegalAccessExcepton {
    System.out.println("inside procedure");
    throw__________IllegalAccessException("demo");
  }
 public static void main(String args[])
   {
     try{
        procedure();
      } __________{
        System.out.println("捕获: "+e);
      }
   }
```

2. 写出下列程序的输出结果。

```
public class Example{
   public static void main(String[] ards) throws Exception{
      try{
```

```
            throw  new Exception();
        }catch(Exception e){
          System.out.println("Caught Exception!");
      }
        System.out.println("Continue!");
    }
  }
```

四、程序设计题

定义一个 circle 类，其中包含计算圆周长和面积的方法，若输入的半径小于 0，就要抛出一个自定义异常。

第三篇　核心 API 应用篇

第 8 章

输入/输出流

内容提要及教学目标

Java 语言中的输入／输出操作是通过类库 java.io 包来实现的。本章讲解了 Java 程序中输入/输出流的基本概念以及它们的处理类，文件的读/写类和目录处理类，同时还讲解了 java 的标准输入输出操作。通过本章的学习，读者应该掌握以下内容:

- Java 语言的字符流类和字节流类。
- 标准的输入/输出类。
- 文件的读和写操作。
- 标准的输入和输出操作。

本章重点及难点

Java 输入/输出流的处理类；文件的读/写操作类；

8.1 “回声程序”实例

【实例目的】

（1）掌握 Java 语言中流的分类。
（2）掌握输入/输出流类的基本用法。

【实例内容】

编写一个回声程序，字符窗口输入一行，紧接着显示该行。

【技术要点】

在 Eclipse 中创建一个 Java 工程，在该工程下创建 Echol 类，完成“回声”功能。具体步骤如下：

（1）回声程序代码如图 8.1 所示。

```
Echol.java
package chapter08;
import java.io.*;
public class Echol {
    public Echol(InputStream in) throws Exception{//接收字节输入流
        int b;
        while((b=in.read())!=-1){//开始循环读
            System.out.print((char)b);//显示
        }
        in.close();
    }
    public static void main(String args[]) throws Exception{
        new Echol(System.in);
    }
}
```

图 8.1 “回声”程序代码

（2）程序运行的结果如图 8.2 所示。

```
Console
Echol [Java Application] C:\Program Files\Java\jre6\bin\javaw.exe
dfsdgdfg
dfsdgdfg
gf fg 345b g
gf fg 345b g
```

图 8.2 运行结果

【相关知识及注意事项】

8.1.1 流的概念与原理

流是一个很形象的概念，当程序需要读取数据资源的时候，就会开启一个通向数据源的流。这个数据源可以是文件、内存或者网络连接。类似地，当程序密要写人数据资源的时候，就会开启一个通向写入目标的流。

流式输入/输出是一种很常见的输入/输出方式。流（stream）是指在计算机的输入与输出之间运动的数据序列。流序列中的数据既可以是未经加工的原始的二进制数据，也可以是经一定编码处理后符合某种格式规定的特定数据。

Java 程序通过流来完成输入/输出。流通过 Java 的输入/输出系统与物理设备连接。尽管与它们连接的物理设备不尽相同，所有流的行为具有同样的方式。这样，相同的输入/输出类和方法适用于所有类型的外围设备。这意味着一个输入流能够抽象多种不同类型的输入：磁盘文件、键盘或网络套接字。同样，一个输出流可以输出到控制台，磁盘文件或相连的网络。Java 中流的实现是通过 java.io 包中定义的类来实现的。

流按照数据输送的方向可分为两类：输入流和输出流。输入流可以从源端读取数据，而不能向其写出数据：输出流只能向其写出数据，而不能从中读取数据。按照操作的数据单位可以分为字节流和字符流。Java 中的流类可以用四个抽象类来表示：InputStream、OutputStream、Reader 和 Writer。

8.1.2　字节流处理类

以字节为单位的流处理类有抽象类 InputStream 和 OutputStream。

1. InputStream 类

1）InputStream 类的常用方法

InputStream 是以字节为单位的输入流类，是抽象类。它有以下基本方法：

```
int read();
int read(byte b[]);
int read(byte b[],int i,int j);
```

这三个方法提供了对输入流数据的读取。read()方法返回一个 int 值，它包含从输入流中读一个字节的数据或者-1，如果读取结束，则返回-1。read(byte b[])方法将数据读入字节数组中，并返回所读的字节数。read(byte b[],int i,int j)方法将数据读入字节数组中，并指定了所要填入的数组的子范围。

```
void close();
```

完成输入流操作之后，需要关闭这个输入流。close()方法是用来关闭该输入流。

2）InputStream 类的派生类

如图 8.3 所示，在 InputStream 类的常用子类中，文件输入流 FileInputStream 用来实现本地磁盘文件进行读取操作；FilterInputStream 是一个抽象类，其子类 DataInputStream 具备数据类型或格式转换的功能，可以实现对二进制字节数据的理解和编码功能；BufferedInputStream 是具备缓冲功能的输入字节类。

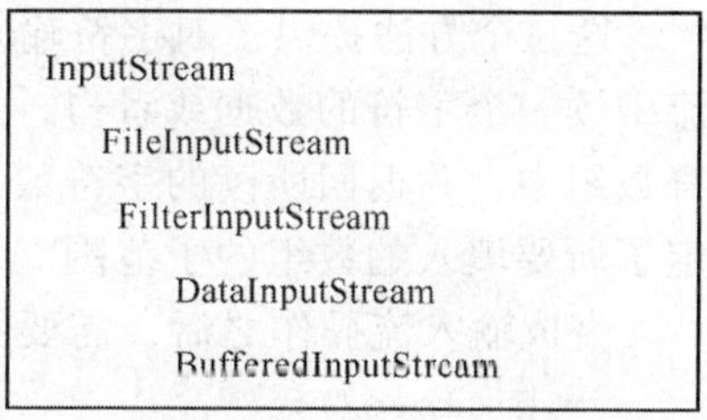

图 8.3　InputStream 子类的继承关系

2. OutputStream 类

1）OutputStream 类的常用方法

OutputStream 是以字节为单位的输出流类，是抽象类。它有以下基本方法：

```
void write(int b);
void write (byte b[]);
void write (byte b[],int i,int j);
```

这三个方法提供了对输出流数据的写操作。write ()方法将参数 b 的低位字节写入输出流中。write (byte b[])方法将数组 b 中的全部字节顺序写入输出流中。write (byte b[],int i,int j)方法将数组 b 中 i 到 j 之间的数据写入输出流中。

```
void flush();
```

为了减少和输出设备的交互次数，提高输出效率，Java 提供了具备缓冲功能定的子类。对于具备缓冲功能的子类，write()方法所写的数据没有直接输出到设备上，而是暂时存放在流的缓冲区中，当流缓冲区的数据积累到一定程度时，才统一执行写出操作，把缓冲区中的数据写出到外设中。但是某些情况下，缓冲区中的数据未满就需要将其写到外设中，此时应使用 flush()方法强制清空缓冲区，并将缓冲区中的数据写入外设。

```
void close();
```

完成输出流操作之后，需要关闭这个输出流。close()方法是用来关闭该输出流。

2）OutputStream 类的派生类

如图 8.4 所示，在 OutputStream 类的常用子类中，文件输出流 FileOutputStream 用来实现本地磁盘文件进行写入操作；FilterOutputStream 是一个抽象类，其子类 DataOutputStream 具备数据类型或格式转换的功能，可以实现对二进制字节数据的理解和编码功能；BufferedOutputStream 是具备缓冲功能的输出字节类。PrintStream 类提供了流的格式化输出功能。

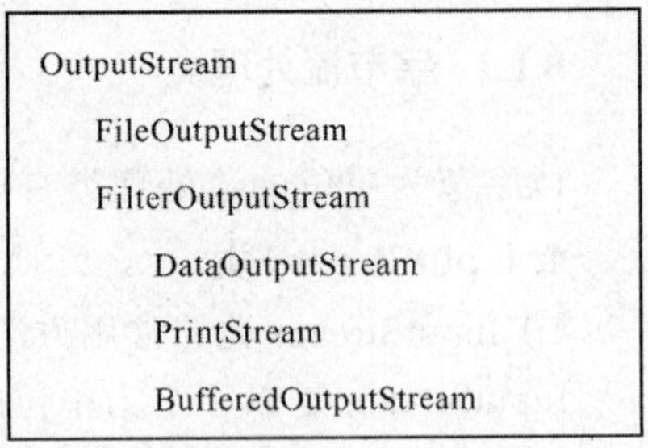

图 8.4　OutputStream 子类的继承关系

8.1.3　字符流处理类

以字符为单位的流处理类有抽象类 Reader 类和 Writer 类。

1. Reader 类

1）Reader 类的常用方法

Reader 类是基于字符流处理的输入流类，是抽象类。它有以下基本方法：

```
int read();
int read (char c[]);
int read (char c[],int i,int j);
```

这三个方法提供了对字符输入流数据的读取。read()方法返回一个 int 值，它包含从输入流中读一个字符的数据或者-1，如果读取结束，则返回-1。read(char c[])方法将数据读入字符数组中，并返回所读的字符数。read(char c[],int i,int j)方法将数据读入字符数组中，并指定了所要填入的数组的子范围。

完成输入流操作之后，需要关闭这个输入流。close()方法用来关闭该输入流。

```
void close();
```

ready()方法返回当前的流是否已经准备就绪。

```
boolean ready();
```

2）Reader 类的派生类

如图 8.5 所示，在 Reader 类的常用子类中，BufferedReader 是具备缓冲功能的字符输入类，InputStreamReader 类是字节输入流和字符输入流之间进行转换的类，它从字节数据流读入数据，然后根据字符编码规则将它们转换为字符。FileReader 类用于从文件中读入字符流。

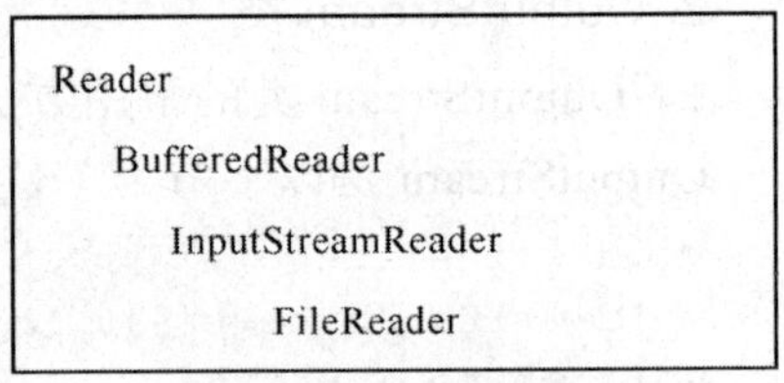

图 8.5　Reader 子类的继承关系

2. Writer 类

1）Writer 类的常用方法

Writer 类是基于字符流处理的输出流类，是抽象类。它有以下基本方法：

```
void write (int b);
void write (char c[]);
void write (char c[],int i,int j);
void write (String s);
```

这三个方法提供了对字符输出流数据的写操作。write ()方法将参数 b 对应的字符写入输出流中。write (char c[])方法将数组 c 中的全部字符写入输出流中。write (char c[],int i,int j)方法将数组 c 中 i 到 j 之间的数据写入输出流中。write (String s)方法是将字符串 s 中的字符写入输出流中。

使用 flush()方法强制清空缓冲区，并将缓冲区中的数据写入外设。

```
void flush();
```

完成输出流操作之后，需要关闭这个输出流。close()方法用来关闭该输出流。

```
void close();
```

2）Writer 类的派生类

如图 8.6 所示，在 Writer 类的常用子类中，PrintWriter 类提供流的格式化输出功能，BufferedWriter 类是具备缓冲功能的字符输出类，OutputStreamWriter 类是字符输出流和字节输出流之间进行转换的类，FileWriter 类用于向文件中写入字符流。

```
Writer
    PrintWriter
    BufferedWriter
    OutputStreamWriter
        FileWriter
```

图 8.6 Writer 子类的继承关系

8.2 "响应键盘输入处理"实例

【实例目的】

（1）掌握 Java 语言中标准的输入/输出。

（2）掌握 Java 语言中标准的错误。

【实例内容】

编写一个 Java 程序，能够读入键盘输入的数据，并且能够对数据进行类型转换。

【技术要点】

在 Eclipse 中创建一个 Java 工程，在该工程下创建 StandardIn 类，接收键盘的标准输入，对输入的数据进行转换处理。具体步骤如下：

（1）程序代码如图 8.7 所示。

```
StandardIn.java
package chapter08;
import java.io.*;
public class StandardIn {
    public static void main(String[] args) throws IOException{
        InputStreamReader isr = new InputStreamReader(System.in);
        BufferedReader bfr = new BufferedReader(isr);
        String s;
        float f;
        int i;
        boolean b;
        System.out.println("请输入任一字符串：");
        s = bfr.readLine();
        System.out.println("请输入浮点数：");
        f = Float.parseFloat(bfr.readLine());
        System.out.println("请输入整数:");
        i = Integer.parseInt(bfr.readLine());
        System.out.println("请输入布尔量:");
        b = Boolean.parseBoolean(bfr.readLine());
        System.out.println("输入的字符串："+s);
        System.out.println("输入的浮点数："+f);
        System.out.println("输入的整数："+i);
        System.out.println("输入的布尔量："+b);
    }
}
```

图 8.7 标准输入/输出处理代码

（2）程序运行结果如图 8.8 所示。

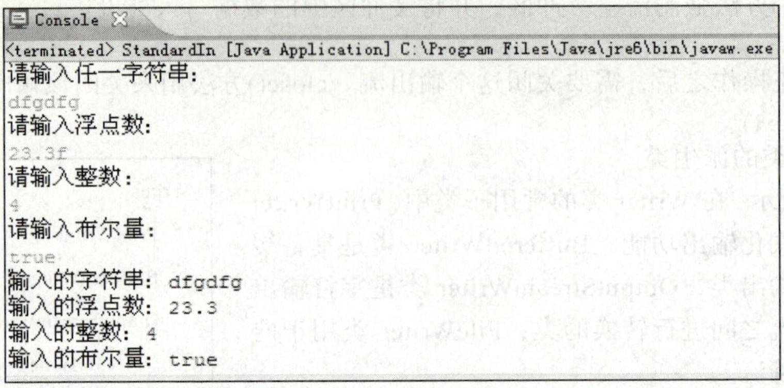

图 8.8　运行结果

【相关知识及注意事项】

在一般的应用程序中，需要频繁地向标准输出设备（即显示器）输出信息，也需要频繁地从标准输入设备（即键盘）输入信息，如果由应用程序开发人员在每次输出或者输入前首先建立输出流对象或者输入流对象，显然效率很低。为此，Java 系统预先定义好三个流对象分别表示标准输入设备、标准输出设备和标准错误设备。

8.2.1　标准输入设备

Java 的标准输入设备键盘使用 System.in 表示，System.in 属于 InputStream 类对象。但需要从键盘输入数据时，可以直接使用该类的 read()方法或子类定义的其他方法。下面通过实例程序说明键盘输入的应用。

【例 8-1】 从键盘输入字符。

```
import java.io.*;
public class StandardIn1{
   public static void main(String args[]) throws IOException{
         char c;
         System.out.println("输入一个字符");
         c = (char)System.in.read();
         System.out.println("输入的字符是: "+c);
   }
}
```

在上面的程序中，System.in.read()的功能是从键盘缓冲区中读入一个字节的数据，通过转换为 char 类型输出在显示屏屏幕上。其中在使用 read()方法的时候，会抛出 IOException 异常。

【例 8-2】 利用 read()方法暂缓程序的执行。

由于 read()方法的功能是从键盘缓冲区中读取数据，当缓冲区中没有数据的时候，执行 read()方法将使系统停留在 read()对应的位置，等待键盘的输入，这样就可以暂缓程序的执行，能够帮助用户查看、分析程序。

```
import java.io.*;
```

```
public class StandardIn2{
    public static void main(String args[]) throws IOException{
        for(int i=1;i<=3;i++)
        System.out.println(i);
        System.out.println("按回车键继续…");
        System.in.read();
        System.out.println("程序继续运行！");
    }
}
```

当控制台输出 1、2、3 之后，控制台显示“按回车键继续…”，当执行 System.in.read() 语句时，由于没有通过键盘输入数据，程序就暂停下来，等待用户输入数据并按【Enter】键结束程序。

8.2.2　标准输出设备

Java 的标准输出设备显示器使用 System.out 来表示的，System.out 属于 PrintStream 类对象，利用 PrintStream 类的 print()和 println()方法可以非常方便地输出各类数据。其中 print()方法输出后不换行，println()方法输出后要换行。

本书前面已经多次使用 print()和 println()方法向屏幕输出信息，此处不再举例。

8.2.3　标准错误设备

运行或编译 Java 程序时，各种错误信息输出到标准错误设备，即显示器。在 Java 中，标准错误使用 System.err 表示，System.err 属于 PrintStream 类的对象。

8.3 “记事本”实例

【实例目的】

（1）掌握 Java 语言中文件类的基本操作。

（2）掌握文件的读取和写入方法。

【实例内容】

利用输入/输出流类和图形界面编程的知识编写一个记事本程序，能够完成文件数据的输入和输出。

【技术要点】

在 Eclipse 中创建一个 Java 工程，在该工程下创建 MyNotebook 类和 ExampleFileFilter 类，其中 MyNotebook 类完成记事本的界面和功能实现，ExampleFileFilter 类完成文件的格式过滤。具体步骤如下：

（1）记事本中保存文件的代码，如图 8.9 所示。

```java
//用"另存为"对话框保存文件。保存成功返回1，否则返回0
int doSaveAs() {
    FileOutputStream fout;
    byte content[];
    int flag = 0;
    File tmpfile = null;
    ExampleFileFilter filter = new ExampleFileFilter();
    JFileChooser chooser;

    filter.addExtension("txt");
    filter.setDescription("文本文件");
    if (file != null) {
        chooser = new JFileChooser(file.getPath());
    } else {
        chooser = new JFileChooser();
    }
    chooser.setFileFilter(filter);
    flag = chooser.showSaveDialog(this);
    if (flag == JFileChooser.APPROVE_OPTION) {
        tmpfile = chooser.getSelectedFile();
        if (tmpfile.exists()) {
            if (JOptionPane.showConfirmDialog(this, "文件已经存在，是否覆盖？",
                    "警告", JOptionPane.YES_NO_OPTION) == JOptionPane.YES_OPTION) {
                flag = 1;
            } else {
                flag = 0;
```

图 8.9　记事本的保存文件代码

（2）记事本中打开文件的代码，如图 8.10 所示。

```java
chooser.setFileFilter(filter);
select = chooser.showOpenDialog(this);
if (select == JFileChooser.APPROVE_OPTION) {
    tmpfile = chooser.getSelectedFile();
    try {
        fin = new FileInputStream(tmpfile);
        buf = new byte[(int) tmpfile.length()];
        fin.read(buf);
        fin.close();
        text.setText(new String(buf));
        changed = false;
        haveName = true;
        file = tmpfile;
        setTitle("记事本 -- " + file.getName());
    } catch (FileNotFoundException e) {
        JOptionPane.showMessageDialog(this, "指定的文件名称或属性有问题！");
    } catch (IOException e) {
        JOptionPane.showMessageDialog(this, "无法读文件，请检查文件是否被锁定");
    }
```

图 8.10　打开文件的代码

（3）程序运行的界面效果如图 8.11 所示。

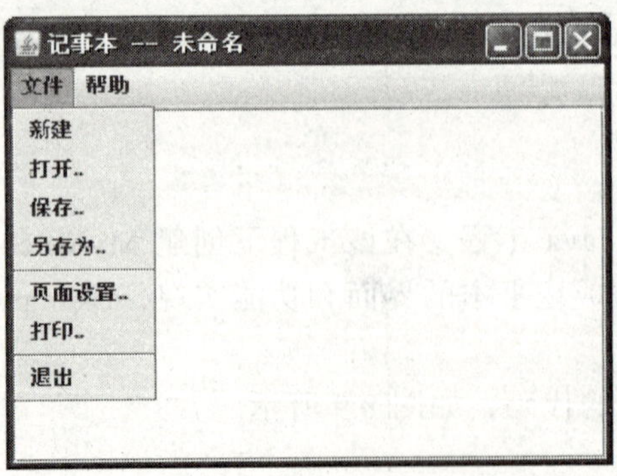

图 8.11　记事本程序的运行界面

【相关知识及注意事项】

文件（File）是最常见的数据源之一，在程序中经常需要将数据存储到文件中，例如图片文件、声音文件等数据文件，也经常需要根据需要从指定的文件中进行数据的读取。当然，在实际使用时，文件都包含一个的格式，这个格式需要程序员根据需要进行设计，读取已有的文件时也需要熟悉对应的文件格式，才能把数据从文件中正确的读取出来。

文件处理是计算机程序要做的最频繁的事务之一，因此任何程序设计语言中都提供了相应的文件处理机制。从前面的讨论可以知道，在 Java 中文件的处理被统一到了流处理，但是对于一个文件，除了读取和写入的流操作外，还可能对诸如获取文件所在路径，是否只读属性、文件长度等信息的检索，这些操作无法通过流的方式完成，而要通过 File 类来实现。

8.3.1　文件类

File 类能够处理由本地文件系统维护的具体文件，它提供独立于平台的文件处理方法，在对文件或目录操作前，需要先建立 File 类对象。建立 File 类对象，File 类提供了三种不同的构造方法。

1．File(String path)

File 类的对象可以代表一个具体的文件路径，在实际代表使用时，path 可以使用绝对路径也可以使用相对路径。

例如：

```
File f1 = new File("d:\\test\\1.txt");
File f2 = new File("1.txt");
File f3 = new File("e:\\abc");
```

这里的 f1 和 f2 对象分别代表一个文件，f1 是绝对路径，而 f2 是相对路径，f3 则代表一个文件夹，文件夹也是文件路径的一种。

2．File(String parent, String child)

使用父路径和子路径结合，实现代表文件路径，例如：

```
File f4 = new File("d:\\test\\","1.txt");
```

这样代表的文件路径是 d:\test\1.txt。

3．File(File parent, String child)

使用父路径和子路径结合，实现代表文件路径，其中父路径采用 File 类的对象表示。例如：

```
File f5 = new File(f3,"1.txt");
```

这样代表的文件路径是 e:\abc \1.txt。

8.3.2　文件类的属性和操作

File 类中包含了很多获得文件或文件夹属性的方法，使用这些方法可以获得对象所对应的磁盘文件或目录的属性，对文件或目录进行操作。下面将常见的方法介绍如下：

1．length 方法

```
public long length()
```

该方法的作用是返回文件存储时占用的字节数。该数值获得的是文件的实际大小，而不是文件在存储时占用的空间数。

2. getName()方法

```
public String getName()
```

该方法的作用是获得当前文件或文件夹的名称。例如 c:\test\1.t，则返回 1.t。

3. getParent()方法

```
public String getParent()
```

该方法的作用是获得当前路径中的父路径。例如 c:\test\1.t 则返回 c:\test。

4. isDirectory()方法

```
public boolean isDirectory()
```

该方法的作用是判断当前 File 对象是否是目录。

5. isFile()方法

```
public boolean isFile()
```

该方法的作用是判断当前 File 对象是否是文件。

6. createNewFile()方法

```
public boolean createNewFile() throws IOException
```

该方法的作用是创建指定的文件。该方法只能用于创建文件，不能用于创建文件夹，且文件路径中包含的文件夹必须存在。

7. delect()方法

```
public boolean delete()
```

该方法的作用是删除当前文件或文件夹。如果删除的是文件夹，则该文件夹必须为空。如果需要删除一个非空的文件夹，则需要首先删除该文件夹内部的每个文件和文件夹，然后在可以删除，这个需要书写一定的逻辑代码实现。

8. exists()方法

```
public boolean exists()
```

该方法的作用是判断当前文件或文件夹是否存在。

9. getAbsolutePath()方法

```
public String getAbsolutePath()
```

该方法的作用是获得当前文件或文件夹的绝对路径。例如，c:\test\1.t 则返回 c:\test\1.t。

10. list()方法

```
public String[] list()
```

该方法的作用是返回当前文件夹下所有的文件名和文件夹名称。说明：该名称不是绝对路径。

11. mkdir()方法

```
public boolean mkdir()
```

该方法的作用是创建当前文件文件夹，而不创建该路径中的其他文件夹。假设 d 盘下只有一个 test 文件夹，则创建 d:\test\abc 文件夹则成功，如果创建 d:\a\b 文件夹则创建失败，因为该路径中 d:\a 文件夹不存在。如果创建成功则返回 true，否则返回 false。

12．renameTo()方法

```
public boolean renameTo(File dest)
```

该方法的作用是修改文件名。在修改文件名时不能改变文件路径，如果该路径下已有该文件，则会修改失败。

13．setReadOnly()方法

```
public boolean setReadOnly()
```

该方法的作用是设置当前文件或文件夹为只读。

【例 8-3】 以上各方法实现的测试代码如下：

```
import java.io.File;
public class FileDemo {
        public static void main(String[] args) {
                //创建File对象
                File f1 = new File("d:\\test");
                File f2 = new File("1.txt");
                File f3 = new File("e:\\file.txt");
                File f4 = new File("d:\\","1.txt");
                //创建文件
                try{
                    boolean b = f3.createNewFile();
                }catch(Exception e){
                    e.printStackTrace();
                }
                //判断文件是否存在
                System.out.println(f4.exists());
                //获得文件的绝对路径
                System.out.println(f3.getAbsolutePath());
                //获得文件名
                System.out.println(f3.getName());
                //获得父路径
                System.out.println(f3.getParent());
                //判断是否是目录
                System.out.println(f1.isDirectory());
                //判断是否是文件
                System.out.println(f3.isFile());
                //获得文件长度
                System.out.println(f3.length());
                //获得当前文件夹下所有文件和文件夹名称
                String[] s = f1.list();
                for(int i = 0;i < s.length;i++){
                     System.out.println(s[i]);
                }
                //获得文件对象
                File[] f5 = f1.listFiles();
                for(int i = 0;i < f5.length;i++){
                     System.out.println(f5[i]);
                }
                //创建文件夹
                File f6 = new File("e:\\test\\abc");
```

```
                boolean b1 = f6.mkdir();
                System.out.println(b1);
                b1 = f6.mkdirs();
                System.out.println(b1);
                //修改文件名
                File f7 = new File("e:\\a.txt");
                boolean b2 = f3.renameTo(f7);
                System.out.println(b2);
                //设置文件为只读
                f7.setReadOnly();
        }
}
```

8.3.3 文件的读/写

按照前面介绍的知识，将文件中的数据读入程序，是将程序外部的数据传入程序中，应该使用输入流——InputStream 或 Reader。而由于读取的是特定的数据源——文件，则可以使用输入对应的子类 FileInputStream 或 FileReader 实现。

在实际书写代码时，需要首先熟悉读取文件在程序中实现的过程。在 Java 语言的 IO 编程中，读取文件是分两个步骤：（1）将文件中的数据转换为流；（2）读取流内部的数据。其中步骤（1）由系统完成，只需要创建对应的流对象即可，对象创建完成以后步骤（1）就完成了，步骤（2）使用输入流对象中的 read()方法即可实现了。

使用输入流进行编程时，代码一般分为 3 个部分：（1）创建流对象；（2）读取流对象内部的数据；（3）关闭流对象。

【例 8-4】 用 FileInputStream 类读取文件。

```
import java.io.*;
public class ReadFile1 {
        public static void main(String[] args) {
                FileInputStream fis = null;
                try{
                        fis = new FileInputStream("e:\\a.txt"); //创建流对象
                        //读取数据，并将读取到的数据存储到数组中
                        byte[] data = new byte[1024]; //数据存储的数组
                        int i = 0; //当前下标
                        int n = fis.read();//读取流中的第一个字节数据
                        //依次读取后续的数据
                        while(n != -1){ //未到达流的末尾
                            data[i] = (byte)n; //将有效数据存储到数组中
                            i++; //下标增加
                            n = fis.read();//读取下一个字节的数据
                        }
                        String s = new String(data,0,i); //解析数据
                        System.out.println(s); //输出字符串
                }catch(Exception e){
                        e.printStackTrace();
                }finally{
                        try{
```

```
                fis.close();//关闭流，释放资源
            }catch(Exception e){}
        }
    }
}
```

在该示例代码中，首先创建一个 FileInputStream 类型的对象 fis，这样建立了一个连接到数据源 e:\a.txt 的流，并将该数据源中的数据转换为流对象 fis，以后程序读取数据源中的数据，只需要从流对象 fis 中读取即可。

读取流 fis 中的数据，需要使用 read()方法，该方法是从 InputStream 类中继承过来的方法，该方法的作用是每次读取流中的一个字节，如果需要读取流中的所有数据，需要使用循环读取，当到达流的末尾时，read()方法的返回值是-1。

在该示例中，首先读取流中的第一个字节：int n = fis.read();并将读取的值赋值给 int 值 n，如果流 fis 为空，则 n 的值是-1，否则 n 中的最后一个字节包含的时流 fis 中的第一个字节，该字节被读取以后，将被从流 fis 中删除。

然后循环读取流中的其他数据，如果读取到的数据不是-1，则将已经读取到的数据 n 强制转换为 byte 数组，即取 n 中的有效数据——最后一个字节，并存储到数组 data 中，然后调用流对象 fis 中的 read()方法继续读取流中的下一个字节的数据。一直这样循环下去，直到读取到的数据是-1，也就是读取到流的末尾则循环结束。

当然，在读取文件时，也可以使用 Reader 类的子类 FileReader 进行实现，在编写代码时，只需要将上面示例代码中的 byte 数组替换成 char 数组即可。

使用 FileReader 读取文件时，是按照 char 为单位进行读取的，所以更适合于文本文件的读取，而对于二进制文件或自定义格式的文件来说，还是使用 FileInputStream 进行读取，方便对于读取到的数据进行解析和操作。

读取其他数据源的操作和读取文件类似，最大的区别在于建立流对象时选择的类不同，而流对象一旦建立，则基本的读取方法是一样，如果只使用最基本的 read()方法进行读取，则使用基本上是一致的。这也是 IO 类设计的初衷，使得对于流对象的操作保持一致，简化 IO 类使用的难度。

基本的输出流包含 OutputStream 和 Writer 两个，区别是 OutputStream 体系中的类（也就是 OutputStream 的子类）是按照字节写入的，而 Writer 体系中的类（也就是 Writer 的子类）是按照字符写入的。

使用输出流进行编程的步骤如下：

1．建立输出流

建立对应的输出流对象，也就是完成由流对象到外部数据源之间的转换。

2．向流中写入数据

将需要输出的数据，调用对应的 write()方法写入流对象中。

3．关闭输出流

在写入完毕以后，调用流对象的 close()方法关闭输出流，释放资源。

在向文件中输出数据，也就是写文件时，使用对应的文件输出流，包括 FileOutputStream 和 FileWriter 两个类，下面以 FileOutputStream 为例说明输出流的使用。

【例 8-5】 用 FileOutputStream 类写文件。

```
import java.io.*;
public class WriteFile1 {
       public static void main(String[] args) {
              String s = "Java 语言";
              int n = 100;
              FileOutputStream fos = null; //声明流对象
              try{
                   fos = new FileOutputStream("e:\\out.txt");//创建流对象
                   byte[] b1 = s.getBytes();//转换为 byte 数组
                   byte[] b2 = "\r\n".getBytes();//换行符
                   byte[] b3 = String.valueOf(n).getBytes();
                   //依次写入文件
                   fos.write(b1);
                   fos.write(b2);
                   fos.write(b3);
              } catch (Exception e) {
                   e.printStackTrace();
              }finally{
                   try{
                         fos.close();
                   }catch(Exception e){}
              }
       }
}
```

该示例代码写入的文件使用记事本打开以后，内容如下：

```
Java 语言
100
```

在该示例代码中，演示了将一个字符串和一个 int 类型的值依次写入同一个文件中。在写入文件时，首先创建了一个文件输出流对象 fos，该对象创建以后，就实现了从流到外部数据源 e:\out.txt 的连接。说明：当外部文件不存在时，系统会自动创建该文件，但是如果文件路径中包含未创建的目录时将出现异常。这里书写的文件路径可以是绝对路径也可以是相对路径。

在实际写入文件时，有两种写入文件的方式：覆盖和追加。其中“覆盖”是指清除原文件的内容，写入新的内容，默认采用该种形式写文件，“追加”是指在已有文件的末尾写入内容，保留原来的文件内容，例如写日志文件时，一般采用追加。在实际使用时可以根据需要采用适合的形式，可以使用

```
public FileOutputStream(String name, boolean append) throws FileNotFoundException
```

只需要使用该构造方法在构造 FileOutputStream 对象时，将第二个参数 append 的值设置为 true 即可。

其实，所有的数据文件，包括图片文件、声音文件等，都是以一定的数据格式存储数据的，在保存该文件时，将需要保存的数据按照该文件的数据格式依次写入即可，而在打开该文件时，将读取到的数据按照该文件的格式解析成对应的逻辑即可。

最后，在数据写入流内部以后，如果需要立即将写入流内部的数据强制输出到外部的数据源，则可以使用流对象的 flush()方法实现。如果不需要强制输出，则只需要在写入结束以

后，关闭流对象即可。在关闭流对象时，系统首先将流中未输出到数据源中的数据强制输出，然后再释放该流对象占用的内存空间。

使用 FileWriter 写入文件时，步骤和创建流对象的操作都和该示例代码一致，只是在转换数据时，需要将写入的数据转换为 char 数组，对于字符串来说，可以使用 String 中的 toCharArray 方法实现转换，然后按照文件格式写入数据即可。

本章小结

本章首先介绍了 Java I/O 的基本原理。然后介绍了字节流的相关知识：InputStream 类和 OutputStream 类是两个抽象类，定义了基本的输入/输出功能，其于类定义了不同数据类型的输入输出流，其中他们派生出的子类增强了输入/输出流的功能。

这些类中定义的数据读写方法都是以字节为单位，或者一次读写一个字节，或者一次读写一字节块。

本章还介绍了字符流的相关知识，主要涉及 Reader 类和 Writer 类及它们的子类。这些类也完成数据的输入/输出处理。它们定义的数据读/写方法以字符为单位，或者一次读/写一个字符，或者一次读写一字符块。

本章介绍了 Java 中文件类 File 对象的创建，以及常用的处理方法，重点讲解了采用输入/输出流类实现对文件读写操作。

思考与练习

一、选择题

1. 下面关于 Java 中输入/输出流的说法不正确的是（　　）。
   A. FileInputStream 与 FileOutputStream 类用读、写字节流
   B. Reader 与 Writer 类用来读/写字符流
   C. RandomAccessFile 可以用来读文件，不可以用来写文件
   D. File 类用来处理与文件相关的操作
2. 关于 BufferedReader 类的 readLine()方法，以下说法不正确的是（　　）。
   A. 方法 readLine()每次读取一行数据
   B. 方法 readLine()每次读取一个字节
   C. 该方法可能抛出 IOException 异常，调用该方法时通常应将它放到 try 块中，并通过 catch 块处理异常
   D. 如果读到流的末尾，该方法返回的结果为 null
3. 下面创建一个新文件对象方法，错误的是（　　）。
   A. File myFile; myFile = new File("munu/file");
   B. File myFile = new File( ) ;
   C. File myFile = new File("munu/","file1");
   D. File myDir=new file("/munu"); myFile=new File(myDir, "file1");

4. 下面（　　）不是 InputStream 类中的方法。

A. int read(byte[])　　B. void flush()　　C. void close()　　D. int available()

5. 下列说法中，错误的一项是（　　）。

A. Java 系统的标准输入对象是 System.in

B. 打开一个文件时不可能产生 IOException

C. 使用 File 对象可以判断一个文件是否存在

D. 使用 File 对象可以判断一个目录是否存在

二、填空题

1. 字符输入流 BufferedReader 使用了________技术。

2. 用 FileInputStream 类创建文件(c:\test.txt)对象的语句是________，DataInputStream 对象提供________方法可以按行读取文件内容。

3. 从 DataInlputStream 对象 dis 的当前位置处读取一个字符保存在变量 str 中的语句是________。

4. 假设有一个文件为 c:\test.txt，则用 FileInputStream 类创建该文件引用对象 fin 的语句是__________，用 BufferedReader 类去读取该文件需创建引用对象 br 的语句是________。

三、程序填空题

1. 阅读下面的程序，补全代码。

```
import java.io.*;
public class Test {
    public static void main(String args[]) {
        scanFiles("c:/");
    }
    public static void scanFiles(String path) {
        if (path == null)
            return;
        File f = new__________(path);
        if (!f.exists())
            return;
        if (f.__________())
            System.out.println(f.getAbsolutePath());
        else {
            File dir[] = f.listFiles();
            for (int i = 0; i < dir.length; i++)
                scanFiles(dir[i].getAbsolutePath());
        }
    }
}
```

2. 阅读下面的程序 Test.java，先补全代码，然后写出运行结果。

```
import java.io.*;
public class Test{
   public static void main(String argv[]){
     __________;      //创建Test对象，对象名为t
     System.out.println(t.fliton());
```

```
6        }
7       public int fliton(){
8         try{
               //第 9 行的含义是: ________________________________
9            FileInputStream din = new FileInputStream("test.txt");
10           din.read();
11        }catch(IOException  ioe){ //第 11 行的含义是: ____________________
12           System.out.println("one");
13           return -1;
14        }
15        finally{
16            System.out.println("two");
17         }
18        return 0;
19     }
}
```

四、程序设计题

1. 编写一个文件复制的程序，将文件 C:\test1.txt 的内容复制到 C:\test2.txt 中。

2. 编写一个 Java 程序 ReadFileContent.java 读取当前目录下的 Test.txt 文件内容（内容含有中文字），将该文件的内容按行读取出来，并在每行前面加上行号后写入当前目录的 myTest.txt 文件中。

第 9 章

图形用户界面编程

内容提要及教学目标

教学目标与要求：本章通过两个 Java 程序实例进行学习。通过“注册界面设计”实例，介绍图形用户界面的基础知识，并详细讲述了 AWT 组件、Swing 组件和布局管理器的使用；通过“系统登录功能设计”实例，对 Java 中的委托事件模型、事件处理机制及其实现方式以及事件适配器类的相关概念及使用进行了讲解。通过本章的学习，读者应该掌握以下内容：

- Java 中图形用户界面的基本概念。
- 常用 AWT 组件的定义及使用。
- 常用 Swing 组件的定义及使用。
- 常用布局管理器的定义与使用。
- Java 中的委托事件模型。
- 事件处理机制及实现方式。

本章重点及难点

AWT 组件的定义和使用；Swing 组件的定义与使用；常用布局管理器的定义与使用；Java 中的事件处理机制及其实现方式。

9.1 “注册界面设计”实例

【实例说明】

使用 GUI 基本组件中的 awt 或 Swing 组件，创建如图 9.1 所示的用户注册界面。

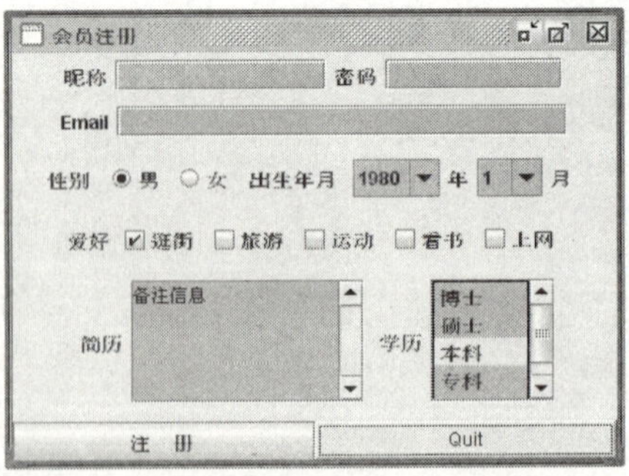

图 9.1 注册界面设计

【实例目的】

（1）了解 Java 中 GUI 的基本概念。

（2）熟悉并掌握 Java 中常用容器的使用场合和方法。

（3）熟练掌握 AWT 组件的定义与使用。

（4）熟练掌握 Swing 组件的定义与使用。

（5）熟练掌握布局管理器并进行应用。

（6）能够应用 GUI 组件和布局管理器构造并优化界面设计。

【技术要点】

1）滚动界面的实现

JScrollPane 是一个“带滚动条的容器类”，可用来显示文本、表格等内容。当“显示内容”超过 JScrollPane 面板的大小时，系统会自动添加滚动条。实际开发中，一般均使用 JScrollPane 面板显示大象的文本文件。

文本区的可滚动界面是通过给文本区增加滚动条实现的，这需要通过把文本区置于一个滚动面板 JScrollPane 对象的方式实现。实例中所用语句如下：

```
JScrollPane jp = new JScrollPane(txtResume,
                  JScrollPane.VERTICAL_SCROLLBAR_ALWAYS,
                    JScrollPane.HORIZONTAL_SCROLLBAR_NEVER);
```

或者使用以下语句实现：

```
JScrollPane jp = new JScrollPane();
Jp.getViewport().setView(txtResume);
```

给其他组件添加滚动界面也是用此方法。

2）布局管理器

Java 中专门提供了布局管理器来管理组件。也就是说，可以通过布局管理器来管理组件在容器中的布局，而不必直接设置组件的位置和大小。在 swing 中主要使用以下 6 种布局管理器：FlowLayout、GridLayout、GridbagLayout、BorderLayout、BoxLayout、CardLayout，绝对定位。

每一个容器类都有一个布局管理器对象，JFrame 默认采用的是 BorderLayout 布局管理器，而 JPanel 默认采用 FlowLayout 布局管理器。通过调用容器类的 setLayout 方法可以改变布局管理器对象。使用绝对定位时，可以通过设置 setLayout(null)取消容器的布局管理器。在实际编程中往往是几种布局管理器的综合。

3）实现方式

为了方便用户操作，通常将窗口直接显示于屏幕中央，实例中采用如下方式实现：

```
Toolkit kit = Toolkit.getDefaultToolkit();
Dimension dim = kit.getScreenSize();        //获取屏幕尺寸
f.setSize(390, 270);                        //设置窗口大小
int w = f.getSize().width;
int h = f.getSize().height;
int x = (dim.width-w)/2;                    //计算窗口位置的x值
int y = (dim.height-h)/2;                   //计算窗口位置的y值
f.setLocation(x, y);                        //设置窗口位置
```

【相关知识及注意事项】

9.1.1　GUI 编程概述

到目前为止，我们编写的程序都是通过键盘接收输入，在控制台屏幕上显示结果，即交互作用发生在用户和计算机控制台之间，绝大多数用户并不喜欢这种交互方式。现代的程序早已不采用这种操作方法了，网络程序更是如此。除控制台外，我们可以使用其他用户界面元素，如窗口和按钮。

图形用户界面（Graphical User Interface，GUI）就是为应用程序提供一个图形化的界面，方便用户和应用程序实现友好交互的一个桥梁。图形用户界面借助菜单、工具栏和按钮等标准界面元素和鼠标操作，帮助用户方便地向计算机系统发出命令、执行操作，并将系统运行的结果以图形的方式显示给用户。自从微软公司和苹果公司推出图形化操作系统以来，GUI已经成为现代计算机系统中很重要的一部分。

Java 为图形用户界面提供了一个工具包，该包被称为抽象窗口工具包（Abstract Window Toolkit，AWT）。AWT 支持许多组件类、窗口布局管理器类和事件处理类供 GUI 设计使用，这些组件的外观均取决于正在运行 JVM 的平台。在应用程序和 Applet 小应用程序中均可使用 AWT 组件。Java 还支持独立于运行 JVM 的平台组件，这些组件被称为 Swing 组件。

由于 AWT 组件占用系统资源较多，常把 java.awt 组件称为重量级组件。

随着 Java 的发展，新一代的 GUI 组件 Swing 出现了，解决了 AWT 占用系统资源较多的问题，因此常把 javax.swing 组件称为轻量级组件。

1. AWT 简介

AWT 抽象窗口工具包，是 Java 提供的用来建立和设置图形用户界面的基本工具。AWT 可用于 Java 的小程序和应用程序中，AWT 设计的初衷是支持开发小应用程序的简单用户界面。它支持图形用户界面编程的功能包括：用户界面组件、事件处理模型、图形和图像工具（包括形状、颜色和字体类）和布局管理器，可以进行灵活地窗口布局而与特定窗口的尺寸和屏幕分辨率无关。

AWT 中所有的工具类都保存在 JDK 的 java.awt 包中，包括字体类、颜色类、图像类、菜单类、事件类、布局管理器类、组件类等。组件类中又包括按钮、标签、文本框、窗体、面板、菜单等组件。其中某些组件，如窗体、面板，用来放置其他组件，称为容器。使用 AWT 组件时，必须在程序开始导入 java.awt 包，可以导入整个 java.awt 包，也可以只导入程序中用到的那些组件类。AWT 组件的层次如图 9.2 所示。

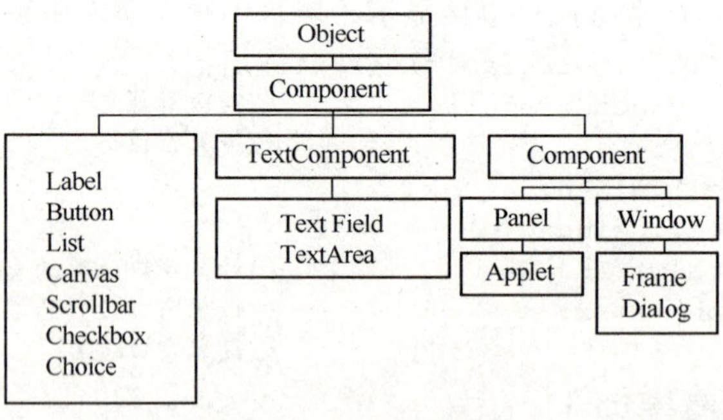

图 9.2　AWT 组件层次

2. Swing 简介

Swing 是 Java Foundation Classes（JFC）的一部分，Java 1.2 引入的新的 GUI 组件库。Swing 是带有丰富、轻量级组件的 GUI 工具包。Swing 包括 Javax．swing 包及其子包。Swing 独立于 AWT，但它是在 AWT 基础上产生的，它提供了一套功能更强、数量更多、更美观的图形用户界面组件。与 AWT 不同的是：

（1）Swing 是由纯 Java 实现的。Swing 组件是用 Java 实现的轻量级（light-weight）组件，

没有本地代码，不依赖操作系统的支持，可以不受硬件平台的限制，而具有更多的功能，比AWT 组件具有更强的实用性。Swing 在不同的平台上表现一致，并且有能力提供本地窗口系统不支持的其他特性。

（2）Swing 采用"模型—视图—控制器"模式（Model-View-Controller，MVC）的设计模式，其中模型用来保存内容，视图用来显示内容，控制器用来控制用户输入。

（3）Swing 采用可插入的外观感觉（Pluggable Look and Feel，PL&F），允许用户选择自己喜欢的界面风格。

（4）在 javax.swing 中提供了大量的组件，包含了大部分与 AWT 对应的组件。多数 Swing 组件以字母"J"开头。但是大部分 javax.swing 组件并不一定是继承自对应的 java.awt 组件。在 javax.swing 包中只有 JFrame（窗口）、JApplet（小程序）、JDialog（对话框）等容器组件对应继承自 java.awt 包中的 Frame、Applet、Dialog 类，而其他的组件均派生自 JComponem 类，而 JComponent 娄继承自容器器类。Swing 的包是 javax.swing，而 AWT 的包是 java.awt。

注意：如果同时存在 Swing 组件和 AWT 组件，一般情况下都使用 Swing 组件。

Swing 组件层次关系如图 9.3 所示。

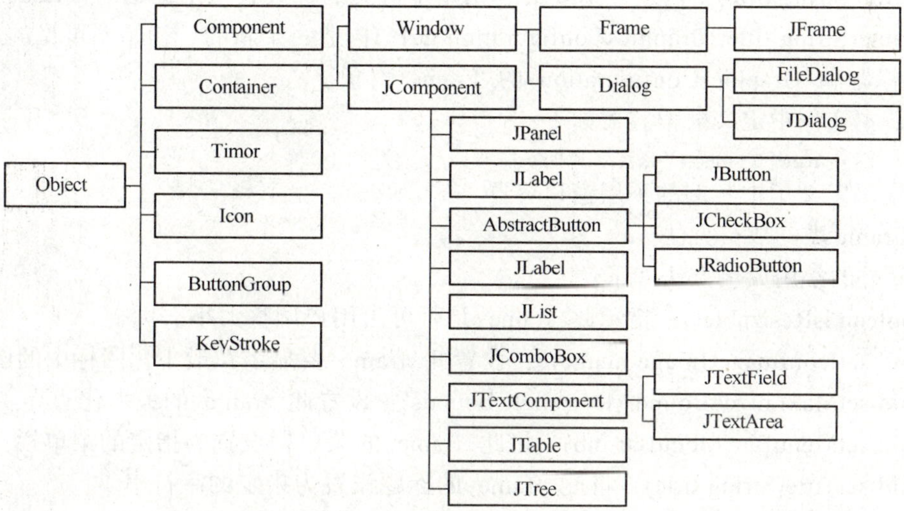

图 9.3　Swing 组件层次关系

3. Java 图形用户界面内容

Java 图形用户界面通常包含三部分内容：

（1）组件

组件是一个可以以图形化的方式显示在屏幕上并能与用户进行交互的对象，是图形用户界面最基本的组成部分。但组件不能独立显示出来，必须放在一定的容器中才可以显示出来。

（2）容器

容器类 Container 是 Component 的一个子类，本身也是一个组件，具有组件的所有性质，还具有放置其他组件和容器的功能。

（3）布局管理器

每个容器都有一个布局管理器 LayoutManager，用来管理组件放置在容器中的位置和大小，使用布局管理器可以使 Java 生成的图形用户界面具有平台无关性。它本身是一个接口，通常使用的是实现了该接口的类。

9.1.2 抽象窗口工具箱——AWT 组件

AWT 为用户界面程序提供：组件（按钮、标签、下拉菜单、画布、文本框、复选框、列表等），事件类、监听器、图形处理 Tools、2D 图形等支持。

1. 框架容器 Frame

框架 Frame 是 Window 的子类，是一种带标题栏并且可以改变大小的顶级窗口容器。可以添加组件、设置布局管理器、设置背景色等。

（1）Frame 类的构造方法

- Frame()：构造 Frame 的一个新实例（初始时不可见）。
- Frame(GraphicsConfiguration gc)：使用屏幕设备的指定 GraphicsConfiguration 创建一个 Frame。
- Frame(String title)：构造一个新的、初始不可见的、具有指定标题的 Frame 对象。
- Frame(String title, GraphicsConfiguration gc)：构造一个新的、初始不可见的、具有指定标题和 GraphicsConfiguration 的 Frame 对象。

例如，本实例中定义框架容器如下：

```
Frame f = new Frame("会员注册");
```

以上代码定义了本实例的顶层窗口容器。

（2）Frame 类的成员方法

Frame 类的常用成员方法如下：

- boolean isResizable()：指示此 frame 是否可由用户调整大小。
- void setIconImage(Image image) ：设置此 frame 要显示在最小化图标中的图像。
- void setMaximizedBounds(Rectangle bounds)：设置此 frame 的最大化边界。
- void setMenuBar(MenuBar mb)：将此 frame 的菜单栏设置为指定的菜单栏。
- void setTitle(String title)：将此 frame 的标题设置为指定的字符串。
- Toolkit getToolkit()：返回此框架的工具包。
- void setLayout(LayoutManager mgr)：设置此容器的布局管理器。
- void setSize(int width, int height)：调整组件的大小，使其宽度为 width，高度为 height。
- void setVisible(boolean b)：根据参数 b 的值显示或隐藏此组件。

注意：框架类在实例化时默认是最小化的、不可见的，必须通过 **setSize()** 方法设置框架大小，通过 **setVisible(true)** 方法使框架可见。代码如下：

```
f.setSize(400, 300);//设置窗口大小
f.setVisible(true); //设置窗口可见
```

2. 面板 Panel

Panel 是最简单的容器类。应用程序可以将其他组件放在面板提供的空间内，这些组件包括其他面板。面板的默认布局管理器是 FlowLayout 布局管理器。Panel 无法独立担当应用程序界面的顶层容器，它必须被放置在 Window、Frame 和 Dialog 这三种可以作为顶级窗

口的容器内，才能被显示出来。

Panel 类具有一个重要的 Applet 子类，此类主要支持 Web 浏览器窗口应用程序的创建，这在前面已经讲解了，在此不多赘述。

Panel 的构造方法如下：

- Panel()：使用默认的布局管理器创建新面板。
- Panel(LayoutManager layout)：创建具有指定布局管理器的新面板。

例如本实例中定义的面板 jNorth，代码如下：

```
Panel  jNorth = new Panel();
```

3. 对话框容器 Dialog

Dialog 是一个带标题和边界的可移动的顶层窗口，边界一般用于从用户处获得某种形式的输入。它比框架简单，没有太多的控制元素，如最大化按钮、状态栏等。但是对话框不能作为应用程序的主窗口，它依赖于一个框架窗口而存在，当框架窗口关闭时，对话框也关闭。

注意：对话框类 **Dialog** 的构造方法必须声明对话框所依赖的框架窗口。

4. 标签 Label

Label 对象是一个可在容器中放置文本的组件。一个标签只显示一行只读文本。文本可由应用程序更改，但是用户不能直接对其进行编辑。

（1）Label 类的构造方法

- Label()：构造一个空标签。
- Label(String text)：使用指定的文本字符串构造一个新的标签，其文本对齐方式为左对齐。
- Label(String text, int alignment)：构造一个显示指定的文本字符串的新标签，其文本对齐方式为指定的方式。

例如，本实例中显示“密码”提示的标签的定义如下：

```
Label pwd = new Label("密码");
```

其他标签定义类似。

（2）Label 类的成员方法

Label 的常用方法如下：

- int getAlignment()：获取此标签的当前对齐方式。
- String getText()：获取此标签的文本。
- void setAlignment(int alignment)：将此标签的对齐方式设置为指定的方式。
- void setText(String text)：将此标签的文本设置为指定的文本。

例如本实例中对“密码”提示标签的对齐方式设置如下：

```
pwd.setAlignment(Label.RIGHT);  //设置标签的对齐方式为“右对齐”
```

除此以外，还可以引用 Component 类的方法进行背景、字体等设置。

5. 按钮 Button

Button 创建一个标签按钮。当按下该按钮时，应用程序能执行某项操作。

（1）Button 的构造方法

- Button()：构造一个标签字符串为空的按钮。
- Button(String label)：构造一个带指定标签的按钮。

例如本实例中构造“退出”按钮对象如下：

```
Button tc = new Button();
```

（2）Button 类的成员方法

Button 的常用方法如下：

- String getLabel()：获得此按钮的标签。
- void setLabel(String label)：将按钮的标签设置为指定的字符串。
- String getActionCommand()：返回此按钮激发的操作事件的命令名称。
- void setActionCommand(String command)：设置此按钮激发的操作事件的命令名称。
- void addActionListener(ActionListener l)：添加指定的操作侦听器，以接收来自此按钮的操作事件。
- void removeActionListener(ActionListener l)：移除指定的操作侦听器，以便它不再接收来自此按钮的操作事件。

例如，设置“退出”按钮标签方法如下：

```
tc.setLabel("退出");
```

注意：按钮的主要意义在于响应用户传递的消息，按钮对事件的处理将在下一节中详细讲解。

6. 文本框 TextField

TextField 是允许编辑单行文本的文本组件。文本行由 java.awt 包中的 TextField 类来创建。

（1）TextField 的构造方法

- TextField()：构造新文本字段。
- TextField(int columns)：构造具有指定列数的新的空文本字段。
- TextField(String text)：构造使用指定文本初始化的新文本字段。
- TextField(String text, int columns)：构造使用要显示的指定文本初始化的新文本字段，宽度足够容纳指定列数。

例如，本实例中对“密码”框对象定义如下：

```
TextField txtPassword=new TextField(12); //创建文本框并指定列数为 12
```

（2）TextField 类的成员方法

TextField 的常用方法有：

- String getText()：获得文本行的文本。
- int getColumns()：获得文本行的列数。
- void setText(String text)：设置文本行的文本为 text。
- void setColumns(int columns)：设置文本行的列数。
- char getEchoChar()：获取用于回送的字符。
- void sctEchoChar(char c)：设置此文本字段的回送字符。

例如本实例中对“密码”框对象设置如下：

```
txtPassword.setBackground(Color.pink);  //设置密码文本框背景色
txtPassword.setEchoChar('*');           //设置此文本字段的回送字符为'*'
txtPassword.getText()                   //获取密码
txtPassword.setColumns(12);             //如果定义对象时没设列数，可设置列数为 12
```

7. 文本区件 TextArea

TextArea 是显示文本的多行区域。可以将它设置为允许编辑或只读。

（1）TextArea 的构造方法

- TextArea()：构造一个将空字符串作为文本的新文本区。
- TextArea(int rows, int columns)：构造一个新文本区，该文本区具有指定的行数和列数，并将空字符串作为文本。
- TextArea(String text)：构造具有指定文本的新文本区。
- TextArea(String text, int rows, int columns)：构造一个新文本区，该文本区具有指定的文本，以及指定的行数和列数。
- TextArea(String text, int rows, int columns, int scrollbars)：构造一个新文本区，该文本区具有指定的文本，以及指定的行数、列数和滚动条可见性。

例如，本实例中对备注信息文本区对象 txtResume 定义如下：

```
TextArea txtResume = new TextArea("备注信息"); // 创建备注信息文本区
```

以上代码构造了一个具有指定的“备注信息”提示的文本区。

注意：**TextArea** 类定义一些可以作为 **scrollbars** 参数值提供的常量。

- SCROLLBARS_BOTH，默认值。
- SCROLLBARS_VERTICAL_ONLY。
- SCROLLBARS_HORIZONTAL_ONLY。
- SCROLLBARS_NONE。

（2）TextArea 类的成员方法

TextArea 的常用方法有：

- void setRows(int rows)：设置此文本区的行数。
- int getColumns()：返回此文本区中的列数。
- void setColumns(int columns)：设置此文本区的列数。
- void append(String str)：将给定文本追加到文本区的当前文本。
- void insert(String str, int pos)：在此文本区的指定位置插入指定文本。

例如，本实例中利用成员方法对备注信息文本区的设置及使用如下：

```
txtResume.setBackground(Color.pink);
txtResume.setColumns(40);
txtResume.setRows(30);
txtResume.getText()    //获取备注信息
```

8. 列表框 List

List 组件为用户提供了一个可滚动的文本项列表。可设置此 list，使其允许用户进行单项或多项选择。

（1）List 的构造方法

- List()：创建新的滚动列表。
- List(int rows)：创建一个用指定可视行数初始化的新滚动列表。
- List(int rows, boolean multipleMode)：创建一个初始化为显示指定行数的新滚动列表。

例如，本实例中创建学历列表对象如下：

```
List list1 = new List();
```

（2）List 类的成员方法

List 的常用方法有：

- void add(String item)：向滚动列表的末尾添加指定的项。
- void add(String item, int index)：向滚动列表中索引指示的位置添加指定的项。
- int getItemCount()：获取列表中的项数。
- int getSelectedIndex()：获取列表中选中项的索引。
- int[] getSelectedIndexes()：获取列表中选中的索引。
- String getSelectedItem() ：获取此滚动列表中选中的项。
- String[] getSelectedItems()：获取此滚动列表中选中的项。
- void remove(int position)：从此滚动列表中移除指定位置处的项。
- void removeAll()：从此列表中移除所有项。
- void setMultipleMode(boolean b)：设置确定此列表是否允许多项选择的标志。

例如实例对学历列表设置如下：

```
list1.setMultipleMode(false);
list1.setBackground(Color.yellow);
```

9. 复选框 Checkbox

复选框是一个可处于“开”（true）或“关”（false）状态的图形组件。单击复选框可将其状态从“开”更改为“关”，或从“关”更改为“开”。

作为选择，可使用 CheckboxGroup 类将一些复选框组成一组，作为单个对象来控制。在一个复选框组中，在任何给定时间，最多只能有一个按钮处于“开”状态，单击并打开一个复选框，这会强迫同组的其他原来处于打开状态的复选框变为“关”状态，从而实现单选按钮功能。做单选按钮时 Checkbox 对象的形状为圆形，做复选框时形状为方形。

（1）Checkbox 的构造方法

- Checkbox()：使用空字符串标签创建一个复选框。
- Checkbox(String label)：使用指定标签创建一个复选框。
- Checkbox(String label, boolean state)：使用指定标签创建一个复选框，并将它设置为指定状态。
- Checkbox(String label, boolean state, CheckboxGroup group)：使用指定标签构造一个 Checkbox，并将它设置为指定状态，使它处于指定复选框组中。
- Checkbox(String label, CheckboxGroup group, boolean state)：使用指定标签创建一个 Checkbox，并使它处于指定复选框组内，将它设置为指定状态。

例如，本实例中对爱好选项采用复选框，定义如下：

```
Checkbox c1 = new Checkbox("逛街", true); //默认为选中状态
Checkbox c2 = new Checkbox("旅游", false);
Checkbox c3 = new Checkbox("运动", false);
Checkbox c4 = new Checkbox("看书", false);
Checkbox c5 = new Checkbox("上网", false);
```

若要实现单选按钮，还要先定义 CheckboxGroup 对象，将定义的复选框组成一组，代码如下：

```
CheckboxGroup grp = new CheckboxGroup();
Checkbox sexM = new Checkbox("女");
Checkbox sexF = new Checkbox("男");
sexM.setCheckboxGroup(grp);
sexF.setCheckboxGroup(grp);
```

以上按钮实现了实例中的性别单选按钮，实现了单选功能。

（2）Checkbox 类的成员方法

Checkbox 的常用方法有：

- String getLabel()：获得此复选框的标签。
- Object[] getSelectedObjects()：返回包含复选框标签的数组（length 1），如果没有选定复选框，则返回 null。
- boolean getState()：确定此复选框是处于“开”状态，还是处于“关”状态。
- void setCheckboxGroup(CheckboxGroup g)：将此复选框的组设置为指定复选框组。
- void setLabel(String label)：将此复选框的标签设置为字符串参数。
- void setState(boolean state)：将此复选框的状态设置为指定状态。

对实例中复选框使用如下：

```
c1.getState()==true //判定该复选框是否被选定
c1.getLabel()     //获取此复选框的标签，取得爱好的值
```

10. 选择框 Choice

Choice 类表示一个弹出式选择菜单。当前的选择显示为菜单的标题。

（1）Choice 的构造方法

Choice()：创建一个新的选择菜单。

例如，可将实例中出生年月用选择框对象实现，定义如下：

```
Choice cobYear = new Choice();
```

（2）Choice 类的成员方法

Choice 的常用方法有：

- void add(String item)：将一个项添加到此 Choice 菜单中。
- String getItem(int index)：获得此 Choice 菜单中指定索引上的字符串。
- int getItemCount()：返回此 Choice 菜单中项的数量。
- int getSelectedIndex()：返回当前选定项的索引。
- String getSelectedItem()：获得当前选择的字符串表示形式。
- void insert(String item, int index)：将菜单项插入此选择的指定位置上。
- void remove(int position) ：从选择菜单的指定位置上移除一个项。
- void removeAll()：从选择菜单中移除所有的项。

对选择框使用如下：

```
for (int j = 1960; j < 2013; j++)
    cobYear.add(Integer.toString(j));
cobYear.getSelectedItem()  //获得选中的出生年的值
```

11. 滚动条组件 Scrollbar

Scrollbar 类描述了一个滚动条，提供了一个允许用户在一定范围的值中进行选择的便捷方式。

（1）Scrollbar 的构造方法

- Scrollbar()：构造一个新的垂直滚动条。
- Scrollbar(int orientation)：构造一个具有指定方向的新滚动条。
- Scrollbar(int orientation, int value, int visible, int minimum, int maximum)：构造一个新的滚动条，它具有指定的方向、初始值、可视量、最小值和最大值。

例如，定义一个滚动条对象 redSlider，代码如下：

```
Scrollbar redSlider=new Scrollbar(Scrollbar. HORIZONTAL, 0, 1, 0, 255);
```

以上代码定义了一个滚动方向为水平方向，初始值为 0，可视量为 1，最小值为 0，最大值为 255 的 Scrollbar 对象 redSlider。

（2）Scrollbar 类的成员方法

Scrollbar 的常用方法有：

- void setMaximum(int newMaximum)：设置此滚动条的最大值。
- void setMinimum(int newMinimum)：设置此滚动条的最小值。
- void setBlockIncrement(int v)：设置此滚动条的块增量。
- void setUnitIncrement(int v)：设置此滚动条的单位增量。
- void setValue(int newValue)：将此滚动条的值设置为指定值。
- void setVisibleAmount(int newAmount)：设置此滚动条的可视量。
- void setOrientation(int orientation)：设置此滚动条的方向，orientation 可以是 Scrollbar.HORIZONTAL 或 Scrollbar.VERTICAL。
- void setValues(int value, int visible, int minimum, int maximum)：设置此滚动条的四个属性值：value、visibleAmount、minimum 和 maximum。

以上对 Scrollbar 对象 redSlider 的定义等价于以下代码：

```
Scrollbar  redSlider=new Scrollbar();
redSlider. setMaximum(255);
redSlider. setMinimum(0);
redSlider. setVisibleAmount(1);
redSlider. setOrientation(Scrollbar. HORIZONTAL);
```

9.1.3 布局管理

Java 是跨平台语言，使用手工方式计算和设置组件大小与位置的做法显然会导致问题，即在不同平台、不同分辨率下的显示效果不一样。为了实现跨平台的特性并获得动态的布局效果，Java 将容器内的所有组件安排给一个“布局管理器”负责管理，如排列顺序，组件的大小，位置等。当窗口移动或调整大小后组件如何变化等功能授权给对应的容器布局管理器来管理。Java 提供了多种风格和特点的布局管理器，不同的布局管理器使用不同算法和策略，指定一种组件相对位置和大小布局，容器可以通过选择不同的布局管理器来决定布局，每种容器都有一种默认的布局管理器，布局管理器是容器类所具有的特性。

Java 中常用的布局管理器分别是 FlowLayout、BorderLayout、GirdLayout GirdBagLayout、BoxLayout 和 CardLayout，每种界面管理器各司其职，都有各自的作用。通过使用这 6 种布局管理器组合，能够设计出复杂的界面，而且在不同操作系统平台上都能够有一致的显示界面。其中，CardLayout 必须和其他布局管理器配合使用，不常用。GirdBagLayout 使用较复杂，一般的读者很少会使用到这种布局管理器，在此不做讲解。

1. FlowLayout

FlowLayout（流式布局）是容器 Panel 和它的子类 Applet 默认使用的布局编辑策略，如果不专门为 Panel 或 Applet 指定布局编辑器，则它们就使用 FlowLayout 的布局策略。

FlowLayout 的布局策略提供按行布局组件方式，将组件按照加入的先后顺序从左向右排列，当一行排满之后转到下一行继续按照从左向右的顺序排列，默认的对齐方式是居中对齐。组件保持自己的尺寸，一行能容纳的组件的数目随容器的宽度变化。

（1）FlowLayout 的构造方法

① FlowLayout()：构造一个新的 FlowLayout，居中对齐，默认的水平和垂直间隙是 5 个单位。

② FlowLayout(int align)：构造一个新的 FlowLayout，对齐方式是指定的，默认的水平和垂直间隙是 5 个单位。对齐参数 align 的值必须是以下之一：

- FlowLayout.LEFT：此值指示每一行组件都应该是左对齐的。
- FlowLayout.RIGHT：此值指示每一行组件都应该是右对齐的。
- FlowLayout.CENTER：此值指示每一行组件都应该是居中的。
- FlowLayout.LEADING：此值指示每一行组件都应该与容器方向的开始边对齐。例如，对于从左到右的方向，则与左边对齐。
- FlowLayout.TRAILING：此值指示每行组件都应该与容器方向的结束边对齐。例如，对于从左到右的方向，则与右边对齐。

③ FlowLayout(int align, int hgap, int vgap)：创建一个新的流布局管理器，具有指定的对齐方式以及指定的水平和垂直间隙。

例如，本实例中对面板 jNorth2 设置流式布局如下：

```
jNorth2.setLayout(new FlowLayout(FlowLayout.LEFT,5,1));
```

以上代码将 jNorth2 面板布局设为 FlowLayout 布局，每行组件左对齐，水平间隙为 5，垂直间隙为 1。

（2）FlowLayout 类成员方法

FlowLayout 常用方法包括：

- void setAlignment(int align)：设置此布局的对齐方式。
- void setHgap(int hgap)：设置组件之间以及组件与 Container 的边之间的水平间隙。
- void setVgap(int vgap)：设置组件之间以及组件与 Container 的边之间的水平间隙。

（3）FlowLayout 的流向

FlowLayout 流的方向取决于容器的 componentOrientation 属性，它可能是以下两个值中的一个：

- ComponentOrientation.LEFT_TO_RIGHT。
- ComponentOrientation.RIGHT_TO_LEFT。

```
new FlowLayout(FlowLayout.LEFT,5,1)
```

等价于：

```
FlowLayout fl = new FlowLayout();
fl. setAlignment(FlowLayout.LEFT);
```

```
f1. setHgap(5);
f1. setVgap(1);
```

2. BorderLayout

BorderLayout（边界布局）是 Frame、JFrame、JApplet 的默认布局，它可以对容器组件进行安排，并调整其大小，使其符合下列五个区域：南、北、东、西和中间区域。

（1）BorderLayout 的构造方法

- BorderLayout()：构造一个组件之间没有间距的新边界布局。
- BorderLayout(int hgap, int vgap)：用指定的组件之间的水平间距构造一个边界布局。

（2）BorderLayout 类成员方法

BorderLayout 的常用方法包括：

- void setHgap(int hgap)：设置组件之间的水平间距。
- void setVgap(int vgap)：设置组件之间的垂直间距。

每个区域最多只能包含一个组件，并通过相应的常量进行标识：NORTH、SOUTH、EAST、WEST 和 CENTER。如果某个区域没有分配组件，则其他组件可以占据它的空间。当使用边界布局将一个组件添加到容器中时，要使用这五个常量之一指明它放在容器的哪个区域，例如：

```
BorderLayout layout=new BorderLayout(5,7);  //布局的水平间距为 5，垂直间距为 7
f.setLayout(layout);
f.add(jNorth, BorderLayout.NORTH);
f.add(jSouth, BorderLayout.SOUTH);
f.add(jWest, BorderLayout.WEST);
f.add(jEast, BorderLayout.EAST);
f.add(jCenter, BorderLayout.CENTER);
```

为了方便起见，BorderLayout 将缺少字符串规范的情况解释为常量 CENTER：

```
f.add(jCenter, BorderLayout.CENTER);  // 等价于 f.add(jCenter);
```

根据其首选大小和容器大小的约束 (Constraints) 对组件进行布局。NORTH 和 SOUTH 组件可以在水平方向上进行拉伸；而 EAST 和 WEST 组件可以在垂直方向上进行拉伸；CENTER 组件在水平和垂直方向上都可以进行拉伸，从而填充所有剩余空间。

3. GridLayout

GridLayout（网格布局）管理器以矩形网格形式对容器的组件进行布置，将容器划分为大小相等的若干行乘若干列的网格，组件按照从左到右、从上到下的的顺序依此放入各网格中。每个组件占满 1 格。组件大小随网格大小变化。如果组件数比网格数多，系统将自动增加网格数；如果组件数比网格数少，未用的网格区空闲。

（1）GridLayout 的构造方法

- GridLayout()：创建具有默认值的网格布局，即每个组件占据一行一列。
- GridLayout(int rows, int cols)：创建具有指定行数和列数的网格布局。
- GridLayout(int rows, int cols, int hgap, int vgap)：创建具有指定行数和列数的网格布局。

例如，本实例中 `jNorth` 面板设置 GridLayout 布局如下：

```
jNorth.setLayout(new GridLayout(1, 2,8,8));
```

以上代码将面板 jNorth 的布局设为 1 行 2 列的网格布局，并设水平间距和垂直间距为 8。

（2）GridLayout 类成员方法

GridLayout 常用方法包括：

- void setColumns(int cols)：将此布局中的列数设置为指定值。
- void setHgap(int hgap)：将组件之间的水平间距设置为指定值。
- void setRows(int rows)：将此布局中的行数设置为指定值。
- void setVgap(int vgap)：将组件之间的垂直间距设置为指定值。

```
new GridLayout(1, 2,8,8)
```

等价于：

```
GridLayout gl = new GridLayout();
gl.setColumns(2);
gl.setHgap(8);
gl.setRows(1);
gl.setVgap(8);
```

4. BoxLayout

BoxLayout 是允许纵向或横向布置多个组件的布局管理器，如图 9.4 所示。

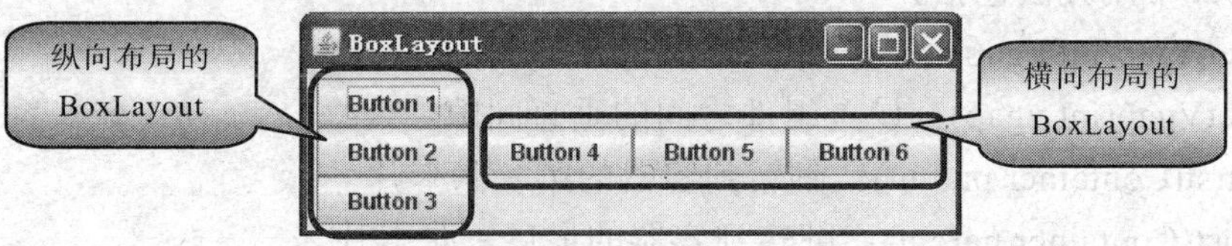

图 9.4　BoxLayout 布局管理器示例

BoxLayout 类只有一个构造方法：

```
BoxLayout(Container target, int axis) //创建一个将沿给定轴放置组件的布局管理器
```

参数 axis 指定了将进行的布局类型，有四个选择：

- BoxLayout.X_AXIS：从左到右横向布置组件。
- BoxLayout.Y_AXIS：从上到下纵向布置组件。
- BoxLayout.LINE_AXIS：根据容器的 ComponentOrientation 属性，按照文字在一行中的排列方式布置组件。如果容器的 ComponentOrientation 表示横向，则将组件横向放置，否则将它们纵向放置。对于横向方向，如果容器的 ComponentOrientation 表示从左到右，则组件被从左到右放置，否则将它们从右到左放置。对于纵向方向，组件总是从上到下放置。
- BoxLayout.PAGE_AXIS：根据容器的 ComponentOrientation 属性，按照文本行在一页中的排列方式布置组件。如果容器的 ComponentOrientation 表示横向，则将组件纵向放置，否则将它们横向放置。对于横向方向，如果容器的 ComponentOrientation 表示从左到右，则组件被从左到右放置，否则将它们从右到左放置。对于纵向方向，组件总是从上向下放置。

对于所有方向，组件按照将它们添加到容器中的顺序排列。

例如，本实例中对 jNorth1 面板采用 BoxLayout 布局，代码如下：

```
jNorth1.setLayout(new BoxLayout(jNorth1, BoxLayout.X_AXIS));
```

以上代码实现对面板 jNorth 从左到右横向布置组件。

5. CardLayout

CardLayout（卡片布局）将容器中的每个组件看作一张卡片。一次只能看到一张卡片，而容器充当卡片的堆栈。当容器第一次显示时，第一个添加到 CardLayout 对象的组件为可

见组件。

卡片的顺序由组件对象本身在容器内部的顺序决定。CardLayout 定义了一组方法，这些方法允许应用程序按顺序地浏览这些卡片，或者显示指定的卡片。addLayoutComponent (java.awt.Component, java.lang.Object) 方法可用于将一个字符串标识符与给定卡片相关联，以便进行快速随机访问。

CardLayout 的容器表面上可容纳多个组件，但实际上同一时刻容器只能选一个来显示，每次只能显示最上面的一张，被显示组件将占据所有容器空间。

（1）CardLayout 的构造方法

- CardLayout()：创建一个间隙大小为 0 的新卡片布局。
- CardLayout(int hgap, int vgap)：创建一个具有指定的水平和垂直间隙的新卡片布局。

（2）CardLayout 类成员方法

CardLayout 常用方法包括：

- void setHgap(int hgap)：设置组件之间的水平间隙。
- void setVgap(int vgap)：设置组件之间的垂直间隙。
- void first(Container parent)：翻转到容器的第一张卡片。
- void last(Container parent)：翻转到容器的最后一张卡片。
- void next(Container parent)：翻转到指定容器的下一张卡片。
- void previous(Container parent)：翻转到指定容器的前一张卡片。
- void show(Container parent, String name)：翻转到已添加到此布局（使用 addLayoutComponent）的具有指定 name 的组件。

（3）CardLayout 的使用步骤

使用 CardLayout 一般步骤如下：

① 创建 CardLayout 对象。代码如下：

```
CardLayout card = new CardLayout(5, 5);
```

以上代码创建一个具有指定的水平和垂直间隙为 5 的卡片布局。

② 使用容器的 setLayout( )方法为容器设置布局编辑器。例如：

```
JPanel  pane = new JPanel(card); // pane 将被设置成 CardLayout 布局
```

③ 调用容器的方法 add( )将组件加入容器，同时为组件分配一个字符串的名字，以便布局编辑器根据这个名字调用显示这个组件。使用格式如下：

```
add (字符串, 组件);
```

例如：

```
p_1 = new JPanel();
pane.add(p_1, "p1");//将 p_1 面板加入 pane 中，并分配一个字符串名字"p1"
```

④ 调用 CardLayout 的方法 show()，根据字符串名字显示一个组件：show（容器名,字符串）；或按组件加入容器的顺序显示组件，如 first（容器名）方法显示第一个组件，last（容器名）方法显示最后一个组件等。例如：

```
card.previous(pane);      //翻转到容器 pane 的前一张卡片
card.next(pane);          //翻转到容器 pane 的下一张卡片
card.first(pane);         //翻转到容器的第一张卡片
card.last(pane);          //翻转到容器的最后一张卡片
card.show(pane, "p1");    //翻转到已添加到此布局的名字为 p1 的组件
```

9.1.4　Swing 组件

Swing 常用的窗口容器组件包括：JFrame、JApplet、JDialog、JWindow 等；常用的基本组件包括 JLabel、JButton、JTextField、JTextArea、JCheckBox、JRadioButton、JList、JComboBox、JSlider、JProgressBar、JDialog 等。

1. 框架容器 JFrame

框架窗口 JFrame 是一种带有边框、标题及用于关闭和最大/最小化窗口的图标等的窗口。JFrame 类是 container 类派生而来，是三个 Swing 顶层容器之一（另外两个是 JDialog 和 JApplet）。Swing 程序员最关心的是内容窗格（ContentPane），当设计一个框架时，组件会被添加到内容窗格中。可以直接用 JFrame 类建立窗口或通过继承 JFrame 来定义子类，再建立窗口。当一个 JFrame 窗口被创建以后，需要调用 setSize()方法来设置窗口的大小，并调用 setVisible()方法来显示窗口。JFrame 默认的布局管理器是 BorderLayout。

注意：JFrame 与 Frame 不同，当用户试图关闭窗口时，JFrame 知道如何进行响应，用户关闭窗口时，默认的行为只是简单地隐藏 JFrame。要更改默认的行为，要调用 setDefaultCloseOperation(int operation)方法。例如本实例中以下代码:

```
JFrame f = new JFrame("会员注册");
f.setSize(390, 270);//设置窗口大小
f.setVisible(true);//设置窗口的可见性
f.setDefaultCloseOperation(JFrame.EXIT_ON_CLOSE);//关闭窗口，终止
```

对 JFrame 添加组件有以下方式：

（1）使用 getContentPane()方法获得 JFrame 的内容面板，再对其加入组件：frame. getContentPane().add(childComponent)。

（2）构造一个 Jpanel 或 JDesktopPane 之类的中间容器，把组件添加到容器中，用 setContentPane()方法把该容器置为 JFrame 的内容面板。

（3）Sun 公司后来又增加了一个 add 方法，作为组件直接添加到 JFrame 中的一种快捷方式：

```
JFrame对象.add(component)
```

现在大多数情况下都在使用这种快捷方式。例如，本实例中代码如下：

```
f.add(jSouth,BorderLayout.SOUTH);
f.add(jNorth,BorderLayout.NORTH);
f.add(jCenter,BorderLayout.CENTER);
```

以上代码实现了组件的添加，并指定其在布局管理器中布局的位置。

2. 面板 JPanel

javax.swing.JPanel 继承于 javax.swing.JComponent 类，是一种添加到其他容器使用的轻量级容器组件，面板默认是不透明的，是实际开发中“使用频率”最高的面板之一。可将组件添加到 JPanel，然后再将 JPanel 添加到某个容器。JPanel 也提供一个绘画区域，可代替 AWT 的画布 Canvas（没有 JCanvas）。

布局管理器中，先将一个面板放到顶层窗口中，配置好布局管理器后，再在这个布局管理器中放置几个面板。

JPanel 的构造方法如下：

（1）JPanel()：创建具有双缓冲和流布局的新 JPanel。

（2）JPanel(boolean isDoubleBuffered)：创建具有 FlowLayout 和指定缓冲策略的新 JPanel。

（3）JPanel(LayoutManager layout)：创建具有指定布局管理器的新缓冲 JPanel。

（4）JPanel(LayoutManager layout, boolean isDoubleBuffered)：创建具有指定布局管理器和缓冲策略的新 JPanel。

本实例中定义 jSouth 面板代码如下：

```
JPanel  jSouth= new JPanel();
jSouth.setLayout(new FlowLayout(FlowLayout.CENTER,80,1));
```

以上代码定义了 JPanel 对象 jSouth，并设置其布局为 FlowLayout。

3. 标签 JLabel

JLabel（标签）是用于短文本字符串或图像或两者组合的显示区的组件。标签不对输入事件作出反应。因此，它无法获得键盘焦点。但是，标签可以为具有键盘替换功能却无法显示的邻近组件方便地显示其键盘替换功能。

JLabel 可以通过设置垂直和水平对齐方式，指定标签显示区中标签内容在何处对齐。默认情况下，标签在其显示区内垂直居中对齐。默认情况下，只显示文本的标签是开始边对齐；而只显示图像的标签则水平居中对齐。

还可以指定文本相对于图像的位置。默认情况下，文本位于图像的结尾边上，文本和图像都垂直对齐。

根据标签的 ComponentOrientation 属性值确定其开始边和结尾边。目前，默认的 ComponentOrientation 设置将开始边映射到左边，将结尾边映射到右边。

最后，还可以使用 setIconTextGap 方法指定文本和图像之间应该出现多少像素。默认情况下为 4 像素。

（1）JLabel 的构造方法

- JLabel()：创建无图像并且其标题为空字符串的 JLabel。
- JLabel(String text)：创建具有指定文本的 JLabel 实例。
- JLabel(Icon image)：创建具有指定图像的 JLabel 实例。
- JLabel(Icon image, int horizontalAlignment)：创建具有指定图像和水平对齐方式的 JLabel 实例。
- JLabel(String text, int horizontalAlignment)：创建具有指定文本和水平对齐方式的 JLabel 实例。
- JLabel(String text, Icon icon, int horizontalAlignment)：创建具有指定文本、图像和水平对齐方式的 JLabel 实例。

（2）JLabel 类的成员方法

JLabel 的常用方法如下：

- String getText()：返回该标签所显示的文本字符串。
- void setText(String text)：定义此组件将要显示的单行文本。
- void setIcon(Icon icon)：定义此组件将要显示的图标。
- void setHorizontalAlignment(int alignment)：设置标签内容沿 X 轴的对齐方式。
- void setHorizontalTextPosition(int textPosition)：设置标签的文本相对其图像的水平位置。

- void setVerticalAlignment(int alignment)：设置标签内容沿 Y 轴的对齐方式。
- void setVerticalTextPosition(int textPosition)：设置标签的文本相对其图像的垂直位置。
- void setIconTextGap(int iconTextGap)：如果同时设置了图标和文本属性，则此属性定义它们之间的间隔。
- void setDisabledIcon(Icon disabledIcon)：设置如果此 JLabel 是"禁用的"（JLabel.setEnabled(false)），则要显示的图标。

本实例中因使用标签众多，故采用标签数组定义如下：

```
String title[]={"昵称","密码","性别","出生年月","爱好","简历","学历 ","Email"};
JLabel jb[]=new JLabel[8];
for (int i = 0; i < 8; i++) {
    jb[i] = new JLabel(title[i]);  //定义标签数组中各标签
    //设置 X 轴对齐方向
    jb[i].setHorizontalAlignment(SwingConstants.RIGHT);
}
```

4. 按钮

在 Swing 中，所有按钮都是由 AbstractButton 类派生的。AbstractButton 派生出 JButton、JToggleButton、JRadioButton 和 JCheckBox。

（1）JButton

JButton 又称为通用按钮或一般按钮，它的功能较 AWT 中的按钮功能更加强大，包括给按钮添加图像、使用快捷键以及设置按钮的对齐方式，还可以将多个图像分配给一个按钮以处理鼠标在按钮上的停留等。JButton 的构造方法如下：

- JButton()：创建不带有设置文本或图标的按钮。
- JButton(Icon icon)：创建一个带图标的按钮。
- JButton(String text)：创建一个带文本的按钮。
- JButton(String text, Icon icon)：创建一个带初始文本和图标的按钮。

本实例中定义"注册"按钮 zc 和"退出"按钮 tc 如下：

```
JButton zc = new JButton("注册");
JButton tc = new JButton();
```

（2）JToggleButton

JToggleButton 是具有两个状态的（two-state）按钮的实现。JRadioButton 和 JCheckBox 类是此类的子类。JToggleButton 跟一般 JButton 其实很像，主要的差别在于一般的按钮按下去会自动弹回来，而 JToggleButton 按钮按下去会陷下去，不会弹回来，除非你再按一次。JToggleButton 的构造方法如下：

- JToggleButton()：创建最初未选定的切换按钮，不设置文本或图像。
- JToggleButton(String text)：创建具有指定文本的未选定的切换按钮。
- JToggleButton(Icon icon)：创建一个最初未选定的切换按钮，该按钮具有指定的图像但是没有文本。
- JToggleButton(Icon icon, boolean selected)：创建具有指定图像和选择状态但没有文本的切换按钮。
- JToggleButton(String text, boolean selected)：创建具有指定文本和选择状态的切换按钮。

- JToggleButton(String text, Icon icon)：创建一个最初未选定的切换按钮，该按钮具有指定的文本和图像。
- JToggleButton(String text, Icon icon, boolean selected)：创建具有指定文本、图像和选择状态的切换按钮。

JButton 与 JToggleButton 的常用方法如下：

- String getText()：返回按钮的文本
- void setText(String text)：设置按钮的文本。
- void setSelected(boolean b)：设置按钮的状态。
- void setEnabled(boolean b)：启用（或禁用）按钮。
- void setIcon(Icon defaultIcon)：设置按钮的默认图标。
- void setMnemonic(int mnemonic)：设置当前模型上的键盘助记符。
- void setToolTipText(String text)：设置当鼠标停留在按钮上时显示的提示信息。

例如：

```
tc.setText(" 退 出 ");
```

5. 文本框 JTextField

Swing 文本编辑组件有文本框、密码框和文本区。

（1）JTextField

JTextField 是一个轻量级组件，它允许编辑单行文本，用法与 TextField 相同，由 java.awt 包中的 JTextField 类来创建。在创建文本框时可以指定文本框内容，以及文本行允许显示的字符数，也可以创建文本框后用 setText 方法设置其文本内容。但 TextField 是不直接提供 setEchoChar()和 getEchoChar()方法的，以避免可插入的外观的新实现意外公开密码字符。为了提供类似密码的服务，单独的类 JPasswordField 扩展了 JTextField，从而通过可插入外观独立地提供此服务。

JTextField 类的构造方法如下：

- JTextField()：构造一个新的 TextField。
- JTextField(Document doc, String text, int columns)：构造一个新的 JTextField，它使用给定文本存储模型和给定的列数。
- JTextField(int columns)：构造一个具有指定列数的新的空 TextField。
- JTextField(String text)：构造一个用指定文本初始化的新 TextField。
- JTextField(String text, int columns)：构造一个用指定文本和列初始化的新 TextField。

JTextField 的常用方法如下：

- String getText()：返回此 TextField 中包含的文本。
- void setText(String t)：将此 TextField 文本设置为指定文本。
- void selectAll()：选择 TextField 中的所有文本。
- void setEditable(boolean b)：设置指定的 boolean 变量，以指示此 TextField 是否应该为可编辑的。
- void setSelectedTextColor(Color c)：设置用于呈现选定文本的当前颜色。
- void setSelectionColor(Color c)：设置用于呈现选定的当前颜色。

- void setColumns(int columns)：设置此 TextField 中的列数，然后验证布局。
- void setHorizontalAlignment(int alignment)：设置文本的水平对齐方式。

有效值包括：JTextField.LEFT（左对齐）；JTextField.CENTER（居中对齐）；JTextField.RIGHT（右对齐）；JTextField.LEADING（头部对齐）；JTextField.TRAILING（尾端对齐）。

本实例中定义昵称、Email 文本对象及其使用如下：

```
JTextField txtName = new JTextField(10);      //创建昵称文本框
JTextField txtEmail = new JTextField(30);     //创建 Email 文本框
txtName.getText()                             //获取昵称文本框的内容
txtEmail.getText()                            //获取 Email 文本框的内容
```

（2）JPasswordField

密码框 JPasswordField 类是 JTextField 类的子类。在 JPasswordField 对象中输入的文字会被其他字符替代，这个组件常用来在 Java 程序中输入口令。与 JTextField 类的构造方法类似，JPasswordField 类的构造方法如下：

- JPasswordField()：构造一个新 JPasswordField，使其具有默认文档、为 null 的开始文本字符串和为 0 的列宽度。
- JPasswordField(int columns)：构造一个具有指定列数的新的空 JPasswordField。
- JPasswordField(String text)：构造一个利用指定文本初始化的新 JPasswordField。
- JPasswordField(String text,int columns)：构造一个利用指定文本和列初始化的新 JPasswordField。

本实例中对 JPasswordField 对象定义如下：

```
JPasswordField txtPassword = new JPasswordField(10);
```

JPasswordField 的常用方法如下：

- char getEchoChar()：返回要用于回显的字符。
- char[] getPassword()：返回此 TextComponent 中所包含的文本。
- void setEchoChar(char c)：设置此 JPasswordField 的回显字符。

实例中对密码框的使用如下：

```
txtPassword.setBackground(Color.pink);  //设置密码文本框背景色
txtPassword.setEchoChar('*');           //输入密码时对应显示*字符
txtPassword.getPassword()
```

6. 文本区 JTextArea

JTextArea 是一个显示纯文本的多行区域。它作为一个轻量级组件，提供与 TextArea 类的源兼容性，其基本操作与 JTextField 类似，但增加了滚动条功能。

（1）JTextArea 的构造方法

- JTextArea()：构造一个新的 TextArea。
- JTextArea(int rows, int columns)：构造具有指定行数和列数的新的空 TextArea。
- JTextArea(String text)：构造显示指定文本的新的 TextArea。
- JTextArea(String text, int rows, int columns)：构造具有指定文本、行数和列数的新的 TextArea。

本实例中定义"备注信息"文本区对象如下：

```
JTextArea txtResume = new JTextArea("备注信息");
```

（2）JTextArea 类的成员方法

JTextArea 的常用方法如下：

- void append(String str)：将给定文本追加到文档结尾。
- void insert(String str, int pos)：将指定文本插入指定位置。
- void setColumns(int columns)：设置此 TextArea 中的列数。
- void setLineWrap(boolean wrap)：设置文本区的换行策略。控制文本区的内容在一行太长时是否自动换行，默认状态是不自动换行的。
- void setRows(int rows)：设置此 TextArea 的行数。
- void setWrapStyleWord(boolean word)：设置换行方式（如果文本区要换行），是否换行不断字。

对“备注信息”文本区对象的使用如下：

```
txtResume.setBackground(Color.pink);
txtResume.setLineWrap(true);
txtResume.setWrapStyleWord(true);
txtResume.getText()   //获取该文本区的内容
```

7. 列表 JList

当供选择的选项较少时，通常使用单选按钮和复选框。但当选项很多时，可以使用列表框 JList 或组合框 JComboBox。

JList（列表）能容纳并显示一组选项，并允许用户从列表中选择一个或多个对象。

列表可以添加滚动条，列表添加滚动条的方法是先创建列表，然后再创建一个 JScrollPane 滚动面板对象，在创建滚动面板对象时指定列表。

（1）JList 的构造方法

- JList()：构造一个使用空模型的 JList。
- JList(ListModel dataModel)：构造一个 JList，使其使用指定的非 null 模型显示元素。
- JList(Object[] listData)：构造一个 JList，使其显示指定数组中的元素。

本实例中定义 JLIst 对象 list1 如下：

```
String[] s1 = {" 博士 "," 硕士 "," 本科 "," 专科 "," 其他 "};
JList list1 = new JList(s1); //创建学历列表框，使其显示数组 s1 的内容
```

（2）JList 类的成员方法

JList 的常用方法如下：

- int getSelectedIndex()：返回所选的第一个索引；如果没有选择项，则返回-1。
- int[] getSelectedIndices()：返回所选的全部索引的数组（按升序排列）。
- boolean isSelectedIndex(int index)：如果选择了指定的索引，则返回 true。
- boolean isSelectionEmpty()：如果什么也没有选择，则返回 true。
- public E getSelectedValue()：获取第一个被选中的项的值。

本实例中对 JList 对象 listl 的使用如下：

```
list1.setSelectedIndex(2);  //设定默认选择项
//设选择模式
list1.setSelectionMode(ListSelectionModel.SINGLE_SELECTION);
list1.setBackground(Color.pink);
list1.setSelectionBackground(Color.yellow);
```

```java
list1.setBorder(BorderFactory.createLineBorder(Color.black));
JScrollPane lp = new JScrollPane(list1);
list1.getSelectedValue().toString()
```

8. 组合框 JComboBox

JComboBox（组合框）是将按钮或可编辑字段与下拉列表组合的组件，由一个文本行和一个列表框组成。组合框通常显示形式是右边带有下拉箭头的文本行，列表框是隐藏的，单击右边的下拉箭头才可以显示列表框。既可以在组合框的文本行中直接输入数据，也可以从其列表框中选择数据项，被选择的数据项显示在文本行中。

（1）JComboBox 的构造方法

- JComboBox()：创建具有默认数据模型的 JComboBox。
- JComboBox(Object[] items)：创建包含指定数组中的元素的 JComboBox。

实例中出生年份、月份采用组合框来供选择，代码如下：

```java
JComboBox cobYear = new JComboBox();      // 设置出生年份组合框
JComboBox cobMonth = new JComboBox();     // 设置出生月份组合框
```

（2）JComboBox 类的成员方法

JComboBox 的常用方法如下：

- void addItem(Object anObject)：为项列表添加项。
- void setEditable(boolean aFlag)：确定 JComboBox 字段是否可编辑。
- int getItemCount()：返回列表中的项数。
- void removeAllItems()：从项列表中移除所有项。
- void removeItem(Object anObject)：从项列表中移除项。
- void removeItemAt(int anIndex)：移除 anIndex 处的项。
- int getSelectedIndex()：返回列表中与给定项匹配的第一个选项。
- Object getSelectedItem()：返回当前所选项。

实例中使用如下：

```java
for (int j = 1960; j < 2013; j++)
    cobYear.addItem(Integer.toString(j));
cobYear.setSelectedIndex(20);
cobYear.setBackground(Color.pink);
cobYear.getSelectedItem()
```

9. 复选框 JCheckBox

选择框、单选框和单选按钮都是选择组件，选择组件有两种状态，一种是选中（on），另一种是未选中（off），它们提供一种简单的“on/off”选择功能，让用户在一组选择项目中作选择，在一组复选框中，可以同时选中多个复选框，也可以不选中任何复选框。

（1）JCheckBox 的构造方法

- JCheckBox()：创建一个没有文本、没有图标并且最初未被选定的复选框。
- JCheckBox(Icon icon)：创建有一个图标、最初未被选定的复选框。
- JCheckBox(String text)：创建一个带文本的、最初未被选定的复选框。
- JCheckBox(String text, Icon icon)：创建带有指定文本和图标的、最初未选定的复选框。
- JCheckBox(Icon icon, boolean selected)：创建一个带图标的复选框，并指定其最初是

否处于选定状态。

- JCheckBox(String text, boolean selected) ：创建一个带文本的复选框，并指定其最初是否处于选定状态。
- JCheckBox(String text, Icon icon, boolean selected)：创建一个带文本和图标的复选框，并指定其最初是否处于选定状态。

本实例中对爱好选项采用 JCheckBox 实现，代码如下：

```
//创建爱好复选合框，并设默认值
JCheckBox c1 = new JCheckBox("逛街",true);
JCheckBox c2 = new JCheckBox("旅游",false);
JCheckBox c3 = new JCheckBox("运动",false);
JCheckBox c4 = new JCheckBox("看书",false);
JCheckBox c5 = new JCheckBox("上网",false);
```

（2）JCheckBox 类的成员方法

JCheckBox 的常用方法如下：

- String getText()：返回按钮的文本。
- boolean isSelected()：返回按钮的状态。
- void setSelected(boolean b)：设置按钮的状态。
- void setText(String text)：设置按钮的文本。

实例中对 JCheckBox 对象使用如下：

```
if (c1.isSelected())
    ho = c1.getText() + "、";
```

10. 单选按钮 JRadioButton

在 Swing 中，单选按钮 JRadionButton 用来显示一组互斥的选项。在同一组单选按钮中，任何时候最多只能有一个按钮被选中。一旦选中一个单选按钮，以前选中的按钮自动变为未选中状态。

要让多个单选按钮位于同一组，必须使用按钮组类 ButtonGroup。ButtonGroup 是 java.swing 包中的类，但不是 JComponent 的子类。 调用 ButtonGroup 类的 add()方法可以将一个按钮添加到一个 ButtonGroup 对象中。

注意：ButtonGroup 对象为逻辑分组，不是物理分组。要创建按钮面板，仍需要创建一个 JPanel 或类似的容器对象并将 Border 添加到其中以便将面板与周围的组件分开。

JRadioButton 的常用构造方法如下：

（1）JRadioButton()：创建一个初始化为未选择的单选按钮，其文本未设定。

（2）JRadioButton(String text)：创建一个具有指定文本的状态为未选择的单选按钮。

（3）JRadioButton(String text, boolean selected)：创建一个具有指定文本和选择状态的单选按钮。

JRadioButton 的常用方法与 JCheckBox 相同。本实例中对 JRadioButton 的使用如下：

```
JRadioButton sexM=new JRadioButton("男", true);
JRadioButton sexF=new JRadioButton("女");
ButtonGroup group=new ButtonGroup();      //为单选钮定义组，实现单选
group.add(sexM);//将按钮加入组中
group.add(sexF);
```

```
if (sexM.isSelected())
    info.append("您的性别: "+sexM.getText()+"\n");
```

11. 菜单栏 JMenuBar

在 Java 中，一个完整的菜单由 3 种菜单类创建：菜单栏类 JMenuBar、菜单类 JMenu 和菜单项类 JMenuItem。

JMenuBar（菜单栏）是窗口中用于容纳菜单（JMenu）的容器。JMenuBar 提供的 add() 方法用来添加菜单，一个菜单栏通常可以添加多个菜单。

菜单栏不支持事件监听器，在菜单栏区域所产生的所有事件都会被菜单栏自动处理。

JMenuBar 的构造方法如下：

```
JMenuBar()                                //创建新的菜单栏
```

JMenuBar 类的常用方法如下：

```
JMenu add(JMenu c)                        //将指定的菜单追加到菜单栏的末尾
```

例如：

```
JMenuBar MBar = new JMenuBar(); //创建一 JMenuBar 对象
MBar.setOpaque(true);                     //设置工具栏不透明属性
```

12. 菜单 JMenu

JMenu（菜单）是一组菜单（JMenuItem）的容器或另一个菜单的容器，每个菜单有一个标题。JMenu 类提供的 add()方法用来添加菜单项或另一个菜单。一个菜单中加入另一个菜单，构成二级子菜单。

（1）JMenu 的常用构造方法如下：

- JMenu()：构造没有文本的新 JMenu。
- JMenu(String s)：构造一个新 JMenu，用提供的字符串作为其文本。
- JMenu(String s, boolean b)：构造一个新 JMenu，用提供的字符串作为其文本并指定其是否为分离式 (tear-off) 菜单。

例如：

```
JMenu thefile = new JMenu("文件");          //创建"文件"顶级菜单实例
JMenu editfMenu = new JMenu("编辑");        //创建"编辑"菜单实例
```

（2）JMenu 的常用方法如下：

- Component add(Component c) ：将组件追加到此菜单的末尾。
- Component add(Component c, int index)：将指定组件添加到此容器的给定位置上。
- JMenuItem add(JMenuItem menuItem) ：将某个菜单项追加到此菜单的末尾。
- JMenuItem add(String s)：创建具有指定文本的菜单项，并将其追加到此菜单的末尾。
- void addMenuListener(MenuListener l) ：添加菜单事件的侦听器。
- void addSeparator()：将新分隔符追加到菜单的末尾。
- void remove(JMenuItem item)：从此菜单移除指定的菜单项。
- void removeAll()：从此菜单移除所有菜单项。

例如：

```
thefile.add(editfMenu);        //添加"编辑"子菜单
thefile.addSeparator();        //添加分隔符
thefile.add(exit);             //添加"退出"子菜单
```

13. 菜单项 JMenuItem

JMenuItem（菜单项）是组成菜单的最小单位，在菜单项上可以注册 ActionEvent 事件监听器。当单击菜单项时，执行 actionPerformed()方法。

（1）JMenuItem 的常用构造方法如下：

- JMenuItem()：创建不带有设置文本或图标的 JMenuItem。
- JMenuItem(String text)：创建带有指定文本的 JMenuItem。
- JMenuItem(String text, int mnemonic)：创建带有指定文本和键盘助记符的 JMenuItem。

例如：

```
JMenuItem  exit = new JMenuItem("退出");
JMenuItem  setCut = new JMenuItem("剪切");
JMenuItem  setCopy = new JMenuItem("复制");
JMenuItem  setPaste = new JMenuItem("粘贴");
```

（2）JMenuItem 的常用方法如下：

- getLabel()：得到菜单选项的名称。
- setLabel()：设置菜单选项的名称。
- isEnabled()：返回当前菜单项是否可被用户选择。
- setEnabled(boolean b)：设置当前菜单项是否可被选择。
- addActionListener(ActionListener e)：为菜单项设置监视器。监视器接受单击某个菜单项的动作事件。
- void setAccelerator(KeyStroke keyStroke)：设置组合键，它能直接调用菜单项的操作侦听器而不必显示菜单的层次结构。

（3）创建主菜单的基本步骤如下：

① 创建 JMenuBar 的一个实例。例如：

```
JMenuBar MBar = new JMenuBar();
MBar.setOpaque(true);
```

② 为菜单栏的每个顶级菜单创建 JMenu 的一个实例。例如：

```
JMenu thefile = new JMenu("文件");
```

③ 创建 JMenuItem 的几个实例，代表菜单中的项。例如：

```
JMenuItem  exit = new JMenuItem("退出");
JMenuItem  setCut = new JMenuItem("剪切");
JMenuItem  setCopy = new JMenuItem("复制");
JMenuItem  setPaste = new JMenuItem("粘贴");
```

④ 对 JMenu 调用 add()方法，将 JMenuItem 的几个实例添加到一个 JMenu 实例中。例如：

```
JMenu editfMenu = new JMenu("编辑");
editfMenu.add(setCopy);
editfMenu.add(setCut);
editfMenu.add(setPaste);
thefile.add(editfMenu);
thefile.addSeparator();
thefile.add(exit);
```

⑤ 重复步骤②～④，直到所有的顶级菜单已经创建完毕。

⑥ 对 JMenuBar 实例调用 add()方法，将每个 JMenu 实例添加到菜单栏中。例如：

```
MBar.add(thefile);
```

⑦ 对 JFrame 实例调用 setJMenuBar()方法，将菜单栏添加到框架中。例如：

```
frame.setJMenuBar(MBar);
```

⑧ 用户从菜单中选择一个项时，就会产生 ActionEvent 事件，要监听事件的发生，就要为每个菜单项注册一个动作监听器。例如：

```
setCut.addActionListener(this);
setCopy.addActionListener(this);
setPaste.addActionListener(this);
exit.addActionListener(this);
```

⑨ 覆盖 actionPerformed(ActionEvent e) 方法。例如：

```
public void actionPerformed(ActionEvent e) {
          if (e.getSource() == exit) {
                int i= JOptionPane.showConfirmDialog(null,"确实要退出吗?","确认",
                        JOptionPane.YES_NO_OPTION);
          if (i == JOptionPane.YES_OPTION) {
             System.exit(0);
          }
      }
}
```

运行结果如图 9.5 所示。

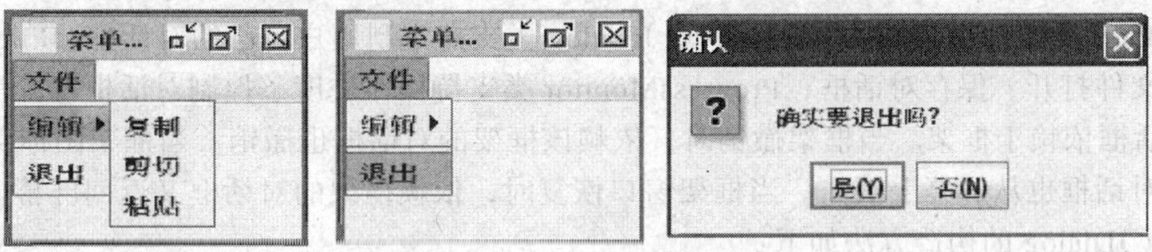

图 9.5　菜单栏示例

14. 工具栏 JToolBar

JToolBar 提供了一个用来显示常用的 Action 或控件的组件，功能是用来放置各种常用的功能或控制组件。一般在设计软件时，会将所有功能依类放置在菜单（JMenu）中，但当功能数量多时，可能会造成用户虽然只是要进行一个简单的操作，但是必须繁复地寻找菜单中相关的功能，从而造成用户操作上的负担。如果能将一般常用的功能以工具栏方式呈现在菜单下，就可以让用户很快找到想要的功能，这就是使用 JToolBar 的好处，如图 9.6 所示。

图 9.6　工具栏示例

（1）JToolBar 的构造方法如下：

- JToolBar()：创建新的工具栏；默认的方向为 HORIZONTAL。
- JToolBar(int orientation)：创建具有指定 orientation 的新工具栏。

- JToolBar(String name)：创建一个具有指定 name 的新工具栏。
- JToolBar(String name, int orientation)：创建一个具有指定 name 和 orientation 的新工具栏。

例如：

```
JToolBar toolBar = new JToolBar("JToolBar Example");
```

以上代码创建了新工具栏 toolBar，并起名为“JToolBar Example”。

（2）JToolBar 类的常用方法如下：

- JButton add(Action a)：添加一个指派操作的新的 JButton。
- void addSeparator()：将默认大小的分隔符追加到工具栏的末尾。
- void setFloatable(boolean b)：设置 floatable 属性，如果要移动工具栏，此属性必须设置为 true。

例如：

```
toolBar.add(button);
toolBar.addSeparator();
toolBar.setFloatable(true);
```

15. 对话框 JDialog

对话框是一种大小不能变化、不能有菜单的容器窗口，对话框不能作为一个应用程序的主框架，而必须包含在其他的容器中。Java 语言提供多种对话框类来支持多种形式的对话框。JOptionPane 类支持简单、标准的对话框；JDialog 类支持定制用户自己的对话框；JFileChooser 类支持文件打开、保存对话框；ProgressMonitor 类支持操作进度条控制对话框等。

对话框依赖于框架。当框架撤销时，依赖该框架的对话框也撤销。当框架图标化时，依赖它的对话框也从屏幕上消失。当框架窗口恢复时，依赖框架的对话框又返回屏幕。

（1）JDialog 的构造方法如下：

- JDialog()：创建一个没有标题并且没有指定 Frame 所有者的无模式对话框。
- JDialog(Dialog owner)：创建一个没有标题但将指定的 Dialog 作为其所有者的无模式对话框。
- JDialog(Dialog owner, boolean modal)：创建一个没有标题但有指定所有者对话框的有模式或无模式对话框。
- JDialog(Dialog owner, String title)：创建一个具有指定标题和指定所有者对话框的无模式对话框。
- JDialog(Dialog owner, String title, boolean modal)：创建一个具有指定标题和指定所有者对话框的有模式或无模式对话框。
- JDialog(Frame owner)：创建一个没有标题但将指定的 Frame 作为其所有者的无模式对话框。
- JDialog(Frame owner, boolean modal)：创建一个没有标题但有指定所有者 Frame 的有模式或无模式对话框。
- JDialog(Frame owner, String title)：创建一个具有指定标题和指定所有者窗体的无模式对话框。
- JDialog(Frame owner, String title, boolean modal)：创建一个具有指定标题和指定所有者 Frame 的有模式或无模式对话框。

例如：

```
JDialog dialog = new JDialog(frame, "无模式对话框");
```

（2）对话框分为无模式和有模式两种：

- 如果一个对话框是有模式的对话框，那么当这个对话框处于激活状态时，只让程序响应对话框内部的事件，程序不能再激活它所依赖的窗口或组件，而且它将堵塞当前线程的执行，即堵塞使得对话框处于激活状态的线程，直到该对话框消失不可见。
- 无模式对话框处于激活状态时，程序仍能激活它所依赖的窗口或组件，它也不会堵塞线程的执行。

16. 选项对话框 JOptionPane

JOptionPane 提供的对话框是模式对话框，用于方便地弹出要求用户提供值或向其发出通知的标准对话框。当模式对话框显示时，它不允许用户输入到程序的其他的窗口。使用 JOptionPane，可以创建和自定义问题、信息、警告和错误等几种类型的对话框。JOptionPane 提供标准对话框的布局支持、图标、指定对话框的标题和文本、自定义按钮文本、允许自定义组件的对话框显示、指定对话框在屏幕上的显示位置等特性。

JOptionPane 定义了多个 showXxxDialog 形式的静态方法

（1）showConfirmDialog：确认对话框，显示问题，要求用户进行确认（yes/no/cancel）。例如：

```
JOptionPane.showConfirmDialog(null, "确实要退出吗?", "确认",
                              JOptionPane.YES_NO_OPTION)
```

（2）showInputDialog：输入对话框，提示用户进行输入。例如：

```
JOptionPane.showInputDialog(frame, "请输入您的昵称",
          JOptionPane.PLAIN_MESSAGE,icon, null, "Alax");
```

（3）showMessageDialog：信息对话框，显示信息，告知用户发生了什么情况。例如：

```
JOptionPanc.showMessageDialog(frame,"鸡蛋不应该是绿色的。",
                  "Inane warning",JOptionPane.WARNING_MESSAGE);
```

（4）showOptionDialog：选项对话框，显示选项，要求用户进行选择。例如：

```
JOptionPane.showOptionDialog(frame,"你喜欢绿鸡蛋和火腿吗?",
     "一个愚蠢的问题",JOptionPane.YES_NO_OPTION,
   JOptionPane.QUESTION_MESSAGE, null, options,options[0]);
```

JOptionPane 的构造方法如下：

- JOptionPane()：创建一个带有测试消息的 JOptionPane。
- JOptionPane(Object message)：创建一个显示消息的 JOptionPane 的实例，使其使用 UI 提供的普通消息消息类型和默认选项。
- JOptionPane(Object message, int messageType)：创建一个显示消息的 JOptionPane 的实例，使其具有指定的消息类型和默认选项。
- JOptionPane(Object message, int messageType, int optionType)：创建一个显示消息的 JOptionPane 的实例，使其具有指定的消息类型和选项。

例如：

```
JOptionPane optionPane = new JOptionPane("你明白了吗?",
          JOptionPane.QUESTION_MESSAGE,JOptionPane.YES_NO_OPTION);
```

17. 选项卡窗格 JTabbedPane

JTabbedPane（选项卡窗格）提供了方便访问多个面板的途径。包含在 JTabbedPane 中的选项卡有一个组件与之相关联，用户通过单击带文本和（或）图标的卡片就可以在一组面板之间切换。如图 9.7 所示。

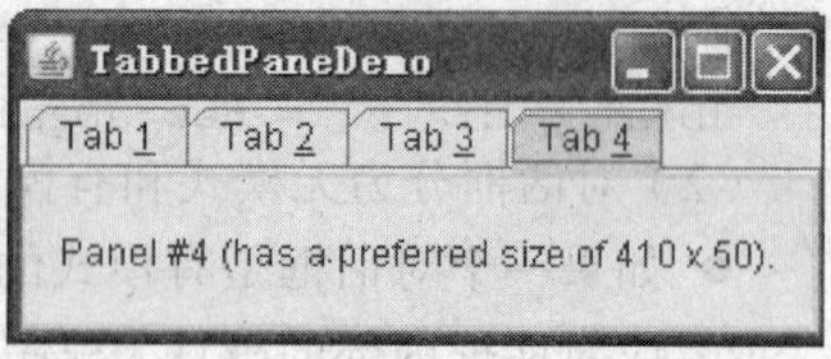

图 9.7　选项卡窗格示例

（1）JTabbedPane 的构造方法如下：

- JTabbedPane()：创建一个具有默认的 JTabbedPane.TOP 选项卡布局的空 TabbedPane。
- JTabbedPane(int tabPlacement)：创建一个空的 TabbedPane，使其具有以下指定选项卡布局中的一种：JTabbedPane.TOP、JTabbedPane.BOTTOM、JTabbedPane.LEFT 或 JTabbedPane.RIGHT。
- JTabbedPane(int tabPlacement, int tabLayoutPolicy)：创建一个空的 TabbedPane，使其具有指定的选项卡布局和选项卡布局策略。

例如：

```
JTabbedPane tabbedPane = new JTabbedPane();
```

（2）JTabbedPane 类的常用方法如下：

- Component add(Component component)：添加一个 component，其选项卡的默认值为调用 component.getName 返回的组件的名称。
- Component add(String title, Component component)：添加具有指定选项卡标题的 component。
- void addTab(String title, Component component)：添加一个由 title 表示，且没有图标的 component。
- void addTab(String title, Icon icon, Component component, String tip)：添加由 title 和（或）icon 表示的 component 和 tip，其中任意一个都可以为 null。
- void remove(Component component)：从 JTabbedPane 中移除指定 Component。
- void remove(int index)：移除对应于指定索引的选项卡和组件。
- void removeAll()：从 tabbedpane 中移除所有选项卡及其相应组件。
- void setMnemonicAt(int tabIndex, int mnemonic)：设置用于访问指定选项卡的键盘助记符。
- void setTabLayoutPolicy(int tabLayoutPolicy)：设置在一次运行中不能放入所有的选项卡时，选项卡窗格使用的对选项卡进行布局安排的策略。

例如：

```
tabbedPane.addTab("Tab 1", null, panel1,"Does nothing");
tabbedPane.setMnemonicAt(0, KeyEvent.VK_1);
tabbedPane.setTabLayoutPolicy(JTabbedPane.SCROLL_TAB_LAYOUT);
```

18. 表格 JTable

JTable（表格）扩展于 JComponent，是用来显示二维数据，提供编辑，选择等功能。

JTable 只负责怎样显示数据，而数据本身是由 TableModel 控制的。所以在创建 JTable 之前，通常都需先创建一个 TableModel。可以从头开始去实现 TableModel 接口，也可以继承 Java 提供的一个 AbstractTableModel 的帮助类。

JTable 的构造方法如下：

- JTable(int numRows, int numColumns)：使用 DefaultTableModel 构造具有空单元格的 numRows 行和 numColumns 列的 JTable。
- JTable(Object[][] rowData, Object[] columnNames)：构造 JTable，用来显示二维数组 rowData 中的值，其列名称为 columnNames。
- JTable(TableModel dm)：构造 JTable，使用 dm 作为数据模型、默认的列模型和默认的选择模型对其进行初始化。
- JTable(TableModel dm, TableColumnModel cm)：构造 JTable，将 dm 作为数据模型，将 cm 作为列模型和默认的选择模型对其进行初始化。

例如：下面展示一显示数据实例，代码如下：

```
public class TableDemo {//文件 TableDemo.java
  public static void main(String[] args) {
      TableModel dataModel = new AbstractTableModel() {
         public int getColumnCount() {  return 10;  }
         public int getRowCount() {    return 10;  }
         public Object getValueAt(int row, int col) {
            return new Integer(row * col);
         }
      };
      //以 dataModel 为模型，构造 JTable 对象
      JTable table = new JTable(dataModel);
      JScrollPane scrollpane = new JScrollPane(table);
      JFrame f = new JFrame();
      f.setSize(210, 215);
      f.add(scrollpane);
      f.setVisible(true);
      f.setDefaultCloseOperation(JFrame.EXIT_ON_CLOSE);
  }
}
```

运行结果如图 9.8 所示。

19. 树 JTree

JTree 是将分层数据集显示为轮廓的控件。它的用法可以简单到只有下面这行代码：

```
add(new JTree(new Object[] {"this","that", "other"}));
```

这样显示的是一棵最基本的树，如图 9.9 所示。

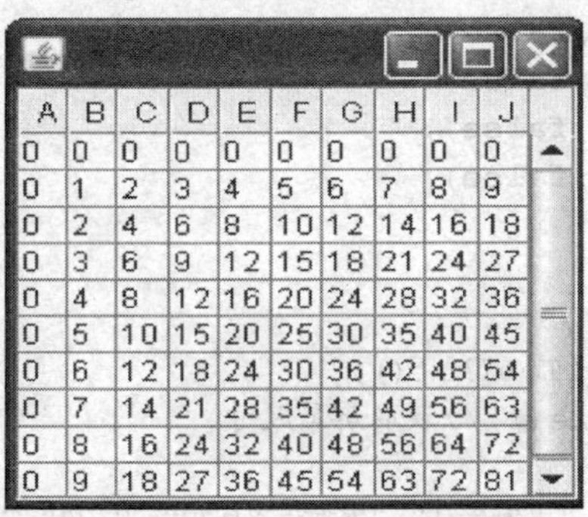

图 9.8　JTable 显示数据实例

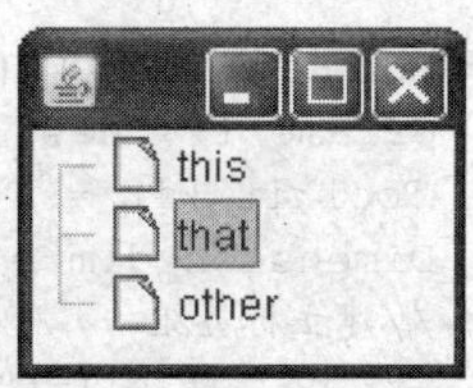

图 9.9　JTree 示例

JTree 的构造方法如下：

- JTree()：返回带有示例模型的 JTree。
- JTree(Object[] value)：返回 JTree，指定数组的每个元素作为不被显示的新根结点的子结点。
- JTree(TreeModel newModel)：返回 JTree 的一个实例，它显示根结点，使用指定的数据模型创建树。
- JTree(TreeNode root)：返回一个 JTree，指定的 TreeNode 作为其根，它显示根结点。
- JTree(TreeNode root, boolean asksAllowsChildren)：返回一个 JTree，指定的 TreeNode 作为其根，它用指定的方式显示根结点，并确定节点是否为叶结点。

例如：

```
JTree tree = new JTree(new Object[] {"this","that", "other"});
```

【代码及分析】

```
//文件 Register.java
public class Register{
    JButton zc = new JButton("注  册");
    JButton tc = new JButton();
    JTextField txtName=new JTextField(10);   //创建昵称文本框
    JTextField txtEmail=new JTextField(30); //创建 Email 文本框
    JPasswordField txtPassword = new JPasswordField(10);//创建密码文本框
     JTextArea txtResume = new JTextArea("备注信息");      //创建备注信息文本区
    JComboBox cobYear = new JComboBox();       // 设置出生年份组合框
    JComboBox cobMonth = new JComboBox();     // 设置出生月份组合框
    String[] s1 = {" 博士 "," 硕士 "," 本科 "," 专科 "," 其他 "};
     JList list1 = new JList(s1);              //创建学历列表框

    //创建性别单选按钮，并设默认值
    JRadioButton sexM=new JRadioButton("男",  true);
    JRadioButton sexF=new JRadioButton("女");
    ButtonGroup group=new ButtonGroup();      //为单选按钮定义组，实现单选功能
    JPanel sex = new JPanel();

    //创建爱好复选合框，并设默认值
    JCheckBox c1 = new JCheckBox("逛街",true);
    JCheckBox c2 = new JCheckBox("旅游",false);
    JCheckBox c3 = new JCheckBox("运动",false);
    JCheckBox c4 = new JCheckBox("看书",false);
    JCheckBox c5 = new JCheckBox("上网",false);

    public Register() {
        JFrame f = new JFrame("会员注册");
        Toolkit kit = Toolkit.getDefaultToolkit();
        Dimension dim = kit.getScreenSize();//获取屏幕尺寸
        //建立标签组
        String title[]={"昵称","密码","性别","出生年月","爱好","简历","学历","Email"};
        JLabel  jb[]=new JLabel[8];
        for (int i = 0; i < 8; i++) {
```

```
    jb[i] = new JLabel(title[i]);
    jb[i].setHorizontalAlignment(SwingConstants.RIGHT);
}

txtPassword.setEchoChar('*');

group.add(sexM); group.add(sexF);
sex.add(jb[2]); sex.add(sexM); sex.add(sexF);

//建立面板 hobby,用于放置复选按钮
JPanel hobby=new JPanel();
hobby.add(jb[4]);     hobby.add(c1);      hobby.add(c2);
hobby.add(c3);    hobby.add(c4);     hobby.add(c5);

//设置学历列表框，设默认值
list1.setSelectedIndex(2);
list1.setSelectionMode(ListSelectionModel.SINGLE_SELECTION);
list1.setSelectionBackground(Color.yellow);
list1.setBorder(BorderFactory.createLineBorder(Color.black));
JScrollPane lp=new JScrollPane(list1);
lp.setPreferredSize(new Dimension(80,80));

// 设置出生年份组合框，加入年份，设默认值
for (int j = 1960; j < 2013; j++)
    cobYear.addItem(Integer.toString(j));
cobYear.setSelectedIndex(20);

// 设置出生月份组合框，加入月份，设默认值
for (int j = 1; j < 13; j++)
    cobMonth.addItem(Integer.toString(j));
cobMonth.setSelectedIndex(0);

// 将出生年月组合框放入 birth 面板
JPanel birth = new JPanel();
birth.add(jb[3]);
birth.add(cobYear);  birth.add(new JLabel("年"));
birth.add(cobMonth); birth.add(new JLabel("月"));

txtResume.setLineWrap(true);
txtResume.setWrapStyleWord(true);
JScrollPane jp = new JScrollPane(txtResume,
        JScrollPane.VERTICAL_SCROLLBAR_ALWAYS,
        JScrollPane.HORIZONTAL_SCROLLBAR_NEVER);
jp.setPreferredSize(new Dimension(150, 80));
JPanel  jl = new JPanel();
jl.setLayout(new FlowLayout(FlowLayout.LEFT,5,1));
jl.add(jb[5]); jl.add(jp);

JPanel  jNorth = new JPanel();
JPanel  jNorth1 = new JPanel();
```

```
        JPanel  jNorth2 = new JPanel();
        jNorth.setLayout(new GridLayout(2, 1,8,8));
        jNorth1.setLayout(new BoxLayout(jNorth1, BoxLayout.X_AXIS));
        jNorth2.setLayout(new FlowLayout(FlowLayout.LEFT,5,1));
        jNorth1.add(jb[0]);   jNorth1.add(txtName);
        jNorth1.add(jb[1]);   jNorth1.add(txtPassword);
        jNorth2.add(jb[7]); jNorth2.add(txtEmail);
        jNorth.add(jNorth1);jNorth.add(jNorth2);

        JPanel  jCenter = new JPanel();
        jCenter.setLayout(new FlowLayout(FlowLayout.LEFT,5,1));
        jCenter.add(sex);    jCenter.add(birth);jCenter.add(hobby);
        jCenter.add(jl); jCenter.add(jb[6]);  jCenter.add(lp);

        JPanel  jSouth= new JPanel();
        jSouth.setLayout(new FlowLayout(FlowLayout.CENTER,80,1));
        tc.setText(" 退  出 ");
        jSouth.add(zc); jSouth.add(tc);

        f.setSize(390, 270); //设置窗口大小
        int w = f.getSize().width;
        int h = f.getSize().height;
        int x = (dim.width-w)/2;
        int y = (dim.height-h)/2;

        f.setLocation(x, y); //设置窗口位置
        f.setVisible(true);  //设置窗口的可见性
        f.add(jSouth,BorderLayout.SOUTH);//向窗口中添加组件
        f.add(jNorth,BorderLayout.NORTH);
        f.add(jCenter,BorderLayout.CENTER);
        f.setDefaultCloseOperation(JFrame.EXIT_ON_CLOSE);
    }
    public static void main(String[] args) {
        JFrame.setDefaultLookAndFeelDecorated(true);
        new Register();
    }
}
```

程序解释及常见问题如下：

（1）代码“JFrame.setDefaultLookAndFeelDecorated(true);”目的是将用户界面使用 Swing 的外观风格。但是这个方法一定要写在 new JFrame（ ）对象之前，否则不起作用。

（2）文本区 JTextArea 一般都要对换行、滚动等进行设定，上述代码中对文本区的换行设定如下：

```
txtResume.setLineWrap(true);                    // 设置备注信息文本区自动换行
txtResume.setWrapStyleWord(true);               // 设置备注信息文本区换行不断字
JScrollPane jp = new JScrollPane(txtResume, // 为文本区附加滚动条
            JScrollPane.VERTICAL_SCROLLBAR_ALWAYS,
            JScrollPane.HORIZONTAL_SCROLLBAR_NEVER);
```

（3）代码“f.setDefaultCloseOperation(JFrame.EXIT_ON_CLOSE);”实现了在窗口对象 f 关闭窗口时，终止程序运行的功能。如果没有这条语句，关闭窗口时，只是隐藏了窗口，程序并没有终止运行。

（4）代码“txtPassword.setEchoChar('*');”的作用是设置密码框回显字符为'*'，JPasswordField 的默认回显字符是'·'。

【应用扩展】

注册界面设计完成之后就要应用它来传递用户信息，要响应用户传递的消息，就需要为按钮的动作事件进行处理。所以本实例可进一步进行应用扩展，对实例中的按钮进行监听并为其编写事件处理，当然这要联系下一节事件处理的内容，实现代码如下：

```
public class Register implements ActionListener{
…
public Register() {
zc.addActionListener(this);//为注册按钮 zc 添加监视器
tc.addActionListener(this);//为退出按钮 tc 添加监视器
…
}
//覆盖接口 ActionListener 中的 actionPerformed 方法
@Override
public void actionPerformed(ActionEvent e) {
    if(e.getActionCommand().equals("注  册")){
        zc.setEnabled(false);
        zc.setText("注册成功！");
        JFrame fr2 = new JFrame("新窗口");
        fr2.setSize(200, 200);
        fr2.setVisible(true);

        JTextArea info=new JTextArea("您的注册信息是："+"\n");
        info.append("昵称："+txtName.getText()+"\n");
        info.append("密码："+txtPassword.getPassword()+"\n");
        if (sexM.isSelected())
            info.append("性别："+sexM.getText()+"\n");
        if (sexF.isSelected())
            info.append("性别：" + sexF.getText() + "\n");
        info.append("出生年月：" + cobYear.getSelectedItem() +
            "年"+ cobMonth.getSelectedItem() + "月" + "\n");
        info.append("学历：" + list1.getSelectedValue()+ "\n");
        String ho = null;
        if (c1.isSelected())    ho = c1.getText() + "、";
        if (c2.isSelected())    ho += c2.getText() + "、";
        if (c3.isSelected())    ho += c3.getText() + "、";
        if (c4.isSelected())    ho += c4.getText() + "、";
        if (c5.isSelected())    ho += c5.getText() + "、";
        info.append("爱好：" + ho + "\n");
        info.append("备注信息：" + txtResume.getText() + "\n");
        fr2.add(info);
    }
    if(e.getSource() == tc){
```

```
        int i=JOptionPane.showConfirmDialog(null,"确认退出?","确认",
                JOptionPane.YES_NO_OPTION);
        if (i == JOptionPane.YES_OPTION) {System.exit(0);}
    }
}
```

9.2 “系统登录功能设计”实例

【实例说明】

无论是网站还是应用程序，很多情况下都要注册和登录。本实例利用 GUI 基本组件制作一个简单的用户登录窗口，并实现系统的登录功能。程序运行界面如图 9.10 所示。

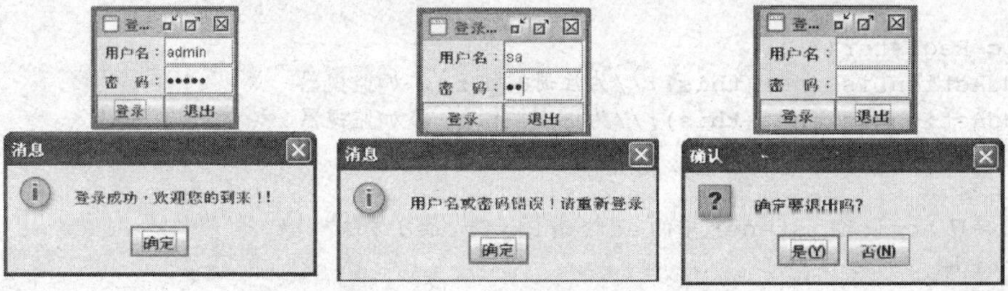

图 9.10　系统登录功能设计

【实例目的】

（1）熟悉 Java 中的委托事件模型。

（2）熟练掌握 Java 的事件处理机制及其实现方式。

（3）熟悉 Java 中的事件适配器类。

（4）能够在编程中实现 GUI 事件处理。

【技术要点】

（1）根据任务要求，可以定义一个用户登录窗口类，继承窗体类 JFrame，并实现 ActionListener 接口，可以对单击动作进行监听。实例代码如下：

```
public class Login extends JFrame implements ActionListener
```

（2）定义 actionPerformed 单击动作事件处理方法，根据不同组件来实现。如果事件源是登录按钮，则判断用户名和密码是否正确。如果正确，则弹出“登录成功，欢迎您的到来”对话框；如果用户名或密码不正确，则弹出“对不起，您的用户名或密码错误!”提示对话框。如果单击“取消”按钮，则关闭登录窗口，退出登录系统。如果单击“注册”按钮，则关闭登录窗口，进入注册页面。实现代码如下：

```
if (e.getSource() == register) {// 如果事件源为注册按钮
    JOptionPane.showMessageDialog(null, "进入注册页面? ");
    new Register(); // 进入注册页面
} else if (e.getSource() == exit) {// 如果事件源为“取消”按钮
        System.exit(0); // 取消登录，退出登录系统
    }
else {// 如果事件源为“登录”按钮，则判断用户名和密码是否正确
    if (jName.getText().equals("admin")
```

```
        && String.valueOf(jPassword.getPassword()).equals("admin")) {
        JOptionPane.showMessageDialog(null, "登录成功，欢迎您的到来！！");
    } else {
        JOptionPane.showMessageDialog(null, "用户名或密码错误！重新登录");
        }
}
```

【相关知识及注意事项】

9.2.1　委托事件模型

Java GUI 编程是事件驱动的，在事件驱动编程机制中，程序的执行顺序不是完全按照代码的编写顺序，而是根据事件（单击按钮或移动鼠标等）的发生决定的。这个过程中，对事件的响应是通过 Java 委托模型实现的。Java 委托模型 Java 的委托事件模型包含事件、事件源和事件监听器三个部分。

1．事件

事件是指用户的某个动作触发的事件。例如：本实例中，用户单击“登录”按钮，就会发生单击按钮事件；用户在文本框和密码框中输入用户名和密码，就会触发键盘事件。

Java 中，事件的信息被封装在一个事件对象中，所有的事件对象都是从 java.util.EventObject 类派生出来的。

2．事件源

事件源是产生事件的对象，不同的事件源会产生不同的事件。例如：本实例中单击用户名文本框，就会触发 FocusEvent（焦点事件）；单击“登录”按钮，就会触发 ActionEvent（动作事件）。这里的文本框和按钮就是事件源。

3．事件监听器

事件监听器负责监听事件的发生，并根据事件对象中的信息来决定对事件的响应。当事件发生时，创建适当类型的事件对象，该对象被传送给监听器，由监听器负责实现所有事件处理方法的接口。事件源提供了注册和注销管理监听者的方法，从而能对注册的监听器对象进行管理，用 addActionListener()方法添加，用 removeActionListener()方法删除。一个事件源可以注册多个监听器，一个监听器也可以被多个事件源共享。例如，本实例中为两个按钮注册动作事件监听器，代码如下：

```
login.addActionListener(this);
exit.addActionListener(this);
```

事件源产生某种事件，不直接对该事件进行处理，而将该事件的处理工作委托给某个事件监听器，这种事件处理模型被称为委托事件模型（delegation 模型）。

9.2.2　事件处理机制

应用程序界面设计完成之后，还需要响应用户的操作，Java 通过授权处理机制来进行事件处理，授权处理机制如图 9.11 所示。

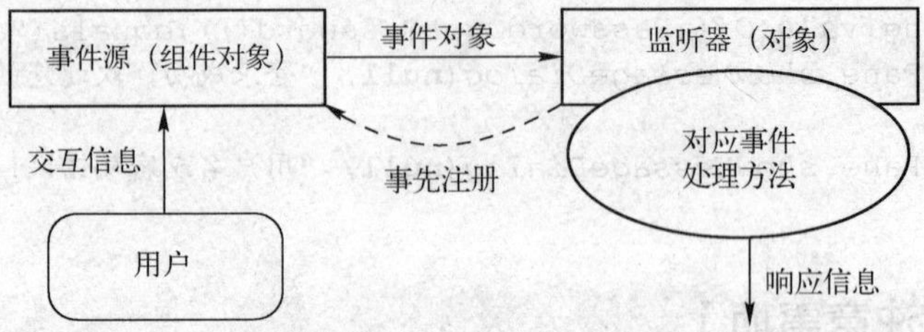

图 9.11　Java 事件处理机制

由图 9.11 可以看出，整个事件处理机制是由事件源和监听者协调完成，并有用户以及事件源、事件和监听器三种对象参与。事件源首先要授权事件监听器负责该事件源上事件的处理；用户进行信息交互时，在事件源上可能产生多种事件对象，在授权机制下，不同的事件监听器会分别对不同的事件对象进行处理，做出响应。

9.2.3　事件处理机制的实现方式

要对事件进行处理，就必须了解 Java 的事件类型及对相应事件进行处理的接口，要掌握各种接口中响应对应事件的方法。

1. Java 事件类型

java.util.EventObject 类是所有事件对象的基础父类，所有事件都是由它派生出来的。AWT 的相关事件继承于 java.awt.AWTEvent 类，这些 AWT 事件分为两大类：低级事件和高级事件。

（1）低级事件

低级事件是指基于组件和容器的事件，当一个组件上发生事件，如鼠标的进入、点击、拖放等，或组件窗口的打开、关闭以及最小化等，就会触发组件事件。

低级事件包括：

- ComponentEvent：属于组件事件，触发行为包括组件尺寸的变化和移动。
- ContainerEvent：属于容器事件，触发行为包括组件的增加和移动。
- WindowEvent：属于窗口事件，触发行为包括窗口的关闭、闭合和图标化。
- FocusEvent：属于焦点事件，触发行为包括焦点的获得和丢失。
- KeyEvent：属于键盘事件，触发行为包括键按下、释放。
- MouseEvent：属于鼠标事件，触发行为包括鼠标单击和移动。

（2）高级事件（语义事件）

高级事件是基于语义的事件，它可以不和特定的动作相关联，而依赖于触发此事件的类，如在 TextField 中按【Enter】键会触发 ActionEvent 事件，滑动滚动条会触发 AdjustmentEvent 事件，选中项目列表的某一条就会触发 ItemEvent 事件。

高级事件包括：

- ActionEvent：属于动作事件，触发行为包括按钮按下和在 TextField 中按【Enter】键。
- AdjustmentEvent：属于调节事件，触发行为是在滚动条上移动滑块调节数值。
- ItemEvent：属于项目事件，触发行为是选择项目。
- TextEvent：属于文本事件，触发行为是文本对象的改变。

2. 事件及相应监听器接口

（1）AWT 事件及其相应的监听器接口

AWT 常用事件及其相应的监听器接口包括 10 类事件、11 个接口，它们的对应关系见表 9.1。

表 9.1　常用 AWT 事件及其相应的监听器接口

事件类别	描述信息	接口名	方法及参数
ActionEvent	激活组件	ActionListener	actionPerformed(ActionEvent)
ItemEvent	选择了某些项目	ItemListener	itemStateChanged(ItemEvent)
MouseEvent	鼠标移动	MouseMotionListener	mouseDragged(MouseEvent) mouseMoved(MouseEvent)
	鼠标点击等	MouseListener	mousePressed(MouseEvent) mouseReleased(MouseEvent) mouseEntered(MouseEvent) mouseExited(MouseEvent) mouseClicked(MouseEvent)
KeyEvent	键盘输入	KeyListener	keyPressed(KeyEvent) keyReleased(KeyEvent) keyTyped(KeyEvent)
FocusEvent	组件获取或失去焦点	FocusListener	focusGained(FocusEvent) focusLost(FocusEvent)
AdjustmentEvent	移动了滚动条等	AdjustmentListener	adjustmentValueChanged(AdjustmentEvent)
ComponentEvent	对象移动缩放显示隐藏等	ComponentListener	componentMoved(ComponentEvent) componentHidden(ComponentEvent) componentResized(ComponentEvent) componentShown(ComponentEvent)
WindowEvent	窗口收到窗口级事件	WindowListener	windowClosing(WindowEvent) windowOpened(WindowEvent) windowIconified(WindowEvent) windowDeiconified(WindowEvent) windowClosed(WindowEvent) windowActivated(WindowEvent) windowDeactivated(WindowEvent)
ContainerEvent	容器中增加删除了组件	ContainerListener	componentAdded(ContainerEvent) componentRemoved(ContainerEvent)
TextEvent	文本框或文本区改变	TextListener	textValueChanged(TextEvent)

（2）Swing 事件及其相应的监听器接口

Swing 没有提供事件处理的 API，它的事件处理是基于 AWT 的，基本的事件处理使用 java.awt.event 包中的类实现，同时 javax.swing.event 包中增加了一些新的事件及其监听器接口。Swing 中事件源及监听器接口的对应关系见表 9.2。

表 9.2　Swing 组件及监听接口

Swing 组件	监听器接口	接口所属包
AbstractButton、JTextField 、Timer 、JDirectoryPane	ActionListener	java.awt.event
JScrollBar	AdjustmentListener	java.awt.event
JComponent	AncestorListener	javax.swing.event
DefaultCellEditor	CellEditorListener	javax.swing.event
AbstractButton、DefaultCaret、JProgressBar、JSlider、JTabbedPane、JViewport	ChangeListener	javax.swing.event
AbstractDocument	DocumentLiStener	javax.swing.event
AbstractButton、JComboBox	ItemListener	java.awt.event
JList	ListSelectionListener	javax.swing.event
JMenu	MenuListener	javax.swing.event
AbstractAction、JComponent、TableColumn	PropertyChangeListener	java.awt.event
JTree	TreeSelectionListener	javax.swing.event
JPopupMenu	WindowListener	java.awt.event

3. 事件监听器的实现方式

事件监听器有四种实现方式：

（1）自身类作为事件监听器

本实例中事件监听器的实现方式就是以自身作为事件监听器。代码如下：

```
public class Login extends JFrame implements ActionListener{
    public Login() {
    …
        login.addActionListener(this);
        exit.addActionListener(this);
    }

    @Override
    public void actionPerformed(ActionEvent e) {  …  }
}
```

以类本身作为事件监听器，需要在类自身实现相应接口，并覆盖相应的处理方法。

（2）外部类作为事件监听器

事件监听器是外部类的一个对象。例如：

```
JButton btn=new JButton("点击");
btn.addActionListener(new OuterClass(this));

class OuterClass implements ActionListener{      //外部类
    …
    public void actionPerformed(ActionEvent e){ … }
}
```

（3）匿名内部类作为事件监听器

创建匿名内部类作为事件监听器。例如：

```
JButton btn=new JButton("点击");
btn.addActionListener(
```

```
    new ActionListener(){  //匿名内部类
        public void actionPerformed(ActionEvent e){ … }
            }
        );
```

（4）内部类作为事件监听器

以内部类作为事件监听器。例如：

```
class InnerClassEvent extends JFrame{
    JButton btn = new JButton("点击");;

    public InnerClassEvent(){
        …
        btn.addActionListener(new InnerClass());
    }

    class InnerClass implements ActionListener{    //内部类
        public void actionPerformed (ActionEvent e){ … }
    }
}
```

4. 事件处理的一般步骤

使用授权处理模型进行事件处理的一般方法步骤归纳如下：

（1）对于某种类型的事件 XXXEvent，要想接收并处理这类事件，必须定义相应的事件监听器类，该类需要实现与该事件相对应的接口 XXXListener。

例如：本实例中对单击按钮事件 ActionEvent 进行监听和处理时，该类实现了 ActionListener 接口。

```
public class Login extends JFrame implements ActionListener {
    …
}
```

（2）覆盖 XXXListener 接口中的用于处理相应事件的方法，编写处理代码。

例如本实例中覆盖实现动作监听器接口中的方法 actionPerformed,并编写处理代码如下：

```
@Override
public void actionPerformed(ActionEvent e) {
    if (e.getSource() == cancel) {
        int i = JOptionPane.showConfirmDialog(null, "确认要退出吗?",
                                 "确认", JOptionPane.YES_NO_OPTION);
        if (i == JOptionPane.YES_OPTION) {
            System.exit(0);
        }
    }else {
    if (jName.getText().equals("admin")&&
         String.valueOf(jPassword.getPassword()).equals("admin")) {
            JOptionPane.showMessageDialog(null, "登录成功，欢迎您!");
        } else {
            JOptionPane.showMessageDialog(null, "用户名或密码错误!");
            jName.setText("");
            jPassword.setText("");
        }
    }
```

```
}
```

（3）事件源实例化以后，必须进行授权，使用 addXXXListener(XXXListener)方法来注册该类事件的监听器。例如：

```
login.addActionListener(this); // 为 2 个按钮注册动作事件监听器
```

9.2.4 事件适配器类

实现监听接口时，必须将该接口提供的所有方法都实现，即使有些方法并不需要，这样做既耗时又烦琐，Java 语言为一些 Listener 接口提供了适配器（Adapter）类，用以解决此类问题。

大部分监听接口都存在相应的适配器类，每个适配器类都实现了相应的监听接口。但是，适配器中所存方法的方法体都是空实现，继承事件所对应的 Adapter 类后，还要重写需要方法，无关方法不用实现。事件适配器提供了一种简单的实现监听器的手段，可以缩短程序代码。但是，由于 java 的单一继承机制，当需要多种监听器或此类已有父类时，就不能采用事件适配器。

java.awt.event 包中定义的事件适配器类包括以下几个：

- ComponentAdapter（组件适配器）。
- ContainerAdapter（容器适配器）。
- FocusAdapter（焦点适配器）。
- KeyAdapter（键盘适配器）。
- MouseAdapter（鼠标适配器）。
- MouseMotionAdapter（鼠标运动适配器）。
- WindowAdapter（窗口适配器）。

例如，以下代码中采用了鼠标适配器：

```
import java.awt.*;
import java.awt.event.*;
public class MouseClickHandler extends MouseAdaper{   //继承事件对应的适配器
   public void mouseClicked(MouseEvent e) { …}       //只实现需要的方法
}
```

【代码及分析】

```
//文件 Login.java
public class Login extends JFrame implements ActionListener {
    JButton login = new JButton("登录");
    JButton exit = new JButton("退出");
    JLabel name = new JLabel("用户名: ");
    JLabel password = new JLabel("密  码: ");
    JTextField jName = new JTextField(10);
    JPasswordField jPassword = new JPasswordField(10);

    public Login() {
        JPanel jp = new JPanel();
        JPanel jp1 = new JPanel();
        jp.setLayout(new GridLayout(3, 2));
```

```
        name.setHorizontalAlignment(SwingConstants.RIGHT);
        password.setHorizontalAlignment(SwingConstants.RIGHT);

        jp.add(name);    jp.add(jName);   jp.add(password);
        jp.add(jPassword);   jp.add(login);   jp.add(exit);

        login.addActionListener(this);
        exit.addActionListener(this);

        this.add(jp, BorderLayout.CENTER);

        // 设置窗体的标题、大小、可见性及关闭动作
        this.setTitle("登录窗口");
        this.pack();
        this.setVisible(true);
        this.setDefaultCloseOperation(JFrame.EXIT_ON_CLOSE);
    }

    // 实现动作监听器接口中的方法 actionPerformed
    @Override
    public void actionPerformed(ActionEvent e) {
        if (e.getSource() == exit) {// 如果事件源为退出按钮
            int i = JOptionPane.showConfirmDialog(null, "确认要退出吗?",
                                         "确认", JOptionPane.YES_NO_OPTION);
            if (i == JOptionPane.YES_OPTION) {
                System.exit(0);
            }
        }else {
                if (jName.getText().equals("admin")&&
                String.valueOf(jPassword.getPassword()).equals("admin")){
                   JOptionPane.showMessageDialog(null,"登录成功,欢迎您的到来!!");
                } else {
                   JOptionPane.showMessageDialog(null,"用户名或密码错误! 请重新登录");
                   jName.setText("");
                   jPassword.setText("");
                }
        }
    }

    public static void main(String[] args) {
        JFrame.setDefaultLookAndFeelDecorated(true);
        new Login();// 创建 Login 窗体对象
    }
}
```

程序解释及常见问题如下：

（1）代码“JFrame.setDefaultLookAndFeelDecorated(true);”实现了将窗口外观套用 Swing 的外观，这样，现实的界面就不会软硬件的不同而呈现不同外观。

（2）代码“jp.setLayout(new GridLayout(3, 2));”的作用是为 JPanel 容器对象 jp 设置布局

管理器，即 3 行 2 列的网格布局。

（3）代码“name.setHorizontalAlignment(SwingConstants.RIGHT);”的作用是设置 name 标签的内容右对齐。

（4）代码“login.addActionListener(**this**);”的用途是为登录按钮注册监听器进行授权，该方法的参数是事件处理者对象，此处 this 代表的是自身类，即在此应用中采用自身类为事件监听器。要处理的事件类型可以从方法名中看出。例如：本方法要授权处理的是 ActionEvent，因为方法名是 addActionListener。

【应用扩展】

（1）图 9.9 的登录界面中 6 个组件使用了 GridLayout 的网格布局，观察发现界面布局并不是特别合理，界面中的组件大小都相等。可以考虑使用 GridBagLayout，界面布局会更美观。

（2）可以添加对文本框和密码框的监听器，在实现监听器的 actionPerformed 方法中，如果事件源是文本框时，将焦点移到密码框中；如果事件源是登录按钮，但登录失败，则清空所有输出，并将焦点移动到文本框中以方便用户重新输入。

本章小结

本章主要介绍了 Java 中图形用户界面的基本概念、常用 AWT 组件的定义与使用、常用 Swing 组件的定义与使用、布局管理器的定义与使用、时间的处理机制等知识。通过“注册界面设计”实例，介绍图形用户界面的基础知识，并详细讲述 AWT 组件、Swing 组件和布局管理器的使用；通过“系统登录功能设计”实例，对 Java 中的委托事件模型、事件处理机制及其实现方式以及事件适配器类的相关概念及使用进行讲解。通过这些内容的学习，读者能够掌握应用 AWT 组件或 Swing 组件、布局管理器设计图形用户界面并利用委托事件模型对 GUI 事件进行处理。

思考与练习

一、选择题

1. 在编写 Java Applet 程序时，若需要对发生的事件做出响应和处理，一般需要在程序的开头写上（　　）语句。

   A. import java.awt.* ;　　B. import java.applet.* ;
   C. import java.awt.event.* ;　　D. import java.io.* ;

2. 下列关于 Frame 类的说法不正确的是（　　）。

   A. Frame 是 Window 类的直接子类
   B. Frame 对象显示的效果是一个窗口
   C. Frame 被默认初始化为可见
   D. Frame 的默认布局管理器为 BorderLayout

3. 容器 Panel 和 Applet 默认使用的布局编辑策略是（　　）。

   A. BorderLayout　B. CardLayout　C. GridLayout　D. FlowLayout

4. 以下关于 AWT 与 Swing 之间关系的叙述，正确的是（　　）。

A. AWT 中的类是从 Swing 继承的

B. 在写 GUI 程序时，AWT 和 Swing 不能同时使用

C. AWT 和 Swing 在不同的平台上都有相同的表示

D. Swing 是 AWT 的提高和扩展

5. 创建一个标识有“关闭”按钮的语句是（　　）。

A. TextField b = new TextField("关闭");

B. Label b = new Label("关闭");

C. Checkbox b = new Checkbox("关闭");

D. Button b = new Button("关闭");

二、填空题

1. Java 称由 Component 类的子类或间接子类创建的对象为一个____________。

2. 如果希望控件在界面上按表格行分列排列，应使用的布局管理器是____________。

3. Java 语言为处理鼠标事件提供两个接口：____________接口和 MouseMotionListener 接口。

4. 在实现接口 ActionListener 的方法 actionPerformed()中，常用的有两个获得事件源的方法，它们是 getActionCommand()和____________。

5. 处理键盘事件的 Java 程序，要实现的接口是____________。

三、程序填空题

1. 以下程序段是选择项目事件处理程序的样例，一个由 3 个单选按钮组成的选择组被定义为一个面板子类 Panel，当某个按钮被选中时，按钮监视程序在类 MyWindow 的一个文本框中输出某个按钮被选中的字样。以下是类 Panel 的定义。

```
class Panel extends JPanel implements ItemListener{
    static JRadioButton box[];
    ButtonGroup g;
    Panel (String radioNameList[]) {
        box=new JRadioButton[radioNameList.length];
        setLayout(new GridLayout(1, radioNameList.length));
        g=new ButtonGroup();
        for(int i=0;i<radioNameList.length; i++){
            box[i] = new JRadioButton(___________,false);
            g.add(box[i]);add(box[i]);box[i].addItemListener(this);
            }
        }
    public void itemStateChanged(ItemEvent e){
        for(int i = 0; i < box.length; i++){
        if(box[i].___________) {
        MyWindow.text.setText(box[i].getLabel()+"被选中！");
        }
    }
    }
}
```

2. 某小应用程序窗口包含有文本区 dispArea，以及一个带文字“追加”的按钮。当单击

这个按钮时，程序弹出一个输入信息的对话框，并将对话框中输入的内容追加到文本区中。以下是其中相应“追加”按钮事件的方法。

```
public void actionPerformed(ActionEvent e){
 if(e.______.equals("追加")){
    String result=(String)JOptionPane.showInputDialog(null,"请输入信息",
        "输入对话框",JOptionPane.PLAIN_MESSAGE, null, null,null);
        dispArea.______(result + " ");
   }
 }
```

四、程序设计题

1. 设计一个简易计算器，如图 9.12 所示。在“操作数”标签右侧的两个文本行输入操作数，当单击“+, -, ×, ÷”按钮时，对两个操作数进行运算并将结果填入“结果”标签右侧的文本行中。

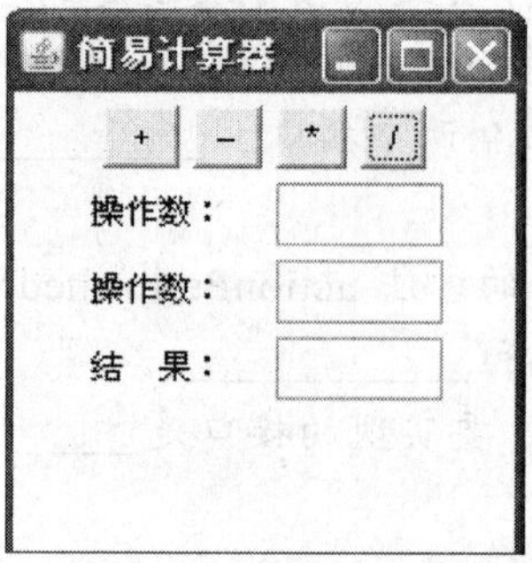

图 9.12　简易计算器

2. 一个 Java 小应用程序，界面有三个文本框和两个按钮，前两个文本框用于输入整数，第三个文本框用于输出结果。两个按钮分别表示加和减运算。当前两个文本框输入整数后，单击相应按钮，程序就将计算结果输出在第三个文本框中。

第 10 章

图形与多媒体处理

内容提要及教学目标

本章主要介绍 Java 程序的另外一种程序，Applet 小应用程序。重点介绍 Applet 程序的生命周期、建立与运行，同时还介绍了 Java 程序中如何处理多媒体，这些多媒体包含声音、文本、图形、图像、动画等多种媒体。通过本章的学习，读者应该掌握以下内容:

- Applet 程序的生命周期。
- Applet 程序的建立与运行。
- 各种简单图形的绘制。
- 图片和声音文件的处理。

本章重点及难点

Applet 程序的生命周期；Applet 程序的运行过程；画笔的应用；颜色和字体；图片和声音的处理。

10.1 “网页向 Applet 传值”实例

【实例目的】

（1）掌握 Applet 程序的生命周期。

（2）掌握 Applet 程序的建立。

（3）掌握 Applet 程序的运行过程。

【实例内容】

通过 Java 语言编写一个 Applet 程序，测试每一个 Applet 方法，演示 Applet 程序的执行过程。同时在该程序中绘制一个矩形，在矩形框中绘制一个字符串，显示网页中传过来的参数；然后编写一个网页，在网页中给 Applet 程序传递一个参数。

【技术要点】

创建一个 Java 工程，在该工程下新建一个 MyApplet 类，在该类中完成各项功能，然后建立一个网页，显示 Applet 程序，并给 Applet 程序传递参数。具体步骤如下：

（1）Applet 程序的代码

Applet 程序的代码如图 10.1 所示。

```java
import java.applet.*;
import java.awt.*;
public class MyApplet extends Applet{
    String s ="";
    public void init(){
        s = this.getParameter("www");
        System.out.println("初始化");//构造方法
    }
    public void start(){ System.out.println("开始"); }
    public void paint(Graphics g){
        System.out.println("绘制");
        g.setColor(Color.RED);
        g.drawRoundRect(20, 50, 150, 130, 40, 40);
        g.drawString(s, 30, 70);
    }
    public void stop(){ System.out.println("暂停");  }
    public void destroy(){ System.out.println("停止"); }
    public void repaint() { }
}
```

图 10.1　Applet 程序代码

（2）网页程序代码

在网页中采用 applet 标签的 code 属性嵌入 Applet 程序，并向 Applet 程序传递参数，如图 10.2 所示。

（3）网页运行结果

网页运行结果如图 10.3 所示。

```html
<html>
<head>
<title>test applet</title>
</head>
<body>
<applet code="MyApplet.class" width=400 height=400>
<param name="www" value="true"/>
</applet>
</body>
</html>
```

图 10.2　网页中嵌入 Applet 程序

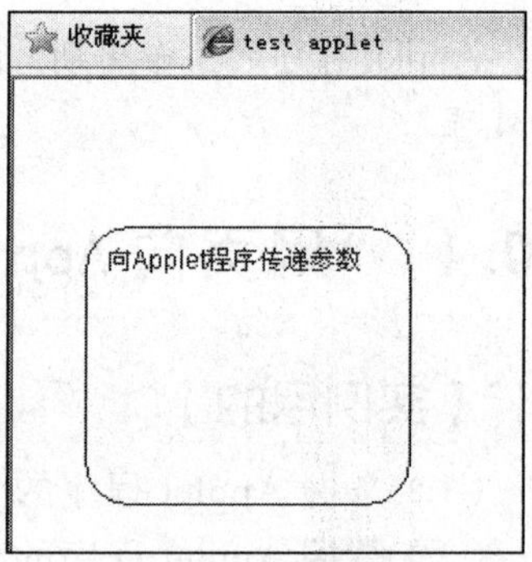

图 10.3　运行结果

【相关知识及注意事项】

10.1.1　Applet 简介

Java 程序分为两类：Java 小应用程序（Applet）和 Java 应用程序（Application）。Java Applet 称为小应用程序，是嵌入浏览器中的程序。它不能独立运行，必须嵌入到浏览器中运行。正是由于 Applet 应用程序的特点，使得 Web 页面丰富，具有动感，充满活力，从而也使 Java 能够随着互联网的发展而逐步成长壮大，成为当今网络编程的主流语言。

Applet 就是一种能够嵌入到 HTML 页面中的 Java 程序，Java Applet 和 Java Application 的区别如下：

（1）运行方式不同：Applet 是独立运行的，而 Application 必须嵌入 Web 页面中才能执行其功能。

（2）运行工具不同；Application 被编译后，用普通的 Java 解释器就可以使其边解释边执行；而 Applet 必须通过浏览器或 Applet Viewer 才能执行。

（3）程序结构不同 Application 必定含有一个 main()方法，Java 应用程序在执行时，首先寻找 main()方法，并以此为入口点开始执行。而 Applet 则一定没有 Applet()方法，不能独立运行，并且 Applet 必须以 java.applet.Applet 类作为派生类。

（4）受到的限制不同：Application 可以设计成能进行各种操作的应用。包括读/写文件操作；但是 Applet 对站点的磁盘文件既不能进行读操作，也不能进行写操作。

10.1.2　Applet 程序的生命周期

一个 Java Applet 的执行过程称为这个 Applet 程序的生命周期，一个 Applet 生命周期涉及一些基本动作及对应的方法，这些方法也正是一个完整的 Applet 所包含的。Applet 生命周期如图 10.4 所示。

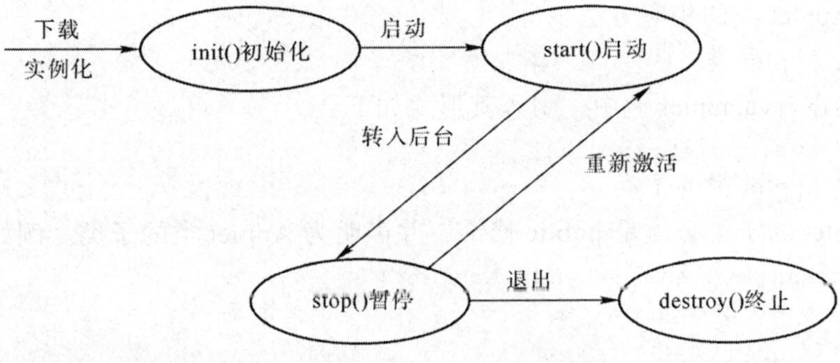

图 10.4　Applet 程序的生命周期

Applet 类定义了如下的一些方法：

（1）初始化方法 init()

当一个 Applet 运行时，首先就是用 init()方法实现初始化。初始化的功能是为 Applet 运行建立初始化环境，具体内容包括创建 Applet 的对象、分配内存、设置初始化状态、装载所需要的图像信息、设置参数等。

init()方法只有在 Applet 刚开始运行时才用，所以在整个 Applet 生命周期中只执行一次 init()方法。而编写 Applet 源程序时，尽量将只执行一次的操作放在 init ()方法中。

（2）启动方法 start()

Applet 被初始化后，紧接着做的便是启动。此时，系统会自动调用 start()方法。start()方法是 Applet 源程序的主要部分，它的功能往往是启动有关的线程实现 Applet 的主要功能，或者直接执行 Applet 的主要功能。

在 Applet 执行过程中，初始化只有一次，但启动可以多次。除了进入执行过程时调用 start()方法外，当浏览器离开 Applet 所在的 Web 页面转到其他页，然后又返回时，必须再次调用 start()方法启动 Applet。如果 Web 页面中有多个 Applet，那么就要调用所有 Applet 的 start()

方法，但不必再初始化。

（3）停止方法 stop()

停止是和启动相对应的动作。当浏览器离开 Applet 所在的 Web 页转到其他页时，Applet 被停止。

如果浏览器又回到此页，则 Applet 又被启动。所以，和 start()方法类似，在 Applet 生命周期中，stop()方法也可能被多次调用。

（4）删除方法 destroy()

当浏览器结束浏览时，执行 destroy()方法。删除方法的功能是释放 Applet 占用的资源。当浏览器离开 Web 页结束浏览时，在执行 destroy()方法前先执行 stop()方法。

（5）描绘方法 paint()

描绘是指将 Applet 自身的效果显示在 Web 页面上。

10.1.3 Applet 程序的建立与运行

Applet 程序就是对 Applet 类的子类编程，所以需要引入 Applet 类，创建 Applet 类的子类，并覆盖 Applet 类的相应方法。

（1）引入 Applet 类

Applet 类在 java.applet 包中，引入其形式如下：

```
import  java.applet.Applet;
```

（2）创建 Applet 类的子类

创建 Applet 的子类必须是 public 修饰，并声明为 Applet 类的子类。例如：

```
public class MyClass extends Applet {
    //Applet body
 }
```

（3）覆盖 Applet 方法

根据需要选择覆盖方法，实现 Applet 编程目的。例如，选择 paint()方法覆盖。

```
public void paint(Graphics g){
    //paint code
}
```

【例 10-1】 编写 Applet 程序，显示 0~100 之间的累加和。

```
import java.applet.*;
import java.awt.*;
public class TestApplet extends Applet{
  int sum;
  public void init(){
     sum = 0;
     for(int i=0;i<100;i++){
        sum += i;
     }
  }
  public void paint(Graphics g){
     g.setColor(Color.RED);
     g.drawString("1~100 的累加和为: ", 40, 80);
     g.setColor(Color.BLUE);
```

```
        g.drawString(String.valueOf(sum), 120, 80);
    }
}
```

10.1.4　HTML 与 Applet 程序

Applet 小应用程序只有嵌入到 Web 页面中，才能够被执行。

1. HTML 语言

HTML 是超文本标记语言（Hyper Text Markup Language），用于描述在浏览器中显示的超文本。在 HTML 中可以使用各种标记对文件进行处理。这些标记决定了网页的外观、结构和交互性等，它们的共同之处是都使用了“<>”符号。常见的 HTML 标记如下。

（1）文档标记：<html>HTML 文档</html>。

（2）窗口标题栏中的标题标记：<title>标题<title>。

（3）文档头标记：<head>文档头</head>。

（4）文档体标记：<body>文档主体</body>。

（5）段落标记：<p>段落</p>。

（6）居中对齐标记：<center></center>。

（7）换行标记：
。

【例 10-2】 一个简单的网页 MyHtml.html。

```
<html>
    <head>
        <title>My First Html 文件</title>
    </head>
    <body>
        HTML 主体部分
    </body>
</html>
```

2. HTML 中嵌入 Applet

在 HTML 中嵌入 Applet 程序使用 Applet 标识，其格式为：

```
<applet code=编译后的字节码文件（.class 文件）width=宽度 height=高度
codebase=Applet 的 URL alt=替换文本></applet>
```

Applet 标识各参数说明如下：

code=编译后的字节码文件名（.class），指定要运行的 Applet 应用程序的文件名，width 指，宽度 height 指高度。

指定 Applet 显示区域的初始宽度和高度，单位是像素。

```
codebase = Applet 的 URL
```

指定当前 Applet 所在的相对于 HTML 文件的路径。

```
alt=替换文本;
```

指定一段替换文本，它的作用是当浏览器不能运行 Applet 程序时，将显示这段文本以替换 Applet 程序。省略时显示默认的出错信息。

```
name = Applet 名字;
```

为 Applet 指定一个名字，使得同一个浏览器窗口中运行的其他 Applet 能够通过这个名字识别该 Applet 并进行通信。

例如：带有 Applet 参数的 HTML 文件。

```
<applet  code= TestApplet.class  width=400  height=400>
<param name=""  value="">
```

10.2 “画笔功能”实例

【实例目的】

（1）掌握 Graphics 类的用法。

（2）掌握颜色和字体的设置。

（3）掌握常用图形的绘制。

【实例内容】

利用 Java Applet 程序和 Graphics 类创建一个简单的画板，能够按住鼠标绘制各种线条，单击“清除”按钮可以清除线条。

【技术要点】

创建一个 Java 工程，在该工程下新建一个 SimpleGraphics 类，该类继承 Applet 类，在类中定义一个按钮，用来清除线条，在 SimpleGraphics 类的 init 方法中添加鼠标事件，当按住鼠标的时候，能够绘制线条。具体步骤如下：

（1）SimpleGraphics 类的核心代码如图 10.5 所示。

```
SimpleGraphics.java
    public void init() {
        this.setLayout(new BorderLayout());
        this.setSize(300, 300);
        this.add(btn, "North");
        x1 = x2 = y1 = y2 = 0;
        btn.addActionListener(new ActionListener() {
            public void actionPerformed(ActionEvent e) {
                repaint();
            }
        });
        MouseAdapter adapter = new MouseAdapter() {
            public void mousePressed(MouseEvent e) {
                if (e.getButton() == MouseEvent.BUTTON1) {
                    x1 = x2 = e.getX();
                    y1 = y2 = e.getY();
                }
            }
            public void mouseDragged(MouseEvent e) {
                Graphics g = getGraphics();
                if (first) {
                    x2 = e.getX();
                    y2 = e.getY();
                    paint(g);
                    first = false;
                } else {
                    x1 = x2;
```

图 10.5　SimpleGraphics 类的核心代码

（2）程序的运行结果。以 Java Applet 方式运行程序，效果如图 10.6 所示。

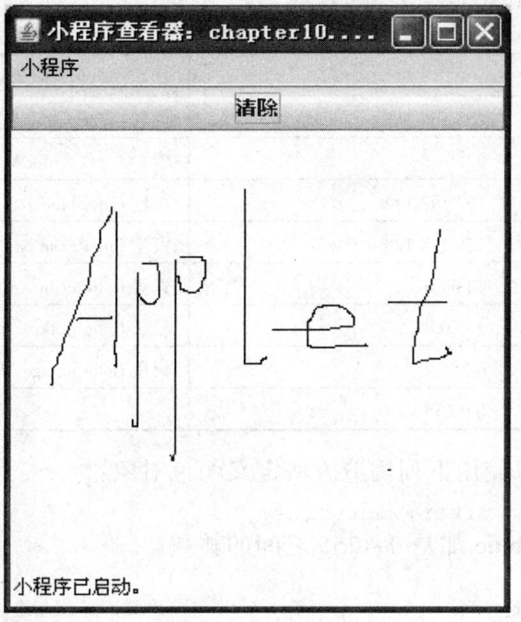

图 10.6　运行结果

【相关知识及注意事项】

10.2.1　字体与颜色

1．Font 类（字体）

要改变文字的字体、字型、字号，需要用到字体类 Font。

创建字体对象的方法：

```
Font  font = new Font(String name, int style, int size);
```

其中，name 为字体的名称，style 为字形［包括 Font.PLAYN（普通），Font.BOLD（黑体），Font.ITALIC（斜体），Font.BOLD + Font.ITALIC（粗斜体）4 种］，size 为字体的大小。

例如：

```
Font  font1=new Font("宋体", Font.BOLD, 32);
```

定义了一个字体对象 font1，其字体为宋体，字型为黑体，自号为 32。

下面语句定义了一个文本框，并设定了显示文字的字体、字型、字号：

```
JtextField  text = new  JtextField("中华人民共和国");
Font  font1=new Font("宋体", Font.BOLD, 32);
text.setFont(font1);
```

后两句可以直接写成：

```
text.setFont(new Font("宋体", Font.BOLD, 32));
```

2．颜色类 Color

Java 图形用户界面使用 Color 类表示颜色。Color 是 java.awt 包中的类，所以使用颜色要导入类包 java.awt，Color 类中定义了一些静态的颜色常量，如表 10.1 所示。

表 10.1 Color 类的颜色常量

颜色名称	RGB 值	颜色名称	RGB 值
白色 Color.white	255.255.255	黄色 Color.yellow	255.255.0
黑色 Color.blank	0.0.0	紫（洋）红 Color.Magenta	255.0.255
亮淡灰 Color.lightGray	192.192.192	蓝色 Color.blue	0.0.255
灰色 Color.gray	128.128.128	青色 Color.cyan	0.255.255
暗灰 Color.darkGray	64.64.64	青蓝 Color.cyan	0.255.255
红色 Color.red	255.0.0	粉红 Color.pink	255.175.175
绿色 Color.green	0.255.0	橘色 Color.orange	255.200.0
蓝色 Color.blue	0.0.255		

对于其他颜色，可以使用下列构造方法定义颜色对象：

```
Color(int red, int green, int blue)
```

其中，red，green，blue 都是 0 ~ 255 之间的整数。

10.2.2 绘制基本图形

Java 提供的 Graphics 类是用于绘图和显示格式化文字的工具。绘图必须在一个窗口（容器）中进行，Java 小程序 Applet 就是一个窗口。本章我们只介绍 Graphics 类的绘制基本图形和格式化文字显示这两部分功能，其余内容在以后需要的时候再研究。

1. 绘制直线

Graphics 类在 java.awt 包中被声明。绘制直线是用 Graphics 的 drawLine(int x1, int y1, int x2, int y2)方法实现的。其中，(x1,y1)代表起点的坐标，(x2,y2)代表终点的坐标。

例如，在点(30,50)和点(100,120)之间绘制一条直线：

```
drawLine(30, 50, 100, 120) ;
```

【例 10-3】 在两点之间绘制直线

```
import java.awt.*;
import java.applet.*;
 public class DrawLine extends Applet{
       public void paint(Graphics g)      {
              //从点(0,0)到点(400,400)之间画直线
              g.drawLine(0,0,400,400);
          }
}
```

2. 绘制文本

Java 的 Graphics 类提供了对绘制字符、文本的支持，Graphics 类提供了三个与绘制文本有关的方法：drawByte()、drawChars()、drawString()。

这三个方法一般要和 Font 类一起使用。用 Font 类可以设定字体、字体的样式及大小；Font 对象代表单独的字体，包含字体名称、风格和点数量。字体的名称是代表字体集合的字符串，例如 TimesRoman 等字体；字体风格是 Font 类定义的静态常量：Font.PLAIN，Font.BOLD

和 Font.ITALIC；点数量代表字体本身定义的尺寸。创建字体 Font 对象需要向 Font 类的构造函数传递三个参数：

```
Font f=new Font("Timesroman",Font.BOLD,24);
Font f=new Font("Timesroman",Font.BOLD+ Font.ITALIC,24);
```

程序指定的字体取决于系统所安装的字体库，如果系统中没有指定的字体，Java 会使用默认的字体（通常是 Courier 字体）来代替。

【例 10-4】 绘制字符串

```
import java.awt.*;
import java.applet.*;
public class DrawText extends Applet{
    public void paint(Graphics g) {
        //创建四个字体对象
        Font f1=new Font("TimesRoman",Font.BOLD, 20);
        Font f2=new Font("TimesRoman",Font.BOLD + Font.ITALIC, 24);
        //用 f1 字体绘制字符串
         g.setFont(f2);
        g.drawString("This is a Bold font", 10,50);
        //用 f2 字体绘制字符串
        g.setFont(f2);
        g.drawString("This is a Bold and italic font", 10,100);
    }
}
```

3．绘制圆和椭圆

Graphics 类提供了以下方法用来绘制圆和椭圆：

```
void drawOval(int x,int y,int width,int height);
void fillOval(int x,int y,int width,int height);
```

上述两种方法在坐标为(x,y)处，绘制或者填充一个长轴为 width，短轴为 height 的椭圆。当长轴 width 与短轴 height 相等时，椭圆就变成了圆，所以 Java 并没有专门提供绘制圆的方法。

【例 10-5】 绘制圆和椭圆

```
import java.awt.*;
import java.applet.*;
public class DrawEllipse extends Applet{
    public void paint(Graphics g) {
        //在原点为(10,10)，半径为 50 画圆
        g.drawOval(10,10,50,50);
        //在原点为(100,10)，半径为 50 画填充效果的圆
        g.fillOval(100,10,50,50);
        //在原点为(190,10),长轴为 75,短轴为 50 画的椭圆
        g.drawOval(190,10,90,30);
        //在原点为(70,90),长轴为 140,短轴为 100 画填充效果的椭圆
        g.fillOval(70,90,140,100);
    }
}
```

10.3 “幻灯片播放”实例

【实例目的】

（1）掌握图形类 Image 类的基本用法。

（2）掌握声音处理类 AudioClip 类的基本用法。

（3）利用图形和声音类进行简单的应用。

【实例内容】

利用 Java Applet 程序中，制作幻灯片播放的效果，鼠标单击一下，图片则切换到下一张，同时能够播放背景音乐，有 3 个按钮能够控制背景音乐的播放。

【技术要点】

创建一个 Java 工程，在该工程下新建一个 ImageMedia 类，该类继承 Applet 类，在类中定义三个按钮，用来控制背景音乐的播放，同时添加 5 张图片，用鼠标左键可以控制图片的下翻，用右键控制图片的上翻。具体步骤如下：

（1）创建 ImageMedia 类，定义相关的成员变量，在 init 方法中完成初始化，如图 10.7 所示。

```
ImageMedia.java
public class ImageMedia extends Applet
            implements MouseListener,ActionListener{
    public int n,j;
    public JButton start,stop,loop;
    public Image[] img;
    public AudioClip ac;
    public void init() {
        n = 5;
        j = 0;
        start = new JButton("播放");
        stop = new JButton("停止");
        loop = new JButton("循环");
        ac = getAudioClip(getCodeBase(), "望江南.mid");
        start.addActionListener(this);
        stop.addActionListener(this);
        loop.addActionListener(this);
        this.addMouseListener(this);
        this.add(start);
        this.add(stop);
        this.add(loop);
        img = new Image[n];
        for (int i = 0; i < n; i++) {
            img[i] = this.getImage(getCodeBase(), (i + 1) + ".jpg");
        }
        this.setSize(400,400);
    }
```

图 10.7　ImageMedia 类的成员变量定义及 init()方法

（2）编写鼠标响应事件和按钮控制音乐播放的代码，效果如图 10.8 所示。

```java
    public void paint(Graphics g) {
        g.drawRect(50, 50, 300, 300);
        g.drawImage(img[j], 80, 80, 250, 250, this);
    }
    public void mousePressed(MouseEvent e) {
        if (e.getButton() == e.BUTTON1) {
            if (j < n - 1) {
                j++;
            }
            repaint();
        }
        if (e.getButton() == e.BUTTON3) {
            if (j > 0) {
                j--;
            }
            repaint();
        }
    }
    public void actionPerformed(ActionEvent e){
        if(e.getActionCommand().equals("播放")){
            ac.play();
        }
        if(e.getSource()==stop){
            ac.stop();
        }
        if(e.getActionCommand().equals("循环")){
```

图 10.8　鼠标响应事件和音乐控制代码

（3）程序的运行效果如图 10.9 所示。

图 10.9　运行效果

【相关知识及注意事项】

10.3.1 图片的处理

Java 中处理图像的类是 Image，它也是 AWT 中的类库之一。Java 目前支持的图像格式有 GIF 和 JPEG 两种。对图像操作一般可为 3 步：创建、加载和显示。

（1）图像的创建。可利用以下方法：

```
Image createImage(ImageProducer imgProd);
Image createImage(int width,int height);
```

（2）图像的加载。可利用以下方法：

```
Image getImage(URL url);
Image getImage(URL url,String imageName);
```

（3）图像的显示。可利用以下方法：

```
boolean drawImage(Image imgObj,int x,int y,ImageObserver imgOb);
```

显示图像是通过 Graphics 类的 drawImage()实现的。其中，imgOb 是一个 ImageObserver 接口对象，它用来监测图像加载的过程。

例如：

```
public Image img;
img = this.getImage(getCodeBase(),"1.jpg");
Graphics g = getGraphics();
g.drawImage(img, 80, 80, 250, 250, this);
```

10.3.2 声音文件的处理

如果要播放音频文件，首先必须导入 java.applet 包和 java.net 包。然后声明一个 AudioClip 类的对象来装载音频文件，载入音频文件需要利用 Applet 类中提供的方法。

（1）导入 java.applet 包和 java.net 包。

（2）装载音频文件。

```
AudioClip  sound = new AudioClip();
URL url=new URL("file:"+路径+文件名);
sound = Applet.newAudioClip( url);
```

（3）调用 AudioClip 中的方法：

```
sound.play();         //播放一遍载入的音频文件
sound.stop();         //停止播放
sound.loop();         //循环播放载入的音频文件
```

URL 类用来指向所需文件的路径。文件可以是计算机硬盘中的文件，也可以是网络上的文件。

本章小结

本章主要讲述关于 Java 中的小应用程序（Applet），主要介绍 Applet 和 Application 的区别；重点讲解了 Applet 的生命用期过程；详细讲解了如何编写一个 Applet，Applet 的运行必须嵌入 Web 页面中才能运行；最后列举了 Applet 的应用实例。同时讲解了颜色和字体类的应用，Graphics 类的具体应用，以及图形和声音的处理类。要求重点理解 Applet 的运行机制，掌握 Applet 程序的编写及在图形、图像及声音等方面的应用。

思考与练习

一、选择题

1. 下列方法中，哪一个不是 Applet 的基本方法（　　）

A. init()　　B. run()　　C. stop()　　D. start()

2. 在 Java 中判定 Applet 的来源的方法有（　　）

A. getcodebase()　　B. get 文档 base()

C. getCodeBase()　　D. get 文档 Bade()

3. 下面关于 Applet 的说法正确的是（　　）

A. Applet 也需要 main 方法　　B. Applet 必须继承自 java.awt.Applet

C. Applet 能访问本地文件　　D. Applet 程序不需要编译

4.
```
<html>
    <head>
    </head>
        <body>
            <applet code="Our_Applet.class" width=200 height=100>
                <param name="display_string" value="good morning">
            </applet>
        </body>
</html>
```

下列解释不正确的是（　　）.

A. our_applet.java 中一定有一个参数是"display_string"

B. <param>具有两个属性"name"和"value"

C. value 是参数的名称

D. "good morning"通过<panram>标记传递给"Our_Applet.class"

5. 对 Applet 程序的“停止状态”或“销毁状态”理解不正确的是（　　）。

A. 若用户从 Applet 运行的页移动到其他页，stop()方法就会停止第一页中的 Applet

B. 若用户从 Applet 运行的页移动到其他页，stop()方法不会停止第一页中的 Applet

C. 使用 destroy()方法可将 Applet 从内存中永久删除

D. destroy()方法可以删除运行的 Applet 所有使用的资源

二、填空题

1. Applet 类中四种基本方法用来控制其运行状态，它们是 init()、__________、stop()、destroy()。

2. Applet 程序又称为小程序，它嵌入__________文件中，由支持 Java 的网页浏览器下载并运行。

3. 在第一次加载 Applet 时，默认最先执行的方法是__________。

三、程序填空题

1. 若在文本域中输入 3 并按【Enter】键，下列程序的运行结果是____________。

```
import java.awt.*;
import java.applet.*;
import java.awt.event.*;
public class Applet1 extends Applet implements ActionListener {
    Label label;
    TextField t1;
    int i=0;
    public void init(){
      label=new Label("请输入一个整数:");
      add(label);
      t1=new TextField(10);
      add(t1);
      t1.addActionListener(this);
   }
   public void paint(Graphics g) {
      int product=1;
      for(int k=1;k<=i;k++)
      product+=k;
      g.drawString("product="+product,20,60);
   }
   public void actionPerformed(ActionEvent e) {
      i=Integer.parseInt(t1.getText());
      repaint();
    }
  }
```

2. 阅读完下面的程序后,指出程序的功能____________。

```
public class Exam extends Applet{
      public void paint(Graphics g) {
         int x=20,y=20,counter=1;
         for (int i = 1; i <= 9; i++) {
            for (int j = 1; j <= i; j++) {
               counter = i*j;
               g.drawString(j+"*"+i+"="+counter, x, y);
               x +=50;    }
            y=y+20;
            x=20;
         }}
```

四、程序设计题

1. 编写一个 Applet 程序和相应的页面文件，通过页面文件传递参数，在 Applet 程序中绘制一个长方形。(长方形的长度和宽度由页面文件传递。)

2. 编写一个 Applet 程序，用来循环播放与 Applet 程序在同一文件夹下的声音文件“sound.mid”，作为网页的背景音乐。

第11章

多线程

内容提要及教学目标

教学目标与要求：本章通过两个 Java 程序实例进行学习。通过“自由落体运动和平抛运动”实例，介绍多线程的基本概念、线程的生命周期、线程常用方法的使用以及线程的创建；通过“生产者-消费者”实例，介绍了多线程的互斥和多线程的同步的概念、synchronized 关键字及其使用、多线程程序的编写和应用。通过本章的学习，读者应该掌握以下内容：

- 多线程的基本概念。
- 线程的生命周期及线程常用方法的使用。
- 通过继承 Thread 类实现线程。
- 通过继承 Runnable 接口来实现线程。
- 多线程的互斥和多线程的同步的概念。
- synchronized 关键字的使用。
- 多线程程序的编写及应用。

本章重点及难点

教学重点与难点：线程常用方法的使用；通过 Thread 类实现线程；通过实现 Runnable 接口来实现线程；synchronized 关键字的使用；多线程应用程序的编写。

11.1 “自由落体运动和平抛运动”实例

【实例说明】

编写一个 Java GUI 应用程序，采用 Java 多线程技术，模拟自由落体运动和平抛运动：一个球自由落下，一个球水平抛出。程序运行界面如图 11.1 所示。

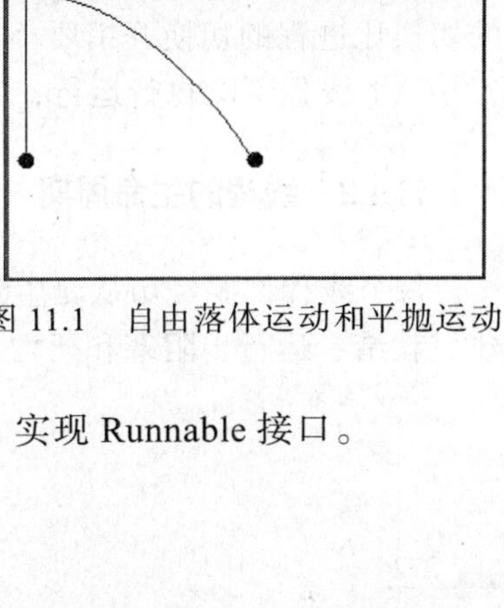

图 11.1　自由落体运动和平抛运动

【实例目的】

（1）了解多线程的基本概念。

（2）熟悉线程的生命周期。

（3）熟悉并掌握 Thread 类的常用方法的使用。

（4）熟悉并掌握线程的创建方法：创建 Thread 类的子类、实现 Runnable 接口。

【技术要点】

（1）自由落体

自由落体运动只沿 y 轴方向运动，自由落体下落时间 t 后 y 轴的位置为：

$y_t=y_0+\frac{1}{2}gt^2$（其中，y_0 为初始位置，g 为重力加速度，y_t 为自由落体下落时间 t 后的位置。）

自由落体过程中 x 轴没有运动分量，所以沿 x 轴方向的位置不变。

因此，假设初始位置为（x_0, y_0），运动时间 t 后的位置即为（x_0, y_t）。

（2）平抛运动

平抛运动沿 x 轴和 y 轴都有运动分量，平抛运动时间 t 后的位置：

$x_t = x_0 + vt$（其中，x_0 为初始位置，v 为水平速度，x_t 为运动时间 t 后 x 轴的位置。）

$y_t = y_0+\frac{1}{2}gt^2$（其中，$y_0$ 为初始位置，g 为重力加速度，y_t 为运动时间 t 后 y 轴的位置。）

因此，假设初始位置为（x_0, y_0），运动时间 t 后的位置即为（x_t, y_t）。

【相关知识及注意事项】

11.1.1 多线程的概念

现实生活中，在单核 CPU 的计算机中也能够边杀毒边听音乐，边搜索文件边打印文档，这归功于计算机运行平台的多进程体制，进程（Progress）就是当前正在执行的程序。如果在同一个应用程序中一边画圆一边画方，那么实现这么高难度的动作就要归功于多线程的并发机制。

进程是程序的一次动态执行过程，它对应了从代码加载、执行至执行完毕的一个完整过程。在操作系统中同时运行的多个任务程序即多进程。

线程（Thread）是程序中能顺序执行的一个序列。每个线程对应程序的一条执行路径，多个线程构成同一程序的多条路径。在同一应用程序中包含两个或两个以上并发运行的线程即多线程。Java 支持多线程，在基于线程的多任务处理环境中，线程是最小的执行单位。

线程和进程在一定程度上很相似，它们都是程序的一个顺序执行序列，当然两者也有区别：

（1）进程是一个程序在其自身的地址空间中的一次执行活动。进程是自愿申请、调度和独立运行的单位，进程之间的切换开销大。而多线程共享一个内存空间和一组系统资源，有可能互相影响。

（2）线程本身的数据通常只有寄存器数据，以及一个程序执行时使用的堆栈，所以线程的切换比进程的切换开销要小。

（3）线程不能自行运行，必须栖身于某一进程中，由进程触发。

11.1.2 线程的生命周期

每个线程都要经历从诞生到消亡的生命周期，一个线程在它完整的生命周期中要经历新建、就绪、运行、阻塞和死亡 5 种状态，线程各状态之间的转换如图 11.2 所示。

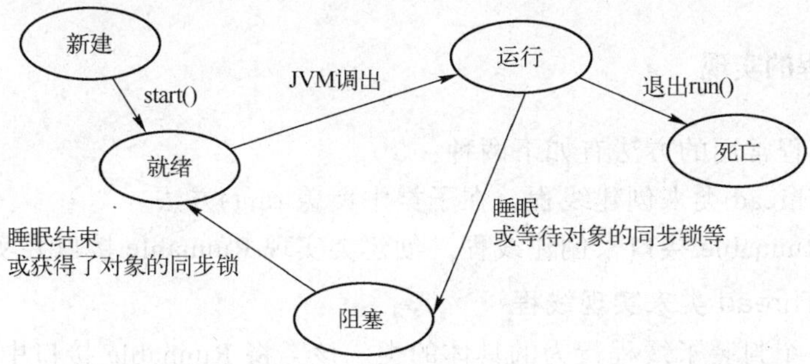

图 11.2　线程的状态转换图

1. 新建状态（New）

当线程被创建还未调用它的 start()方法时，线程处于新建状态。

2. 就绪状态（Runnable）

当一个线程对象创建后，其他线程调用它的 start()方法，该线程就进入就绪状态。处于这个状态的线程位于 JVM 的可运行池中，等待 CPU 的使用权。一旦获得 CPU，线程就会自行调用其 run()方法，这时线程进入运行状态。

3. 运行状态（Running）

处于运行状态的线程占用 CPU，执行程序代码。在并发运行环境中，如果计算机只有一个 CPU，那么任何时刻只会有一个线程处于这个状态。如果计算机有多个 CPU，那么同一时刻可以让几个线程占用不同的 CPU，使它们都处于运行状态。只有处于就绪状态的线程才有机会转到运行状态。

4. 阻塞状态（Blocked）

阻塞状态是指线程因为某些原因放弃 CPU，暂时停止运行。当线程处于阻塞状态时，Java 虚拟机不会给线程分配 CPU，直到线程重新进入就绪状态，它才有机会转到运行状态。

阻塞状态可分为 3 种：

（1）位于对象等待池中的阻塞状态（Blocked in object's wait pool）：当线程处于运行状态，如果执行了某个对象的 wait()方法，Java 虚拟机就会把线程放到这个对象的等待池中。

（2）位于对象锁池中的阻塞状态（Blocked in object's lock pool）：当线程处于运行状态，试图获得某个对象的同步锁时，如果该对象的同步锁已经被其他线程占用，Java 虚拟机就会把这个线程放到这个对象的锁池中。

（3）其他阻塞状态（Otherwise Blocked）：当前线程执行了 sleep()方法，或者调用了其他线程的 join()方法，或者发出了 I/O 请求，就会进入这个状态。

5. 死亡状态（Dead）

正常情况下，当线程运行结束后进入死亡状态。有两种情况导致线程进入死亡状态：自然撤销或被停止。当运行 run()方法结束时，该线程就自动自然撤销，当一个应用程序因故停止运行时，系统将终止该程序正在执行的所有线程。当然也可以调用 stop()方法来终止线程。但一般不推荐使用，因为会产生异常情况。

11.1.3 多线程的实现

Java 中创建线程常用的方法有如下两种：

- 通过继承 Thread 类来创建线程，在子类中覆盖 run()方法。
- 通过实现 Runnable 接口来创建线程，创建类实现 Runnable 接口并实现 run()方法。

1. 通过继承 Thread 类来实现线程

Thread 类是一个封装了线程行为的具体的类。该类将 Runnable 接口中的 run()方法实现为空方法，并提供了丰富的用于线程创建和控制的方法。该类的构造方法有 8 个，但常用的只有如下 4 个：

（1）Thread()：创建一个线程，线程的名称的形式为"Thread-"+n，其中的 n 为整数。例如：

```
Thread t = new Thread();
```

（2）Thread(Runnable target)：创建一个指定运行对象的线程。线程的名称的形式为"Thread-"+n，其中的 n 为整数。如本实例中创建的线程如下：

```
Thread t = new Thread(this);
```

（3）Thread(Runnable target, String name)：创建一个指定运行对象和名称的线程。例如：

```
Thread t = new Thread(this, "DropModelThread");
```

（4）Thread(String name)：创建一个指定名称的线程。例如：

```
Thread t = new Thread("DropModelThread");
```

Thread 类常用的方法包括：

（1）void start()：使该线程开始执行；Java 虚拟机调用该线程的 run()方法。执行结果是两个线程并发地运行；当前线程[从调用返回给 start()方法]和另一个线程[执行其 run()方法]。如启动本案创建的线程对象 t 如下：

```
t.start();
```

注意：多次启动一个线程是非法的。特别是当线程已经结束执行后，不能再重新启动。

（2）void run()：如果该线程是使用独立的 Runnable 运行对象构造的，则调用该 Runnable 对象的 run()方法；否则，该方法不执行任何操作并返回。Thread 的子类应该重写该方法。例如，本实例中重写的 run()方法如下：

```
public void run() {
    list1 = new ArrayList<Point>();
    list2 = new ArrayList<Point>();
    double xx1 = x1, yy1 = y1, xx2 = x2, yy2 = y2;// 本时刻位置
    long start = System.currentTimeMillis();
    long end = start;
    while (end - start <= time) {
        end = System.currentTimeMillis();
        double t = (end - start) / 1000.0;
        yy1 = y1 + g * t * t / 2;
        xx2 = x1 + s2 * t;
        yy2 = y2 + g * t * t / 2;
        list1.add(new Point((int) xx1, (int) yy1));
        list2.add(new Point((int) xx2, (int) yy2));
        p1.repaint();
        try {
```

```
                Thread.sleep(50);
            } catch (InterruptedException e) {
                Thread.currentThread().interrupt();
                e.printStackTrace();
            }
        }
    }
```

（3）static void sleep(long millis)：在指定的毫秒数内让当前正在执行的线程休眠（暂停执行）。该线程不丢失任何监视器的所属权。例如，本实例中让线程休眠 50ms 如下：

```
Thread.sleep(50);
```

（4）static void sleep(long millis, int nanos)：在指定的毫秒数加指定的纳秒数内让当前正在执行的线程休眠（暂停执行）。该线程不丢失任何监视器的所属权。

（5）void setName(String name)：改变线程名称，使之与参数 name 相同。如本实例中为线程设置名称如下：

```
t.setName("DropModelThread");  //为线程设置名称为"DropModelThread"
```

（6）String getName()：返回该线程的名称。

```
System.out.println("This thread is: " + Thread.currentThread()
.getName());
```

运行结果为：

```
This thread is: DropModelThread
```

（7）void setPriority(int newPriority)：更改线程的优先级。例如，本实例中为线程设置的优先级如下：

```
t.setPriority(Thread.NORM_PRIORITY);  //设置线程 t 的优先级数为 5
```

线程的优先级代表该线程的重要程度或紧急程度。当有多个线程同时处于可执行状态，并等待获得 CPU 时间时，Java 虚拟机会根据线程的优先级来调用线程。在同等情况下，优先级高的线程会先获得 CPU 时间，优先级较低的线程只有等排在它前面的高优先级线程执行完毕之后才能获得 CPU 资源，对于优先级相同的线程，则遵循队列的“先进先出”原则，即先进入就绪态的线程被优先分配使用 CPU 资源。

Java 线程的优先级从低到高以整数 1～10 表示，共分为 10 级，可以调用 Thread 类的方法 getPriority()方法获取线程的优先级和 setPriority()方法来改变线程的优先级。

Thread 类优先级有关的成员变量如下：

MAX_ PRIORITY：一个线程可能有的最大优先级，值为 10。

MIN_PRIORITY：一个线程可能有的最小优先级，值为 1。

NORM_PRIORITY：一个线程默认的优先级，值为 5。

（8）int getPriority()：返回线程的优先级。例如，本实例中获取的当前线程优先级如下：

```
System.out.println("It's Priority is: "+ Thread.currentThread().
                                                getPriority());
```

运行结果为：

```
It's Priority is: 5
```

（9）void interrupt()：中断线程。例如：

```
Thread.currentThread().interrupt();
```

（10）static boolean interrupted()：测试当前线程是否已经中断。线程的中断状态由该方法清除。换句话说，如果连续两次调用该方法，则第二次调用将返回 false。（在第一次调用已清除了其中断状态之后，且第二次调用检验完中断状态前，当前线程再次中断的情况除外。）

（11）boolean isAlive()：测试线程是否处于活动状态。如果线程已经启动且尚未终止，则为活动状态。例如：

```
if (t == null || !t.isAlive()) { … }
```

（12）void join()：等待该线程终止

通过继承 Thread 类来创建并启动多线程的步骤如下：

（1）定义 Thread 类的子类，并覆盖该类的 run()方法。如：

```
public class DropDemo2 extends Thread implements ActionListener {
static Thread t;
public void run() { … }
}
```

（2）创建 Thread 子类的实例，即创建线程对象。例如：

```
t = new DropDemo2();
```

（3）用线程对象的 start()方法来启动该线程，将执行权转交给 run()方法。例如：

```
t.start();
```

2. 通过实现 Runnable 接口来实现线程

虽然通过继承 Thread 类可以创建线程类，但由于 Java 具有单根继承的特性，如果一个类已经从其他类派生而来，就不能使用继承 Thread 类的方式让该类称为线程类。

Java 语言中还提供了通过实现 Runnable 接口来实现线程的方式。Runnable 接口只有一个不带参数的 run()方法，它可能执行任何所需的操作，Thread 类已经实现了该接口。run()方法完成由特定线程完成的功能，实现 Runnable 接口的类必须重写该方法。因此，一个类声明实现了 Runnable 接口就可以充当线程类。

通过实现 Runnable 接口来实现线程的步骤如下：

（1）定义类实现 Runnable 接口。例如：

```
public class DropDemo extends Frame implements Runnable{…}
```

（2）覆盖 Runnable 接口中的 run 方法。将线程要运行的代码存放在该 run 方法中。例如：

```
public class DropDemo extends Frame implements Runnable{
public void run() { … }
}
```

（3）通过 Thread 类建立线程对象。例如：

```
Thread t;
```

（4）将 Runnable 接口的子类对象作为实际参数传递给 Thread 类的构造函数。因为自定义的 run()方法所属的对象是 Runnable 接口的子类对象，所以要让线程去指定对象的 run()方法，就必须明确该 run()方法所属对象。如：

```
t = new Thread(this);
```

（5）调用 Thread 类的 start()方法开启线程并调用 Runnable 接口子类的 run()方法。例如：

```
t.start();
```

实现 Runnable 接口和继承 Thread 类来实现线程的两种方式的比较如下：

- 直接继承线程 Thread 类的方式，方法编写简单，可以直接操作线程，但由于已经继承了 Thread 类，因此不能再继承其他类，这也是这种方式的限制。

- 实现 Runnable 接口的方式，是面向接口的，扩展性等方面比 extends Thread 占优势，尤其在一个类已经继承了另一个类时，就只能使用实现 Runnable 接口的方式。此外，使用 Runnable 接口来实现多线程使得所有的代码能够包容在一个类中，有利于封装，也有利于多个线程共享某个对象的资源。但是该方式也有缺点，就是只能使用一套代码，若想创建多个线程并使各个线程执行不同的代码，则仍需要额外创建类。

【代码及分析】

```
//文件 DropDemo.java
public class DropDemo extends Frame implements Runnable, ActionListener {
    double x1 = 10, y1 = 0;  // 自由落体的起始位置
    double x2 = 10, y2 = 0;  // 水平抛出的起始位置
    double s2 = 30;          // 水平抛出的水平速度
    double g = 9.8;          // 重力加速度
    long time = 10000;       // 模拟 10s
    List<Point> list1 = new ArrayList<Point>();
    List<Point> list2 = new ArrayList<Point>();

    MyPanel p1 = new MyPanel();
    JButton b1 = new JButton("启动");
    Thread t;

    public DropDemo() {
        b1.addActionListener(this);
        this.add(b1, BorderLayout.NORTH);
        this.add(p1, BorderLayout.CENTER);
        this.setSize(800, 600);
        this.addWindowListener(new WindowAdapter() {
            public void windowClosing(WindowEvent e) {
                System.exit(0);
            }
        });
        this.setVisible(true);
    }

    public void run() {
        list1 = new ArrayList<Point>();
        list2 = new ArrayList<Point>();
        double xx1 = x1, yy1 = y1, xx2 = x2, yy2 = y2;// 本时刻位置
        long start = System.currentTimeMillis();
        long end = start;

        System.out.println("This thread is: " + Thread.currentThread()
                                                    .getName());
        System.out.println("It's Priority is: "+ Thread.currentThread()
                                                    .getPriority());
        while (end - start <= time) {
            end = System.currentTimeMillis();
```

```
            double t = (end - start) / 1000.0;
            yy1 = y1 + g * t * t / 2;
            xx2 = x1 + s2 * t;
            yy2 = y2 + g * t * t / 2;

            list1.add(new Point((int) xx1, (int) yy1));
            list2.add(new Point((int) xx2, (int) yy2));
            p1.repaint();
            try {
                Thread.sleep(50);
            } catch (InterruptedException e) {
                Thread.currentThread().interrupt();
                e.printStackTrace();
            }
        }
    }

    public void actionPerformed(ActionEvent e) {
        if (t == null || !t.isAlive()) {
            t = new Thread(this);
            t.setName("DropModelThread");
            t.setPriority(Thread.NORM_PRIORITY);
            t.start();
        }
    }

    class MyPanel extends Panel {
        BufferedImage im = new BufferedImage(800, 600,
                BufferedImage.TYPE_INT_RGB);

        public void paint(Graphics gg) {
            Graphics g = im.getGraphics();
            g.setColor(Color.white);
            g.fillRect(0, 0, 800, 600);
            g.setColor(Color.blue);
            Point ppp1 = null;
            Point ppp2 = null;
            for (int i = 0; i < list1.size(); i++) {
                Point pp1 = list1.get(i);
                Point pp2 = list2.get(i);
                if (ppp1 != null && ppp2 != null) {
                    g.drawLine(pp1.x, pp1.y, ppp1.x, ppp1.y);
                    g.drawLine(pp2.x, pp2.y, ppp2.x, ppp2.y);
                }
                ppp1 = pp1;
                ppp2 = pp2;
            }
            if (ppp1 != null && ppp2 != null) {
                g.fillOval(ppp1.x - 5, ppp1.y - 5, 10, 10);
                g.fillOval(ppp2.x - 5, ppp2.y - 5, 10, 10);
```

```
            }
            g.dispose();
            gg.drawImage(im, 0, 0, 800, 600, p1);
        }
    }

    public static void main(String[] args) {
        new DropDemo();
    }
}
```

程序解释及常见问题如下：

（1）任何一个 Java 程序都必须有一个主线程。主线程的线程执行体不是由 run()方法来确定的，而是由 main()方法来确定的：main()方法的方法体代表主线程的线程执行体。

（2）上面程序用到了线程的 Thread.currentThread()方法：currentThread()是 Thread 类的静态方法，该方法总是返回当前正在执行的线程对象的引用。

（3）一个线程只能被启动一次。否则会抛出 java.lang.IllegalThreadStateException 异常。

（4）代码“t.setName("DropModelThread");”设置了线程的名字。程序可以通过 setName (String name)方法为线程设置名字，也可以通过 getName()方法返回指定线程的名字，代码“Thread.currentThread().getName()”即返回当前线程的名字。在默认情况下，主线程的名字为 main，用户启动的多条线程的名字依次为：Thread-0，Thread-1，Thread-2，…，Thread-n 等。

【应用扩展】

本实例的应用扩展有两个方向：一是本实例通过实现 Runnable 接口实现了指定的线程功能。也可以通过继承 Thread 类来实现；二是本实例通过一个线程描述了自由落体和平抛运动，还可以通过两个线程来实现，一个线程模拟自由落体运动，一个线程模拟平抛运动。

11.2 “生产者-消费者”实例

【实例说明】

编写 Java 多线程程序，实现对“生产者-消费者”模型的模拟，程序运行界面如图 11.3 所示。

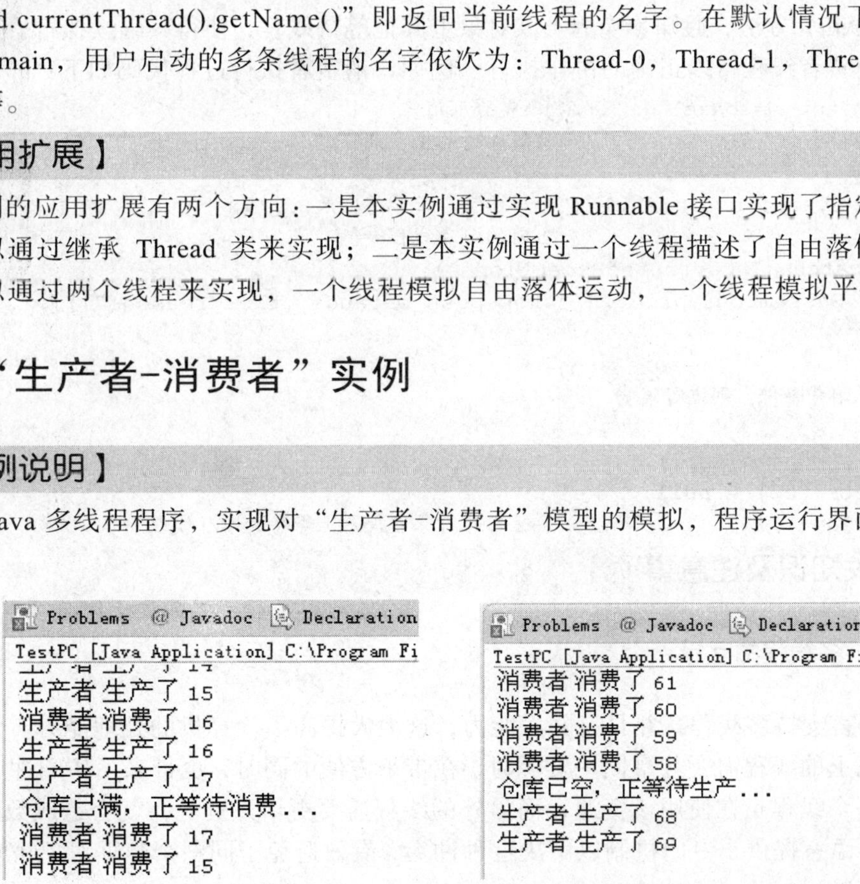

图 11.3 “生产者-消费者”实例

【实例目的】

（1）了解多线程的互斥和多线程的同步的概念。

（2）熟练掌握 synchronized 关键字的使用。

（3）熟练掌握多线程程序的编写、多线程程序的运行。

（4）能利用线程互斥和线程同步解决实际问题。

【技术要点】

（1）“生产者-消费者”模型，实际上应该准确定位为“生产者-消费者-仓储”模型，离开了仓储，生产者消费者模型就没有任何实际意义了。对于此模型，应该明确以下几点：

① 生产者仅仅在仓储未满时候生产，仓满则停止生产。

② 消费者仅仅在仓储有产品时候才能消费，仓空则等待。

③ 当消费者发现仓储没产品可消费时候会通知生产者生产。

④ 生产者在生产出可消费产品时候，应该通知等待的消费者去消费。

（2）“生产者-消费者”模型，要结合 java.lang.Object 的 wait 与 notify、notifyAll 方法来协调和同步生产者和消费者对共享数据的同步。对于本例，当发现不能满足生产或者消费条件的时候，调用对象的 wait 方法，wait 方法的作用是释放当前线程的所获得的锁，并调用对象的 notifyAll() 方法，通知（唤醒）该对象上其他等待线程，使得其继续执行。这样，整个生产者、消费者线程得以正确的协作执行。例如，消费者执行过程代码如下：

```
while (top == base) {    //判断是否可消费
notify();                // 唤醒等待的生产线程
    try {
        System.out.println("仓库已空，正等待生产...");
        wait();          // 当前的消费线程等待
    } catch (InterruptedException e) {
        System.out.println("stop push because other reasons");
    }
}
// 满足消费条件，则进行消费
top--;
pro = products[top];
products[top] = null;
notifyAll();             // 唤醒在此对象监视器上等待的所有线程
```

【相关知识及注意事项】

11.2.1　多线程的互斥

Java 语言支持多线程，并具有并发能力，这大大提高了计算机的处理能力。但是，在两个或两个以上的线程需要共享同一资源时，在带来方便的同时，也带来了访问冲突这个严重的问题，一个线程正在使用该资源，而另外的线程需要更新该资源，就会造成数据的混乱。为此，Java 语言提供了专门机制以解决这种冲突，有效避免了同一个数据对象被多个线程同时访问。

解决多线程互斥的办法是，某个线程在使用共享变量时，其他线程暂时等待，等待正在使用共享变量的线程使用结束。等到前一个线程使用结束后，才让等待使用共享变量的其他线程中的某一个使用它，而别的线程继续等待。如能保证它们是逐个使用共享变量的，再多的线程使用共享变量也不会产生混乱。

多线程互斥使用共享资源的程序段，在操作系统中称为临界段。临界段是一种加锁的机制，与多线程共享资源有关。临界段的作用是在任何时刻一个共享资源只能供一个线程使用。当资源未被占用，线程可以进入处理这个资源的段，从而得到该资源的使用权；当线程执行完毕，便退出临界段。如果一个线程已某个共享资源的临界段，并且还没有使用结束，其他线程必须等待。

在 Java 语言中，使用关键字 synchronized 定义临界段，能对共享对象的操作上锁。当某个对象用 synchronized 修饰时，表明该对象在任一时刻只能由一个线程访问，其他线程则不能同时调用同一个对象的加锁方法，所以 synchronized 又叫作互斥锁。关键字 synchronized 的使用有以下几种形式：

（1）synchronized 可以加在代码块前限制代码

通过 synchronized 关键字来声明 synchronized 块的语法如下：

```
synchronized (syncObject) {
//被访问控制的代码
}
```

例如：

```
public void push(Product product){
      synchronized(this){  需要同步的代码 }
}
```

synchronized 块中的代码必须获得 syncObject 的锁才能执行。由于可以针对任意代码块，且可任意指定上锁对象，故灵活性较高。用 synchronized 修饰的语句被加上了互斥锁，避免进栈和出栈操作同时进行，使得进栈完成后，才可以出栈。

（2）synchronized 可以放在方法声明中修饰方法：

通过在方法声明中加入 synchronized 关键字来声明 synchronized 方法。例如：

```
public synchronized void push(Product product) {
    ...
    }
```

synchronized 方法控制对类成员变量的访问，每个类实例对应一把锁。每个 synchronized 方法都必须获得调用该方法的类实例的锁才能执行，否则所属线程阻塞。方法一旦执行，就独占该锁，直到从该方法返回时才将锁释放，然后只有被阻塞的线程才能获得该锁，重新进入可执行状态。这种机制保证了同一时刻同一个数据对象只能被一个线程操作。

（3）若用在类声明中，类中所有方法都是互斥资源。

11.2.2　多线程的同步

当多个线程对同一数据或对象进行读写操作时，除有互斥情况外，还需要协调它们对数据的访问，当线程 A 使用到某个对象,而此对象又需要线程 B 修改后才能符合本线程的需要，这时线程 A 就要等待线程 B 完成修改工作，这种线程相互等待的协调机制就称为线程的同步。

Java 通过 wait()和 notify()[或 notifyAll()]方法来实现线程之间的相互协调。在临界段中使用 wait()方法，使执行该方法的线程等待，并允许其他线程使用这个临界段。wait()方法常用以下两种格式：

wait()：让线程一直等待，直到被 notify()或 notifyAll()方法唤醒。

wait(long timeout)：让线程等待到被唤醒，或经过指定时间后结束等待。

当线程使用完临界段后，用 notify()方法通知等待使用这个临界段的线程结束等待。notify()方法只是通知第一个处于等待的线程。如果某个线程在使用完临界段方法后，其他早先等待的线程都可结束等待，重新竞争 CPU，则可以 notifyAll()方法。

如果进入临界段的线程必须等待某个对象的状态被改变，那么应调用 wait()方法，使线程等待。反之，当另一个进入临界段的线程修改了某个对象的状态后，就应该调用 notify()方法，及时通知那些处于等待的线程，它们等待的环境已经发生了改变。例如：

```
public synchronized void push(Product product) {
   while (top == products.length) {
      notify();
      try {
         System.out.println("仓库已满，正等待消费...");
         wait();
      } catch (InterruptedException e) {
         System.out.println("stop push because other reasons");
      }
   }
   products[top] = product;
   top++;
   notifyAll();
   }
```

如果发生多个线程形成一个等待环，即第一个线程在等候第二个线程，而第二个线程在等候第三个线程，依次类推，最后一个线程在等候第一个线程。这样，所有线程都陷入相互等待的状态。这个循环等待现象称为死锁。在互斥同步机制的实现中，稍有不当，就可能产生死锁。Java 语言对死锁问题没有特别处理，只能由用户在编程时注意。

【代码及分析】

```
//文件 PCModel.java
class Producer implements Runnable {   //模拟生产者
   private String producerName = null;
   private StoreHouse storeHouse = null;
   public Producer(String producerName, StoreHouse storeHouse) {
      this.producerName = producerName;
      this.storeHouse = storeHouse;
   }

   public void setProducerName(String producerName) {
      this.producerName = producerName;
   }

   public String getProducerName() {
      return producerName;
```

```
    }

    public void produceProduct() {
        int i = 0;
        while (true) {
            i++;
            Product pro = new Product(i);
            storeHouse.push(pro);
            System.out.println(getProducerName() + " 生产了 " + pro);
            try {
                Thread.sleep(2000);
            } catch (InterruptedException e) {
                return;
            }
        }
    }

    public void run() {
        produceProduct();
    }
}

class Consumer implements Runnable {
    private String consumerName = null;
    private StoreHouse storeHouse = null;
    public Consumer(String consumerName, StoreHouse storeHouse) {
        this.consumerName = consumerName;
        this.storeHouse = storeHouse;
    }

    public void setConsumerName(String consumerName) {
        this.consumerName = consumerName;
    }

    public String getConsumerName() {
        return consumerName;
    }

    public void consumerProduct() {
        while (true) {
            System.out.println(getConsumerName()+"消费了" + storeHouse.pop());
            try {
                Thread.sleep(5000);
            } catch (InterruptedException e) {
                return;
            }
        }
    }

    public void run() {
```

```
        consumerProduct();
    }
}

class Product {
    private int productId = 0;
    public Product(int productId) {
        this.productId = productId;
    }

    public int getProductId() {
        return productId;
    }

    public String toString() {
        return Integer.toString(productId);
    }
}

class StoreHouse { //仓库
    private int base = 0;
    private int top = 0;
    private Product[] products = new Product[10];
    public synchronized void push(Product product) {
        while (top == products.length) {
            notify();
            try {
                System.out.println("仓库已满，正等待消费...");
                wait();
            } catch (InterruptedException e) {
                System.out.println("stop push because other reasons");
            }
        }
        products[top] = product;
        top++;
notifyAll();
    }

    public synchronized Product pop() {
        Product pro = null;
        while (top == base) {
            notify();
            try {
                System.out.println("仓库已空，正等待生产...");
                wait();
            } catch (InterruptedException e) {
                System.out.println("stop push because other reasons");
            }
        }
        top--;
```

```
            pro = products[top];
            products[top] = null;
    notifyAll();
            return pro;
        }
    }

    public class PCModel {
        public static void main(String[] args) {
            StoreHouse storeHouse = new StoreHouse();
            Producer producer = new Producer("生产者", storeHouse);
            Consumer comsumer = new Consumer("消费者", storeHouse);
            Thread t1 = new Thread(producer);
            Thread t2 = new Thread(comsumer);
            t1.start();
            t2.start();
        }
    }
```

程序解释及常见问题如下：

（1）在 main()方法中创建两个线程，线程被创建后不会自动执行线程，而需要调用 start()方法来启动这两个线程。

（2）main()方法本身也是一个线程，在 main()方法中产生并启动两个线程后，输出活动线程个数为 3。

（3）本实例采用的是实现 Runnable 接口的方式实现线程，因此要覆盖 Runnable 接口的抽象方法 run()，使线程完成相应的功能。

（4）请注意实现线程同步的一般原则：如果两个或多个线程修改同一个对象，那么将执行修改的操作方法用关键字 synchronized 修饰之，使它成为临界段。如生产者和消费者都对商品数量有影响，因此对商品数量进行操作的方法 push()和 pop()就需要加 synchronized 关键字，如下：

```
public synchronized void push(Product product) { … }
public synchronized Product pop() { … }
```

（5）notifyAll() 方法，起到的是一个通知作用，不释放锁，也不获取锁。只是告诉该对象上等待的线程“可以竞争执行了，都醒来去执行吧”。

（6）注意：程序中两条线程并发执行时，每次的执行结果是会变化的。这是因为，如果多个没有同步约束关系的线程并发执行时，调度线程将不能保证哪个线程先执行及其持续的时间，在不同平台上，或在同一平台上不同时刻的多次运行可能会得到不同的结果。

Java 中对于线程启动后唯一的能够保障的就是：“每个线程都将启动，每个线程都会执行结束”。但谁会先执行谁会后执行，将没有保障，也就是说，就算一个线程在另一个线程之前启动，也无法保障该线程一定在另一个线程之前执行完毕。

【应用扩展】

本实例仅仅是生产者消费者模型中最简单的一种表示，本例中，如果消费者消费的仓储量达不到满足，而又没有生产者，则程序会一直处于等待状态，这当然是不对的。实际上可以将此例进行修改，修改为，根据消费驱动生产，同时生产兼顾仓库，如果仓不满就生产，并对每次最大消费量做个限制，这样就不存在此问题了，当然这样的例子更复杂，更难以说明这样一个简单模型。

本章小结

本章主要介绍多线程的基本概念、线程的生命周期、线程常用方法的使用、线程的创建方法、多线程的互斥和同步等知识。通过“自由落体和平抛运动”实例，介绍多线程的基本概念、线程的生命周期、线程常用方法的使用以及线程的创建；通过“生产者-消费者”实例，介绍了线程互斥和线程同步的概念、synchronized 关键字及其使用、多线程程序的编写和应用。通过这些内容的学习，读者能够掌握线程的实现及应用。

思考与练习

一、选择题

1. 当某一线程正处于休眠状态，而另一个线程用 Thread 类中的 interrupt()方法中断它时，抛出的异常类型是（　　）。

   A. IOException　　　　B. RuntimeException
   C. InterruptedException　　　　D. ClassNotFoundException

2. 用 Runnable 接口实现多线程的主要工作是（　　）。

   A. 声明实现 Runnable 接口的类，在类内实现 run()方法，让线程调用 start()方法
   B. 声明实现 Runnable 接口的类，在类内实现 run()方法，在类内声明线程对象，在 init()方法中创建新线程，启动新线程
   C. 声明实现 Runnable 接口的类，在类内实现 run()方法，在类内声明线程对象，在 Init()方法或 start()方法中创建新线程，在 start()方法中启动新线程
   D. 声明实现 Runnable 接口的类，在类内实现 run()方法，在 init()方法中创建新线程，在 start()方法中启动新线程

3. 用 Thread 子类实现多线程的步骤顺序是（　　）。

   A. 声明 Thread 类的子类，创建 Thread 子类的实例，让线程调用 start()方法
   B. 声明 Thread 类的子类，在子类中重新定义 run()方法，创建 Thread 子类的实例
   C. 创建 Thread 子类的实例，让线程调用 start()方法
   D. 声明 Thread 类的子类，在子类中重新定义 run()方法，创建 Thread 子类的实例，让线程调用 start()方法

4. 线程调用了 sleep()方法后，该线程将进入（　　）状态。

   A. 可运行状态　　B. 运行状态　　C. 阻塞状态　　D. 终止状态

5. 线程控制方法中，yield()的作用是（　　）。

   A. 返回当前线程的引用　　　　B. 使比其低的优先级线程执行
   C. 强行终止线程　　　　D. 只让给同优先级线程运行

二、填空题

1. 在 Java 语言中，临界区可以是一个语句块，或者是一个方法，并用____________关键字标识。

2. 使用方法____________来启动线程。

3. Java 提供了两种方法来创建多线程，一种是通过____________类进行派生，另一种是实现____________接口。

4. Java 中的线程体是由线程类的____________方法进行定义的，线程运行是，也是从该方法开始执行。

5. 如果一个线程调用____________()方法，将使该线程进入休眠状态。

6. 程序员用 Java 语言编写多线程应用程序，程序员能控制的关键性工作有两个方面：一是编写线程的____________方法；二是建立线程实例。

7. java 中，新建的线程调用 start()方法、如 myThread.start(),将使线程的状态从 New(新建状态)转换为____________。

8. 多线程是 java 程序的____________机制，它能同步共享数据，处理不同事件。

9. 线程的终止一般可以通过两种方法实现：自然撤销或者调用线程的____________方法。

10. 请在下画线处填入代码，使程序正常运行并且输出“Hello!”

```
public class Test__________{
    public static void main(String[] args) {
        Thread t = new Test( );
        t.start( );
    }

    @Override
    public void run( ) {
        System.out.println("Hello!");;
    }
}
```

三、程序设计题

编写程序实现功能：创建一个能够显示当前时间（时：分：秒）的应用程序，运行界面如图 11.4 所示。

图 11.4　时间显示程序

提示：利用线程，每隔一秒读取当前时间信息，显示在窗体上。

第 12 章

数据库编程基础

内容提要及教学目标

数据库技术是数据处理的核心技术。数据库管理系统（DBMS）是帮助人们处理大量信息，实现管理现代化、科学化的强有力的工具。JDBC 是 Java 对数据库进行访问的技术。

本章主要讲述数据库基本知识，利用 JDBC 技术对数据库进行访问。本章从一个最简单的 Java 连接数据库的程序入手，介绍了 JDBC 连接数据库的流程。通过本章的学习，读者应该掌握以下内容：

- 数据源的配置。
- 数据库驱动程序加载的方式。
- 数据库操作的流程。
- 预查询。
- 事务控制。

本章重点及难点

JDBC 连接数据库的流程；驱动程序的加载；JDBC 实现对数据库的查询。

12.1 “连接 Access 数据库”实例

【实例目的】

（1）掌握 JDBC 的功能。

（2）掌握 JDBC 连接数据库的方式。

（3）掌握数据库编程的一般过程。

【实例内容】

有一个 Access 数据库 Student，内有 user 表，通过 JDBC 和 ODBC 访问该数据库，并将 user 表中的数据显示出来。

【技术要点】

建立 Access 数据库，打开 Access 建立数据库 Student.mdb，在数据库中建立 user 表，配置 ODBC 数据源。创建一个名为“DataAccess.java”的 java 类，利用 JDBC 编写访问数据库的程序，具体步骤如下：

（1）建立数据库和数据表，配置数据源。

① 建立数据库 Student.mdb 和数据表 user，如图 12.1 所示。

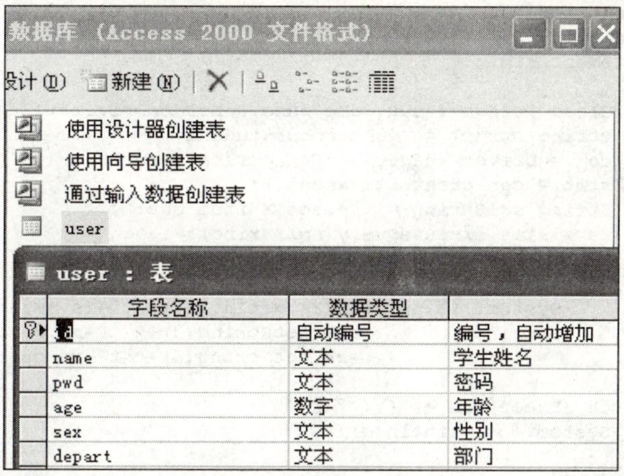

图 12.1　数据表 user

② 配置 ODBC 数据源，打开“控制面板”→“管理工具”→“数据源 ODBC”，选择“用户 DSN”标签，单击“添加”按钮，在弹出的“创建新数据源”窗口中，选择 Driver do Microsoft Access(*.mdb)，在弹出的对话框中选择建立的数据库，即 Student.mdb。完成后在“ODBC 数据源管理器”中的“用户数据源”栏中有了建立的数据库 student，如图 12.2 所示。

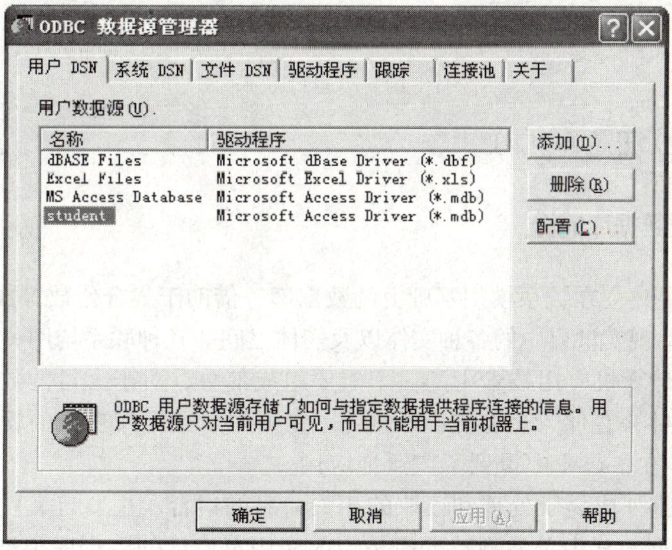

图 12.2　建立 Access 的 ODBC 数据源

（2）在 Eclipse 中新建一个 java 类，利用 java 语言实现对数据源的访问，代码如图 12.3 所示。

```
AccessConnection.java
java/src/chapter12/AccessConnection.java

public class AccessConnection {
    public static void main(String args[]){
        Connection con;
        ResultSet rs;
        Statement stmt;
        try {
            Class.forName("sun.jdbc.odbc.JdbcOdbcDriver");
            String strurl = "jdbc:odbc:student";
            con = DriverManager.getConnection(strurl);
            stmt = con.createStatement();
            String sqlString = "select * from user";
            rs = stmt.executeQuery(sqlString);
            System.out.println("编号\t姓名\t密码\t年龄\t性别\t部门");
            while(rs.next()){
                System.out.println(rs.getInt(1)+"\t"+rs.getString(2)+"\t"
                        +rs.getString(3)+"\t"+rs.getInt(4)+"\t"
                        +rs.getString(5)+"\t"+rs.getString(6)+"\t");
            }
        }catch (Exception e) {// 异常抛出
            System.out.println(e);
        }
    }
}
```

图 12.3　Java 连接 Access 数据库的程序代码

（3）保存程序，运行结果如图 12.4 所示。

```
Console
<terminated> AccessConnection [Java Application] C:\Program File
编号    姓名    密码    年龄    性别    部门
1       张三    123     23      男      网络系
2       李四    lsi     21      女      软件系
```

图 12.4　运行结果

【相关知识及注意事项】

12.1.1　关系型数据库简介

关系数据库，是建立在关系模型基础上的数据库，借助于集合代数等数学概念和方法来处理数据库中的数据。现实世界中的各种实体以及实体之间的各种联系均用关系模型来表示。

数据浓技术是计算机应用技术中的一个重要组成部分，对于大量的数据，使用数据库来存储管理比通过文件来存储管理有更高的效率。专门用于数据库功能的软件被称为数据库管理系统（DBMS），在各行业中得到了广泛地应用。

数据库是一组排列成易于处理和读取的相关信息的集合。主要有文件型、网络型、层次型、关系型和对象型，其中关系型数据库是当前应用员广泛的数据库类型。

关系型数据库是以一组二维表关系的方式组织和存储数据的数据库类型。一个数据库中有一个或多个关系表，每一个关系型数据表都有一个自己的名字，且包括了数据行与字段两个部分。每一个字段拥有自己的字段名称，以及字段的数据类型，而数据行则构成了一条一条的记录，每一条记录都拥有相同数目的字段。

SQL 是 Structured Query Language（结构化查询语言）的缩写，SQL 语言是一种标准的关系数据库语言，其功能强大、简单易学、使用方便，已经成为数据库操作的基础，几乎所有的关系型数据库均支持 SQL 语言。

在 Java 中利用 SQL 语言主要实现数据的查询、插入记录、删除记录、更新记录等操作。

12.1.2　JDBC 的基本功能

JDBC（Java DataBase Connection，Java 数据库连接）由一组用 Java 语言编写的类和接口组成。JDBC 为使用数据库及其工具的开发人员提供了一个标准的 API，使他们能够用 Java API 来编写数据库应用程序。通过使用 JDBC，开发人员 可以很方便地将 SQL 语句传送给几乎任何一种数据库。

JDBC 由两层组成。上面一层是 JDBC API，负责与 Java 应用程序通信，向 Java 应用程序提供数据，Java 应用程序通过 JDBC 中提供的相关类来管理 JDBC 的驱动程序。下面一层是 JDBC Driver API，主要负责和具体数据环境的连接。

JDBC 的功能概括起来有如下 3 个方面：

（1）建立与数据库的连接。

（2）向数据库发起查询请求。

（3）处理数据库返回结果。

这些作用是通过一系列 API 实现的，其中的几个重要类或接口如表 12.1 所示。

表 12.1　与数据库有关的几个重要类或接口

接　口	作　用
Java.sql.Drivermanager	处理驱动程序的加载和建立新数据库连接
java.sql.Connection	处理与特定数据库的连接
java.sql.Statement	在指定连接中处理 SQL 语句
java.sql.ResultSet	处理数据库操作结果集

优点如下：

（1）JDBC API 与 ODBC 十分相似，有利于用户理解。

（2）JDBC 使得编程人员从复杂的驱动器调用命令和函数中解脱出来，可以致力于应用程序中的关键地方。

（3）JDBC 支持不同的关系数据库，使得程序的可移植性大大加强。

（4）用户可以使用 JDBC-ODBC 桥驱动器将 JDBC 函数调用转换为 ODBC。

（5）JDBC API 是面向对象的，可以让用户把常用的方法封装为一个类，以备后用。

缺点如下：

（1）使用 JDBC，访问数据记录的速度会受到一定程度的影响。

（2）JDBC 结构中包含了不同厂家的产品，这就给更改数据源带来了很大的麻烦。

12.1.3　JDBC 连接数据库的方式

JDBC Driver API 访问数据库的四种不同方式，包括 JDBC-ODBC 桥、本地 API 驱动、网络协议驱动和本地协议驱动。

1．JDBC-ODBC 桥接方式

JDBC-ODBC 桥是 JDK 提供的标准 API。这种类型的驱动实际是把所有 JDBC 的调用传递给 ODBC，再由 ODBC 调用本地数据库驱动代码。

只要本地机装有相关的 ODBC 驱动，那么采用 JDBC-ODBC 桥接方式几乎可以访问所有的数据库，JDBC-ODBC 桥接方式对于客户端已经具备 ODBC Driver 的应用是可行的。

但是，由于 JDBC-ODBC 桥接方式先调用 ODBC 再由 ODBC 去调用本地数据库接口访问数据库。所以，执行效率比较低，对于那些大数据量存取的应用是不适合的。而且，这种方法要求客户端必须安装 ODBC 驱动，所以对于基于 Internet 的应用也是不合适的。

2．本地 API 驱动连接方式

本地 API 驱动直接把 JDBC 调用转变为数据库的标准调用再去访问数据库，这种方法需要本地数据库驱动代码。这种驱动方式比起 JDBC-ODBC 桥接执行效率大大提高了。但是，它仍然需要在客户端加载数据库厂商提供的代码库，这样就不适合基于 Internet 的应用。

3．网络协议驱动连接方式

这种驱动连接方式实际上是根据我们熟悉的三层结构建立的。JDBC 先把对数据库的访问请求传递给网络上的中间件服务器，中间件服务器再把请求翻译为符合数据库规范的调用，再把这种调用传给数据库服务器。如果中间件服务器也是用 Java 开发的，那么在中间层也可以使用第一种和第二种方式的 JDBC 驱动程序作为访问数据库的方法。

由于这种驱动是基于 Server 的，所以，它不需要在客户端加载数据库厂商提供的代码库。而且，在执行效率和可升级性方面是比较好的。因为大部分功能实现都在 Server 端，所以这种驱动可以设计的很小，可以非常快速地加载到内存中。但是，这种驱动在中间件层仍然需要有配置其他数据库驱动程序，并且由于多了一个中间层传递数据，它的执行效率还不是最好。

4．本地协议驱动连接方式

这种驱动直接把 JDBC 调用转换为符合相关数据库系统规范的请求，由于这种类型的驱动可以直接和数据库服务器进行通信，这种类型的驱动完全由 Java 实现，因此实现了平台独立性。

由于这种驱动不需要先把 JDBC 的调用传给 ODBC 或本地数据库接口或者是中间层服务器，所以它的执行效率是非常高的。而且，它根本不需要在客户端或服务器端装载任何的软件或驱动，这种驱动程序可以动态地被下载。但是对于不同的数据库需要下载不同的驱动程序。

12.1.4 JDBC API 的类和接口

JDBC 是 Java 应用与数据库管理系统进行交互的标准 API，包括两个包：核心 API 包 java.sql 和扩展的 API 包 javax.sql。应用程序通过核心 API 的接口实现数据库连接和数据处理，其主要类和接口如下：

1．Driver 类

驱动程序类，用于连接应用程序和数据库，读取数据库驱动器的信息，提供连接方法，

建立访问数据库所用的 Connection 对象。在加载某个 Driver 类时，它应该创建自己的实例并向 DriverManager 注册该实例。

2．DriverManager 类

DriverManager 类是 JDBC 的管理层，作用于用户和驱动程序之间。它跟踪可用的驱动程序，并在数据库和相应驱动程序之间建立连接。

对于简单的应用程序，一般需要在此类中直接使用的唯一方法是 getConnection()，该方法将建立与数据库的连接。

DriverManager 类包含一列 Driver 类，它们已通过调用方法 DriverManager.registerDriver 对自己进行了注册。通过调用方法 Class.forName，可显式地加载驱动程序类，然后自动在 DriverManager 类中注册。以下代码加载类 sun.jdbc.odbc.JdbcOdbcDriver：

```
Class.forName("sun.jdbc.odbc.JdbcOdbcDriver");
```

加载 Driver 类并在 DriverManager 类中注册后，它们即可用来与数据库建立连接。当调用 DriverManager.getConnection()方法发出连接请求时，DriverManager 将检查每个驱动程序，查看它是否可以建立连接。

以下代码是通常情况下用驱动程序建立连接所需步骤。

```
Class.forName("sun.jdbc.odbc.JdbcOdbcDriver"); //加载驱动程序
String url = "jdbc:odbc:student";
Connection con=DriverManager.getConnection(url, "sa", "sa");
```

这个示例表示在 DriverManager 中注册一个 sun.jdbc.odbc.JdbcOdbcDriver 驱动，然后用 DriverManager 的 getConnection()方法创建一个 Connection 对象，然后这个对象就可以连接 url 指定的数据库。在这个示例中连接的数据库是 ODBC 数据源 company，这个数据源的用户名是 userID，密码是 password。

3．Connection 接口

用于连接 Java 数据库和 Java 应用程序，并创建所有的 Statement 对象。不管对数据库进行什么样的操作，都需要创建一个连接，然后通过这个连接来完成操作。

Connection 是用来表示数据库连接的对象，对数据库的一切操作都是在这个连接基础上进行的。Connection 接口的主要方法有：

Statement createStatement()：创建一个 Statement 对象。

Statement CreateStatement(int resultSetType, int resultSetConcurrency)：创建一个 Statement 对象，它将生成具有特定类型和并发性的结果集。

void commit()：提交对数据库的改动并释放当前持有的数据库的锁。

void rollback()：回滚当前事务中的所有改动并释放当前连接持有的数据库的锁。

boolean isClose()：判断连接是否已关闭。

boolean isReadOnly()：判断连接是否为只读模式。

void setReadOnly()：设置连接的只读模式。

void close()：立即释放连接对象的数据库和 JDBC 资源。

4．Statement 接口

Java 所有 SQL 语句都是通过陈述对象 Statement 对象实现的。Statement 用于在已经建立的连接的基础上向数据库发送 SQL 语句的对象。到特定数据库的连接建立之后，就可用该连接发送 SQL 语句。Statement 对象用 Connection 的 createStatement()方法创建，代码如下：

```
Connection con = DriverManager.getConnection(url,"userID","password");
Statement stmt = con.createStatement();
```

为了执行 Statement 对象，被发送到数据库的 SQL 语句将被作为参数提供给 Statement 的方法。下面这句代码通过一个查询语句创建了一个结果集，用户就可以从这个 rs 结果集中读出数据供 Java 程序使用：

```
ResultSet rs = stmt.executeQuery("SELECT name,pwd FROM user");
```

Statement 接口提供了 3 种执行 SQL 语句的方法：executeQuery、executeUpdate 和 execute。使用哪一个方法由 SQL 语句的内容决定。

executeQuery()方法用于产生单个结果集的语句，如 SELECT 语句。

executeUpdate()方法用于执行 INSERT、UPDATE 或 DELETE 语句以及 SQL DDL（数据定义语言）语句，如 CREATE TABLE 和 DROP TABLE。INSERT、UPDATE 或 DELETE 语句的效果是修改表中零行或多行中的一列或多列。executeUpdate 的返回值是一个整数，指示受影响的行数（即更新计数）。对于 CREATE TABLE 或 DROP TABLE 等不操作行的语句，executeUpdate 的返回值总为零。

execute()方法用于执行返回多个结果集、多个更新计数或二者组合的语句。因为多数程序员不会需要使用这些高级功能，所以在此不再细述。

执行语句的所有方法都将关闭所调用的 Statement 对象的当前打开结果集（如果存在），这意味着在重新执行 Statement 对象之前，需要完成对当前 ResultSet 对象的处理。

5．PreparedStatement 接口

表示预编译 SQL 语句的对象。SQL 语句被预编译并存储在 PreparedStatement 对象中。然后可以使用此对象多次高效地执行该语句。由于 PreparedStatement 对象已预编译过，所以其执行速度要快于 Statement 对象。因此，多次执行的 SQL 语句经常创建为 PreparedStatement 对象，以提高效率。

作为 Statement 的子接口，PreparedStatement 继承了 Statement 的所有功能。同时，Statement 的三个方法 execute、executeQuery 和 executeUpdate 已被更改以使之不再需要参数。这些方法的 Statement 接受 SQL 语句参数的形式不应该用于 PreparedStatement 对象。

以下的代码段（其中 con 是 Connection 对象）创建包含带两个参数占位符的 SQL 语句的 PreparedStatement 对象：

```
PreparedStatement pstmt = con.prepareStatement("UPDATE user SET pwd = ? WHERE
id = ?");
```

pstmt 对象包含语句 "UPDATE user SET pwd = ? WHERE id = ?"，其中“？”代表占位符，代表这个地方需要赋值。在执行 PreparedStatement 对象之前，必须设置每个 ？ 参数的值。这可通过调用 setXXX 方法来完成，其中 XXX 是与该参数相应的类型。例如，如果参数具有 Java 类型 int，则使用的方法就是 setInt。setXXX 方法的第一个参数是要设置的参数的序数位置，第二个参数是设置给该参数的值。例如，以下代码将第一个参数设为“admin”，第二个参数设为 5。

```
pstmt.setString(1,"admin");
pstmt.setInt(2,5);
```

一旦设置了给定语句的参数值，就可用它多次执行该语句，直到调用 clearParameters()

方法清除它为止。

6. ResultSet 接口

ResultSet 包含符合 SQL 语句中条件的所有行，并且它通过一套 get()方法［这些 get()方法可以访问当前行中的不同列］提供了对这些行中数据的访问。ResultSet.next()方法用于移动到 ResultSet 中的下一行，使下一行成为当前行。

结果集一般是一个表，其中有查询所返回的列标题及相应的值。例如，如果查询为 SELECT * FROM user，则结果集将返回 user 表中的所有记录。

下面的代码段是执行 SQL 语句的示例。该 SQL 语句将返回行集合，其中列 1 为 fristname，列 2 为 lastname，而列 3 为 age，列 4 为 address，列 5 则为 city。

```
java.sql.Statement stmt = conn.createStatement( );
ResultSet rs = stmt.executeQuery("SELECT * FROM user");
while(rs.next()){    //打印数据库中的数据
    System.out.print(rs.getInt(1)+"  |  ");
    System.out.print(rs.getString(2)+"  |  ");
    System.out.print(rs.getString(3)+"  |  ");
}
```

ResultSet 维护指向其当前数据行的光标。每调用一次 next()方法，光标向下移动一行。最初它位于第一行之前，因此第一次调用 next 将把光标置于第一行上，使它成为当前行。随着每次调用 next 导致光标向下移动一行，按照从上至下的次序获取 ResultSet 行。

其中方法 getXXX 提供了获取当前行中某列值的途径。列名或列号可用于标识要从中获取数据的列。例如，如果 ResultSet 对象 rs 的第二列名为 title，并将值存储为字符串，则下列任一代码将获取存储在该列中的值。

```
String s = rs.getString("name");
String s = rs.getString(2);
```

注意：列是从左至右编号的，并且从列 1 开始。同时，用 getXXX 方法输入的列名不区分大小写。

12.1.5　数据库编程的一般过程

Access 数据库中以及有一个 Student 数据库，数据库中有一个 user 表。下面以操作 Access 数据库为例，讲解数据库编程的一般过程。

1. 加载数据库驱动程序

由于 JDK 已经内置了 Access 驱动，可以直接在应用程序中加载数据库驱动程序。加载的方法采用 Class 类的 forName 方法进行加载。Class.forName(xxx.xx.xx)的作用是要求 JVM 查找并加载指定的类，也就是说 JVM 会执行该类的静态代码段。代码如下：

```
Class.forName("sun.jdbc.odbc.JdbcOdbcDriver");
```

上述代码可能会抛出 ClassNotFoundException 异常，所以必须进行异常处理。

2. 连接数据库

如果驱动程序可以正常加载，接下来使用 DriverManager 类的 getConnection(String url, String user,String password)方法连接数据库。该方法得到一个数据库的连接，返回一个 Connection 对象。该方法需要 3 个参数：连接地址、用户名、密码。

Access 数据库的连接地址格式：jdbc:odbc:数据源名称。代码如下：

```
//定义连接地址
public String dbUrl = "jdbc: odbc:student";
//定义连接数据库的用户名和密码
public String dbUser = "admin";
public String dbPwd = "123";
conn = DriverManager.getConnection(dbUrl, dbUser, dbPwd);
```

如果连接地址、用户名或者密码错误，以及其他原因导致无法连接上数据库，就会抛出 SQLException 异常。

3. 使用语句操作数据库

数据库成功连接后，如果进行数据库操作，需要使用 Statement 接口完成，此接口可以使用 Connection 接口中提供的 createStatement()方法进行实例化。常用方法如下：

int executeUpdate(String sql)：执行数据库更新 SQL 语句，返回更新记录数。

ResultSet executeQuery(String sql)：执行查询操作，返回一个结果集对象。

int[] executeBatch()：批量执行 SQL 语句。

void close()：关闭 Statement。

boolean execute(String sql)：执行 SQL 语句。

上述方法都会抛出异常，所以在使用的过程中必须进行异常处理。在数据表 user 表中增加一条记录的代码如下：

```
Statement st = conn.createStatement();//conn 代表数据库连接对象
String sql = "insert into user(id,name,pwd) values(1,'Tom','123')";
int n = st.executeUpdate(sql); //执行数据库更新操作
if(n>0)  //返回值大于 0，数据添加成功
    System.out.println("已成功添加到数据库");
```

4. 关闭数据库连接，释放资源

程序最后一定要将打开的内容关闭，按照先开后闭的原则，先关闭 Statement 再关闭 Connection。此处可以只写一次关闭连接的方法，一般来说连接关闭，其他的操作都会关闭，但为了养成良好的编码习惯，最好将所有打开的对象全部依次关闭，释放占用的资源。

12.2 "用户注册"实例

【实例目的】

（1）掌握 MySQL 数据库的创建。

（2）掌握 MySQL 数据库的连接。

（3）掌握 Java 语言操作数据库的方法。

【实例内容】

在 MySQL 数据库中创建一个数据库 StudentAdmin，在该数据库中创建一张数据表 student，在 Java 应用程序中加载 MySQL 数据库驱动，编写程序完成对表的增删改查操作。

【技术要点】

第一步先安装和配置 MySQL 数据库，建立数据库和数据表；第二步在应用程序中导入

驱动程序；第三步编写应用程序，完成驱动程序加载、数据库连接和数据库操作。具体步骤如下：

（1）安装和配置 MySQL 数据库。

① 安装和配置 MySQL 数据库，创建数据库 Student，创建用户表，存放用户信息。安装文件 mysql-5.0.27-win32.zip，双击解压缩，运行 Setup.exe，如图 12.5 所示。

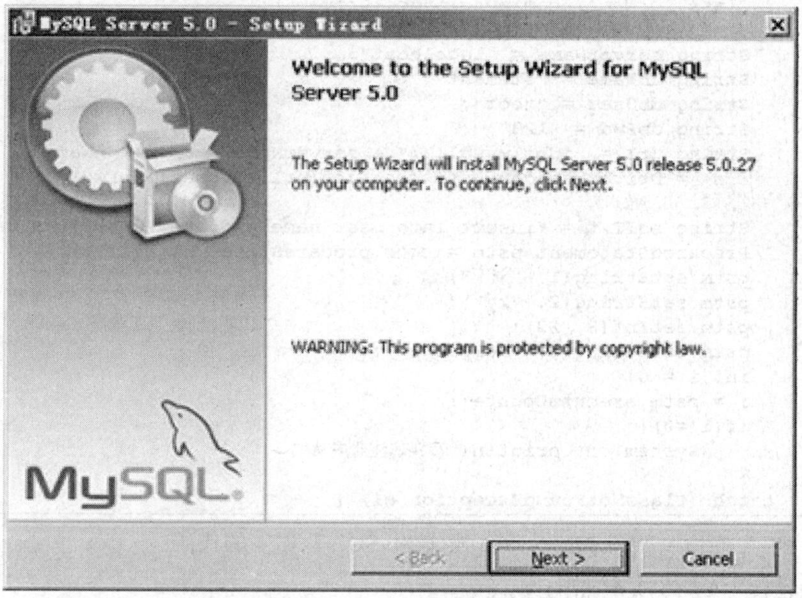

图 12.5　MySQL 安装界面

② MySQL 的配置界面。如图 12.6 所示。

图 12.6　MySQL 的配置界面

（2）在 Eclipse 中新建一个 Java 工程，然后新建一个 java 类，利用 Java 语言完成驱动程序加载、数据库连接和数据库操作，代码如图 12.7 所示。

```java
DatabaseOperator.java
    public static void main(String args[]){
        try {
            // jsp连接mysql数据库的步骤
            // 1、加载数据库的驱动程序
            Class.forName("com.mysql.jdbc.Driver");
            // 2、建立数据库的连接
            String serverName = "localhost";
            String dbName = "student";
            String dbUser = "root";
            String dbPwd = "123";
            String url = "jdbc:mysql://" + serverName + "/" + dbName;
            conn = DriverManager.getConnection(url, dbUser, dbPwd);
            // 3、访问数据库
            String sqlTxt = "insert into user(name,pwd,age,depart) values(?,?,?,?)";
            PreparedStatement pstm = conn.prepareStatement(sqlTxt);
            pstm.setString(1, "刘玉");
            pstm.setString(2, "ky");
            pstm.setInt(3, 23);
            pstm.setString(4, "computor");
            int i = 0;
            i = pstm.executeUpdate();
            if(i!=0){
                System.out.println("恭喜您注册成功");
            }
        } catch (ClassNotFoundException e1) {
```

图 12.7　Java 操作 MySQL 数据库的代码

（3）保存程序，运行结果如图 12.8 所示。

```
Console
<terminated> DatabaseOperator [Java Application] C:\Program Files\Java\jre6\bin\javaw.exe
恭喜您注册成功
```

图 12.8　运行结果

【相关知识及注意事项】

12.2.1　数据库的创建

在 SQL 语法中，数据库的创建可以采用 create 关键字，语法格式如下：

```
CREATE DATABASE database_name
database_name
```

新数据库的名称。数据库名称在服务器中必须唯一，并且符合标识符的规则。database_name 最多可以包含 128 个字符，除非没有为日志指定逻辑名。

在 MySql 中，与创建数据库相关的步骤如下：

（1）显示数据库。格式：show databases，如图 12.9 所示。

（2）创建数据库。格式：create database 数据库名。

例如：创建一个名字为 test 的数据库 Create database test，如图 12.10 所示。

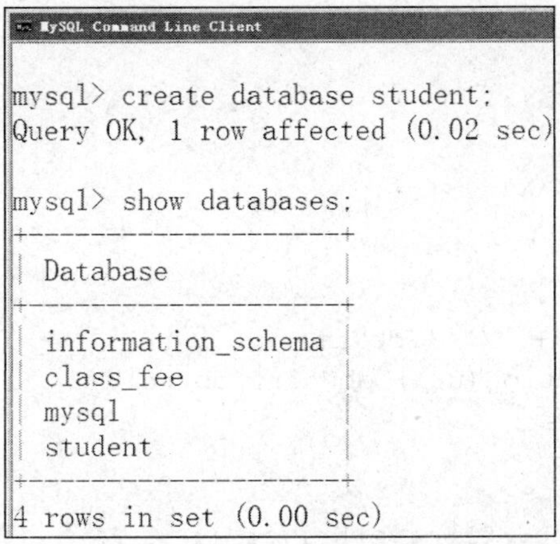

图 12.9　显示 MySQL 中数据库

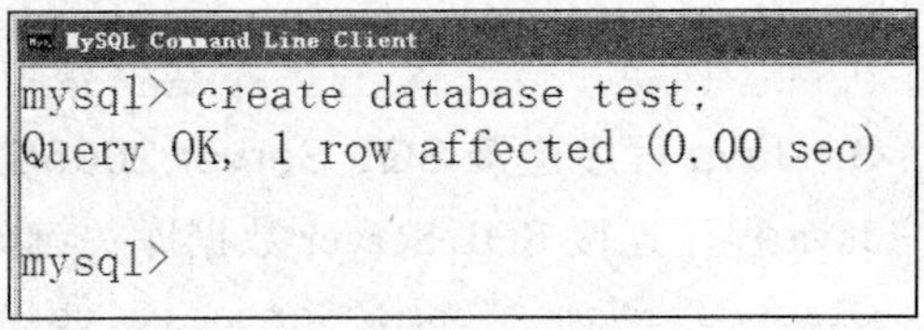

图 12.10　在 MySQL 中创建数据库

（3）删除数据库。格式：drop database 数据库名。

例如：drop database test，执行后 test 数据库已被删除，如图 12.11 所示。

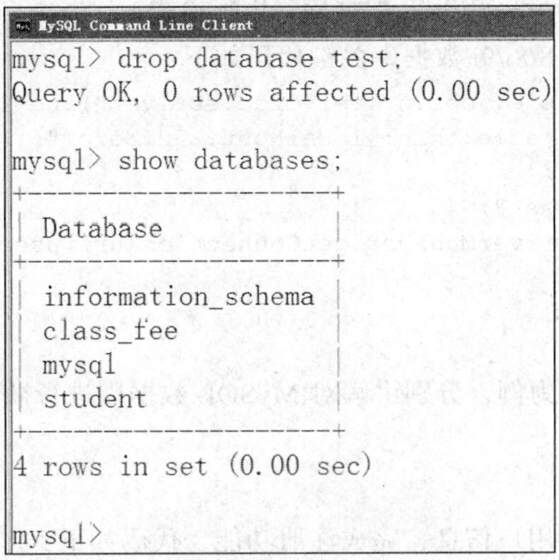

图 12.11　在 MySql 中创建数据库

12.2.2　数据库的连接

要进行数据库的编程，首先要做的就是让 Java 程序连接数据库。下面给出 Java 语言连接常用数据库的方法。

1. Java 程序连接 Access 数据库

Java 程序连接 Access 数据库采用 JDBC-ODBC 桥接驱动，关键代码如下：

```
Class.forName("sun.jdbc.odbc.JdbcOdbcDriver");
Connection conn = DriverManager.getConnection("jdbc:odbc:AccessDB");
```

AccessDB 为建立的 odbc 数据源名，事先要先将建立的 Access 数据库设置为数据源。在“管理工具” → “数据源 odbc” 里用系统 DNS 添加。

2. Java 程序连接 MySQL 数据库

Java 程序连接 MySQL 数据库的关键代码如下：

```
Class.forName("com.mysql.jdbc.Driver");
String serverName = "localhost";
String dbName = "student";
String dbUser = "root";
String dbPwd = "123";
String url = "jdbc:mysql://" + serverName + "/" + dbName;
Connection  conn = DriverManager.getConnection(url, dbUser, dbPwd);
```

3. Java 程序连接 SQL Server 2005/2008 数据库

Java 程序连接 SQL Server 数据库关键代码如下：

```
Class.forName("com.microsoft.sqlserver.jdbc.SQLServerDriver");
String url="jdbc:sqlserver://127.0.0.1:1433;databaseName=pubs";
String user="sa";
String password="";
Connection conn= DriverManager.getConnection(url,user,password);
```

4. Java 程序连接 Oracle 8/8i/9i 数据库（thin 模式）

Java 程序连接 Oracle 8/8i/9i 数据库关键代码如下：

```
Class.forName("oracle.jdbc.driver.OracleDriver").newInstance();
String url="jdbc:oracle:thin:@localhost:1521:orcl";
String user="test";
String password="test";
Connection conn= DriverManager.getConnection(url,user,password);
```

12.2.3 数据库的操作

以 Java 操作 MySQL 为例，分别讲解对 MySQL 数据库进行插入、查找、删除和更新等一系列操作。

1. 插入数据

在 user 表中添加一个用户信息，完成注册功能，代码如下：

```
public static int insert() {
        int i = 0;
        PreparedStatement ps = null;
        String sqlTxt = "insert into user(name,pwd,age,depart) values(?,?,?,?)";
        try {
            ps = DatabaseOperator.getConnection().prepareStatement(sqlTxt);
            ps.setString(1, "admin");
            ps.setString(2, "admin");
            ps.setInt(3, 23);
            ps.setString(4, "computor");
            i = ps.executeUpdate();
        } catch (Exception e) {
            e.printStackTrace();
        } finally {
            DatabaseOperator.close();
        }
```

```
        return i;
    }
```

2. 更新数据

修改指定用户的密码，完成数据的更新，代码如下：

```
public static int updatepwd(String name,String newpwd) {
        Connection con = null;
        int k = 0;
        PreparedStatement pstmt = null;
        String sql = "";
        sql = "update user set pwd=? where name=?";
        try {
            con = DatabaseOperator.getConnection();
            pstmt = con.prepareStatement(sql);
            pstmt.setString(1, newpwd);
            pstmt.setString(2, name);
            k = pstmt.executeUpdate();
        } catch (Exception e) {
            e.printStackTrace();
        } finally {
            DatabaseOperator.close();
        }
        return k;
    }
```

3. 删除数据

删除指定用户的信息，代码如下：

```
public static int delete(String name) {
        Connection con = null;
        int k = 0;
        PreparedStatement pstmt = null;
        String sql = "";
        sql = "delete from user where name=?";
        try {
            con = DatabaseOperator.getConnection();
            pstmt = con.prepareStatement(sql);
            pstmt.setString(1, name);
            k = pstmt.executeUpdate();
        } catch (Exception e) {
            e.printStackTrace();
        } finally {
            DatabaseOperator.close();
        }
        return k;
    }
```

4. 查询数据

查询用户表所有的用户数据，代码如下：

```
public static ResultSet searchAllUser() {
        Statement stm = null;
```

```
        String sqlTxt = "";
        ResultSet rs = null;
        sqlTxt = "select * from user";
        try {
            stm = DatabaseOperator.getConnection().createStatement();
            rs = stm.executeQuery(sqlTxt);
        } catch (Exception e) {
            e.printStackTrace();
        }
        return rs;
    }
```

12.2.4 TableModel 接口

TableMoel 是一个基于 JDBC 的数据访问库，其是在 JDBC 上层的一个抽象封装，使用户能够脱离复杂的 JDBC 调用方式，以简单 API 方式提供数据访问的接口。简化数据访问的复杂度，使开发人员能更加专注于业务逻辑的开发。

TableModel 接口指定了 JTable 用于询问表格式数据模型的方法。只要数据模型实现了 TableModel 接口，就可以通过以下两行代码设置 JTable 显示该模型：

```
TableModel myData = new MyTableModel();
JTable table = new JTable(myData);
```

本章小结

本章主要介绍了在 Java 中如何实现数据库编程；Java 中连接数据库的技术 JDBC 以及如何用 JDBC 对数据库进行连接和编程等内容。

关系模型是现在广泛使用的数据库模型。在数据库中一般用 SQL 语言来操作数据库。SQL 语言可以管理数据库，也可以管理数据库的数据。经常用 select，update，insert，delete 命令来查询，修改，添加，删除数据库中的数据记录。

在 Java 中系统提供了 JDBC 接口技术实现对数据库的连接和操作。用户可调用 JDBC API 中的 DriverManager、Connection、Statement、ResultSet 类和接口连接和操纵数据库。其中，DriverManager 是用来管理数据库驱动；Connection 用来建立数据的连接；Statement 是执行 SQL 语言的返回数据到 ResultSet 结果集中，用户就可以在 ResultSet 中使用数据库中的数据；Statement 也可以执行 SQL 语句的修改、添加和删除数据。

思考与练习

一、选择题

1. JDBC 驱动程序的种类有（　　）。

   A. 两种　　B. 三种　　C. 四种　　D. 五种

2. 接口 Statement 中定义的 executeQuery 方法返回的类型是（　　）。

   A. ResultSet　　B. int　　C. Boolean　　D. 受影响的记录数量

3. DataSource 是 Factory 类型，可以调用 DataSource 的方法（　　）获得数据库连接。

A. Delegate　　B. Factory　　C. connect　　D. getConnection

4. JDBC 编程的异常类型为（　　）。

A. SQLException　　B. SQLError

C. SQLFatal　　D. SQLTruncation

5. 下面关于 PreparedStatement 的说法错误的是（　　）。

A. PreparedStatement 继承了 Statement

B. PreparedStatement 可以有效地防止 SQL 注入

C. PreparedStatement 不能用于批量更新的操作

D. PreparedStatement 可以存储预编译的 Statement，从而提升执行效率

二、填空题

1. 简单地说，JDBC 能够完成下列三件事：与一个数据库建立连接（connection）、____________、处理数据库返回的结果（resultset）。

2. 目前，JDBC 驱动程序可以分为四类：JDBC-ODBC 桥、部分用 Java 来编写的本地 API 驱动程序、JDBC 网络纯 Java 驱动程序、____________。

3. 数据库的连接是由 JDBC 的____________类管理的。

三、程序填空题

下面的代码建立 Mysql 数据库的连接，请填空：

```
try{ Class.forName("__________");
  }
```

创建连接的代码如下：

```
try{ //和数据库建立连接
    conn=
     DriverManager.getConnection(
       "__________//localhost:3306/booklib","root","");
       …
       conn.close();
   }
catch(Exception e){
       out.println(e.toString());
   }
```

四、程序设计题

1. 编写一个建立数据库的程序，建立用户表结构，创建一个用户表。

2. 编写一个数据库操作程序，在第 1 题的基础上注册一个新用户。

第 13 章

网络编程基础

内容提要及教学目标

教学目标与要求：本章通过两个 Java 程序实例进行学习。通过“访问搜狐网络资源”实例，介绍 Java 网络编程的基础知识、URL 类以及 URLConnection 类；通过“聊天室”实例，对 Socket 的概念、Socket 的通信机制、Socket 类与 ServerSocket 类的使用以及 URL 通信与 Socket 通信的区别进行了详细的讲解。通过本章的学习，读者应该掌握以下内容：

- Java 网络编程基础知识。
- URL 类及其使用。
- URLConnection 类及其使用。
- Socket 的概念。
- Socket 的通信机制。
- Socket 类与 ServerSocket 类。
- URL 与 Socket 通信的区别。

本章重点及难点

教学重点与难点：使用 URL 类访问网络资源；使用 URLConnection 类访问网络资源；使用 Socket 与 ServerSocket 类进行通信。

13.1 “访问搜狐网络资源”实例

【实例说明】

编写一个类实现搜狐网络资源的访问。程序运行界面如图 13.1 所示。

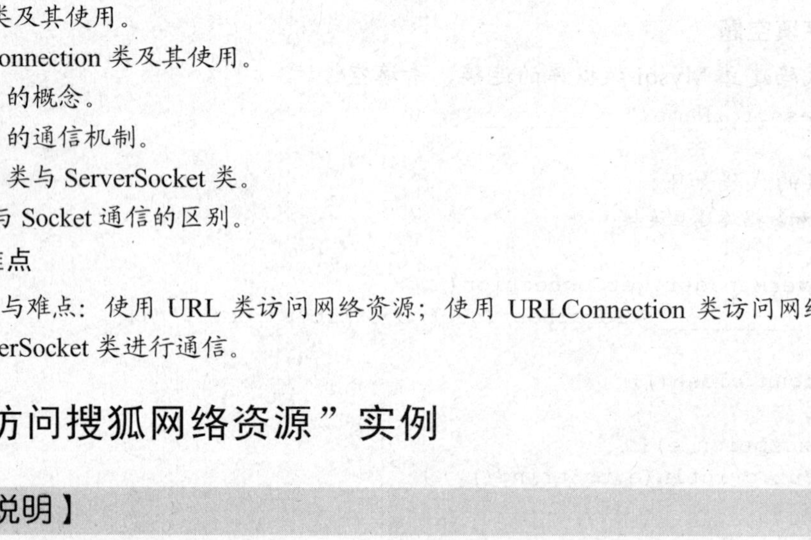

图 13.1　访问搜狐网络资源

【实例目的】

（1）了解 Java 网络编程基础知识。

（2）熟悉并掌握 URL 类并使用它对网络资源进行访问。

（3）熟练掌握利用 URLConnection 类进行网络资源的访问。

【技术要点】

（1）URL 指定在 Internet 上的某个信息资源的地址，包含协议、主机、端口和文件名。访问网络资源时，如果仅仅是读取网址中的信息的话，可以调用 URL 对象的 openStream() 方法。

如果要求既要读取信息又要向服务器发送信息，就要使用 java.net.URLConnection 类，进行双向数据传输。虽然可以利用一个 URLConnection 向服务器提交信息，但是通常不会将它用于此，而是利用后面要讨论的功能更强大的 java.net.Socket 和 java.net.ServerSocket 类。所以，该实例对搜狐资源的访问也仅限于读取信息。

（2）网上资源使用结束后，请将数据流及时关闭。

```
br.close();
```

【相关知识及注意事项】

13.1.1　JAVA 网络编程概述

当今世界是一个网络的世界，网上购物、网上通信、网上银行、网上教学等各种应用给人们的生活带来极大便利，这很大一部分功劳要归功于网络编程语言的应用。

Java 语言是基于网络计算机的语言，其优势之一就是 Java 程序能访问网络资源。Java 提供了一系列的类支持 Java 程序访问网络资源。

1．网络基本概念

（1）IP 地址

IP 地址就是给每个连接在 Internet 上的主机分配的一个 32 位或 128 位无符号数字地址（其中，IPv4 使用的是 32 bit，IPv6 使用的是 128 bit）。

按照 TCP/IP 协议规定，IP 地址用二进制来表示，每个 IP 地址长 32 bit 或 128 bit。例如一个采用二进制形式的 IP 地址是“00001010000000000000000000000001”，这么长的地址，处理起来比较费劲。为了方便使用，IP 地址经常被写成十进制的形式，中间使用符号“.”分开不同的字节。于是，上面的 IP 地址可以表示为“10.0.0.1”。IP 地址的这种表示法叫作“点分十进制表示法”。

（2）域名

域名就是与网络上的数字型 IP 地址相对应的字符型地址。域名的目的是便于记忆和沟通的一组服务器的地址（网站，电子邮件，FTP 等）。比如 221.179.180.92（新浪网的主机地址）肯定没有 www.sina.com（新浪网的域名）容易记住。

（3）端口号

端口号是网络通信时同一机器上不同进程的标识。端口号的范围从 0 到 65535，其中，范围从 0 到 1023，这些端口号一般固定分配给一些服务。比如 21 端口分配给 FTP(文件传输协议)服务，25 端口分配给 SMTP（简单邮件传输协议）服务，80 端口分配给 HTTP 服务，135 端口分配给 RPC（远程过程调用）服务等。大多数 TCP/IP 实现给临时端口号分配 1024 到 5000 之间的端口号。大于 5000 的端口号是为其他服务器预留的。

（4）InetAdress 类

InetAddress 类表示互联网协议（IP）地址，位于 java.net 包中。InetAddress 类的对象用于 IP 地址和域名的获取。该类提供以下方法：

- static InetAddress getByName(String host)：获得一个 InetAddress 类的对象，该对象中含有主机的 IP 地址和域名，该对象用如下格式表示它包含的信息：www.sina.com.cn/221.179.180.92。
- String getHostName()：获取 InetAddress 对象的域名。
- String getHostAddress()：获取 InetAddress 对象的 IP 地址字符串（以文本表现形式）。
- static InetAddress getLocalHost()：获得一个 InetAddress 对象，该对象含有本地机的域名和 IP 地址。

2. C/S 网络编程模式

客户/服务器（Client/Server）模式简称 C/S 模式。Client 就是前端的客户机部分（通常指终端用户），Server 是后短短而服务器部分。客户机在需要服务时向服务器提出申请，服务器一般作为守护进程始终运行，监听网络端口，一旦收到客户请求，就会启动一个服务进程来响应该客户，同时继续监听服务端口，使后面发出请求的客户也能及时得到响应。

在 C/S 系统中，提出服务请求的一方称为“客户机”，提供服务的一方称为“服务器”。在这种体系结构中,可以充分利用两端硬件环境的优势,将任务合理分配到 Client 端和 Server 端来实现，降低了系统的通信开销。

目前大多数应用软件系统都是 Client/Server 形式的两层结构，由于现在的软件应用系统正在向分布式的 Web 应用发展，Web 和 Client/Server 应用都可以进行同样的业务处理，应用不同的模块共享逻辑组件；因此，内部的和外部的用户都可以访问新的和现有的应用系统，通过现有应用系统中的逻辑可以扩展出新的应用系统。这也就是目前应用系统的发展方向。

3. TCP 和 UDP 传输协议

TCP（Transmission Control Protocol，传输控制协议）是基于连接的协议，也就是说，在正式收发数据前，必须和对方建立可靠的连接。一个 TCP 连接必须要经过三次“对话”才能建立起来，其中的过程非常复杂。TCP 协议能为应用程序提供可靠的通信连接，使一台计算机发出的字节流无差错地发往网络上的其他计算机，对可靠性要求高的数据通信系统往往使用 TCP 协议传输数据。

UDP（User Data Protocol，用户数据报协议）是与 TCP 相对应的协议。它是面向非连接的协议，它不与对方建立连接，而是直接就把数据包发送过去。UDP 适用于一次只传送少量数据、对可靠性要求不高的应用环境。因为 UDP 协议没有连接的过程，所以它的通信效率高；但也正因为如此，它的可靠性不如 TCP 协议高。QQ 使用 UDP 发消息，因此有时会出现收不到消息的情况。

TCP 协议和 UDP 协议的差别见表 13.1。

表 13.1　TCP 协议和 UDP 协议的差别

特点	TCP	UDP
是否连接	面向连接	面向非连接
传输可靠性	可靠地	不可靠的
应用场合	传输大量的数据	少量数据
速度	慢	快

13.1.2　URL 类

1. URL 的概念

URL（UniformResourceLocator，统一资源定位符）也被称为网页地址，是因特网上标准的资源的唯一地址。它最初是由蒂姆·伯纳斯-李发明用来作为万维网的地址的。现在已经被万维网联盟编制为因特网标准 RFC1738。

类 URL 代表一个统一资源定位符，它是指向互联网“资源”的指针。资源可以是简单的文件或目录，也可以是对更为复杂的对象的引用，例如对数据库或搜索引擎的查询。

2. URL 的组成

URL 的一般语法如下：

```
协议://授权/路径?查询
```

协议包括 http、ftp、gopher、news、telnet 等。

授权部分一般是服务器的名称或 IP 地址，有时后面还跟一个冒号和一个端口号。它也可以包含接触服务器必需的用户名称和密码。路径部分包含等级结构的路径定义，一般来说不同部分之间以斜线（/）分隔。询问部分一般用来传送对服务器上的数据库进行动态询问时所需要的参数。完整的、带有授权部分的普通统一资源标识符语法看上去如下：

```
协议://用户名@密码:子域名.域名.顶级域名:端口号/目录/文件名.文件扩展名?参数=值#标识
```

统一资源标识符参考统一资源标识符，参考指的是单个的（比如超文本传输协议文件中的）统一资源标识符。统一资源标识符参考分绝对参考和相对参考。上面所描写的都是绝对的统一资源标识符参考，相对参考只包括体制特殊的部分，它参考的对象位于包含这个参考的文件的一个相对位置上。统一资源标识符参考还可以由一个统一资源标识符加上一个#符再加上上述的统一资源标识符内的一个标识点。这个标识点不是统一资源标识符的一部分，而是让用户浏览器在获得了文件后来导航用的，因此它实际上不被送到服务器。

例如，http：//www.tsinghua.cn:80/top.html，其中 http 表示 HTTP 协议，www.tsinghua.cn 是授权部分——清华大学的主机域名，top.html 为资源文件名，80 为 HTTP 协议的默认端口号。协议名和端口号之间是有一定的联系的，如 HTTP 协议的缺省端口号是 80，FTP 协议的缺省端口号是 21 等。所以，一般情况下 URL 地址可以只包含有传输协议、主机名和文件名。

常见的 URL 的形式如下：

（1）http://www.sina.com/　　　　协议名://主机名
（2）http://www.jxbsu.com/index.php　　协议名://机器名＋文件名
（3）http://www.jxbsu.com:80/index.php　协议名://机器名＋端口号＋文件名
（4）http://local/mydemo/info#myinfo　　协议名://机器名＋文件名＋内部引用

（5）ftp://local/mydemo/readme.txt　　　协议名://机器名＋文件名

3. URL 的构造方法

URL 类提供用于创建 URL 对象的构造方法如下：

（1）URL(String spec)

根据 String 表示形式创建 URL 对象。

（2）URL(String protocol, String host, int port, String file)

根据指定 protocol、host、port 号和 file 创建 URL 对象。

（3）URL(String protocol, String host, int port, String file, URLStreamHandler handler)

根据指定的 protocol、host、port 号，file 和 handler 创建 URL 对象。

（4）URL(String protocol, String host, String file)

根据指定的 protocol 名称、host 名称和 file 名称创建 URL。

（5）URL(URL context, String spec)

通过在指定的上下文中对给定的 spec 进行解析创建 URL。

（6）URL(URL context, String spec, URLStreamHandler handler)

通过在指定的上下文中用指定的处理程序对给定的 spec 进行解析来创建 URL。

注意：类 URL 的构造方法都声明抛弃非运行时例外（MalformedURLException），因此生成 URL 对象时，我们必须要对这一例外进行处理，通常是用 try-catch 语句进行捕获。

例如本实例中部分代码如下：

```
URL url;
 try {
    url = new URL(urlName);//由网址创建 URL 对象
    …
 } catch (MalformedURLException e) {
    e.printStackTrace();
 }
```

4. URL 的常用方法

URL 对象被创建后，就可以使用 java.net.URL 类提供的方法进行相关操作。URL 类常用方法如下：

（1）int getPort()

获得此 URL 的端口号，如果未设置端口号，则返回-1

例如，实例中使用如下：

```
System.out.println("port: "+url.getPort());
```

（2）String getProtocol()

获得此 URL 的协议名称。

例如，实例中使用如下：

```
System.out.println("protocol: "+url.getProtocol());
```

（3）public String getHost()

获得此 URL 的主机名（如果适用）。主机的格式遵守 RFC 2732，即对于一个字面值 IPv6 地址，该方法将返回括在方括号中的 IPv6 地址。

例如，实例中使用如下：

```
System.out.println("host: "+url.getHost());
```

（4）public String getFile()

获得此 URL 的文件名。返回的文件部分将与 getPath() 相同，再加上 getQuery() 值的规范化形式（如果有）。如果没有查询部分，此方法和 getPath() 将返回相同的结果。

（5）public boolean equals(Object obj)比较此 URL 是否等于另一个对象。

如果给定的对象不是一个 URL，则此方法立即返回 false。

如果两个 URL 具有相同的协议，引用相同的主机，主机上具有相同的端口号，文件相同，片段也都相同，则这两个 URL 对象相等。

如果两个主机名可解析为同一个 IP 地址，则认为两个主机相同；如果有一个主机名无法解析，但两个主机名相等（不区分大小写），或者两个主机名都为 null，则也认为这两个主机相同。

由于主机比较需要进行名称解析，所以此操作为阻塞 (blocking) 操作。

（6）public final InputStream openStream( ) throws IOException

打开到此 URL 的连接并返回一个用于从该连接读入的 InputStream。此方法是下面方法的缩写：

```
openConnection( ).getInputStream( )
```

例如，实例中使用如下：

```
URL url = new URL(urlName);                    //由网址创建URL 对象
URLConnection uc = url.openConnection();       //获得 URLConnection 对象
uc.connect();                                  //设置网络连接
InputStream is = uc.getInputStream();          //返回从该连接读入的 InputStream
```

（7）public String toString()构造此 URL 的字符串表示形式。字符串是通过调用此对象的流协议处理程序的 toExternalForm 方法创建的。

5. 从 URL 读取网络资源

URL 类提供的最基本的网络功能就是以 InputStream 的形式读取 URL 所定位的资源，通过 URL 获取远程网上的信息的方法是 openStream()，通过该方法获取一个绑定到该 URL 地址定位资源的输入流，通过读取该输入流即可访问远程结点上的数据资源。

```
public class VisitSohu1 {
  static String urlName = "http://www.sina.com.cn/";
  public static void main(String[] args) {
    URL url;
    try {
        url = new URL(urlName);//由网址创建URL 对象
        InputStream is = url.openStream();
        BufferedReader br = new BufferedReader(
                new InputStreamReader(is,"GB2312"));//采用缓冲式输入
        String line = br.readLine();
        while(line != null){
            System.out.println(String.valueOf(line));
            line = br.readLine();
        }
        br.close();//网上资源使用结束后，数据流及时关闭
    } catch (MalformedURLException e) {e.printStackTrace();    }
     catch (IOException e) {e.printStackTrace();    }
```

```
    }
}
```

13.1.3 URLConnection 类

1. URLConnection 类概述

利用 URL 类提供的 openStream()方法，只能从网络上读取资源的数据。如果希望在读取远程计算机的信息时，还可向它写入信息，就需要使用 java.net 软件包的另一个类——URLConnection 类，它可以在应用程序和 URL 资源之间进行交互，既可以从 URL 中读取数据，也可以向 URL 中发送数据。URLConnection 类代表应用程序和 URL 之间的通信链接，此类的实例可用于读取和写入此 URL 引用的资源。

通常，创建一个到 URL 的连接需要几个步骤：

（1）通过在 URL 上调用 openConnection()方法创建连接对象。

（2）操作设置参数和一般请求属性。

（3）使用 connect()方法建立到远程对象的实际连接。

（4）远程对象变为可用。远程对象的头字段和内容变为可访问。

2. URLConnection 类的方法

获取到 URLConnection 对象后，就可以使用 URLConnection 对象的方法进行相关操作。常用方法如下：

（1）public int getContentLength()

获得此连接的 URL 引用的资源的内容长度，或者如果内容长度未知，则返回-1。

（2）public String getContentType()

获得该 URL 引用的资源的内容类型，或者如果类型为未知，则返回 null。

（3）public long getDate()

获得该 URL 引用的资源的发送日期，或者如果为未知，则返回 0。返回的值为距离格林尼治标准时间 1970 年 1 月 1 日的毫秒数。

（4）public InputStream getInputStream()

获得从此打开的连接读取的输入流。在读取返回的输入流时，如果在数据可供读取之前达到读入超时时间，则会抛出 SocketTimeoutException。

（5）public OutputStream getOutputStream()

获得写入此连接的输出流。

（6）String getHeaderField(int n)

获得第 n 个头字段的值。

（7）String getHeaderField(String name)

获得指定的头字段的值。

3. 使用 URLConnection 类实现网络连接

使用 URLConnection 对象实现对网络连接资源的访问的一般步骤如下：

（1）创建 URL 对象；

创建 URLconnection 对象之前，必须先创建一个 URL 对象。例如：

```
URL url = new URL(urlName);//由网址创建 URL 对象
```

（2）创建 URLConnection 类的对象

创建 URL 对象后，调用该 URL 对象的 openConnection()方法就可以返回一个对应其 URL 地址的 URLConnection 对象。例如：

```
URLConnection uc = url.openConnection();//获得 URLConnection 对象
```

（3）配置 URLConnection 参数和普通请求属性

获取到 URLConnection 对象后，需要对它的相关参数和属性进行设置。例如：

```
//设置通用的请求属性
uc.setRequestProperty("accept", "*/*");
uc.setRequestProperty("connection", "Keep-Alive");
uc.setRequestProperty("user-agent", "Mozilla/4.0 (compatible; MSIE 6.0;
Windows NT 5.1; SV1)");
//发送 POST 请求必须设置如下两行
uc.setDoOutput(true);
uc.setDoInput(true);
```

（4）读取首部字段

远程资源变为可用，程序可以访问远程资源的头字段。例如：

```
System.out.println(uc.getHeaderField(1));  //获取第 1 个头字段的值
```

（5）获取输入流并读取数据

通过 URLConnection 对象的 getInputStream()方法获得从此打开的连接读取的输入流。

```
uc.connect();//设置网络连接
InputStream is = uc.getInputStream();
BufferedReader br = new BufferedReader(new InputStreamReader(is));
  String line = br.readLine();
while(line != null){
    System.out.println(String.valueOf(line));
    line = br.readLine();
  }
```

（6）获取输出流并写数据

通过 URLConnection 对象的 getOutputStream()方法获得写入此连接的输出流。

```
PrintStream ps = new PrintStream(uc.getOutputStream());
ps.println("Client...");
```

（7）关闭连接

网上资源使用结束后，数据流及时关闭。

```
br.close();
```

当然，通常并不一定需要完成所有步骤，有时可以接受 URL 类的默认值。

【代码及分析】

```
//文件 VisitSohu2.java 使用 URLConnection 类访问网络资源
public class VisitSohu2 {
  static String urlName = "http://www.sina.com.cn/";
  public static void main(String[] args) {
    try {
      URL url = new URL(urlName);
      URLConnection uc = url.openConnection();
      //uc.connect();
```

```
            uc.setRequestProperty("accept", "*/*");
            uc.setRequestProperty("connection", "Keep-Alive");
            uc.setRequestProperty("user-agent",
            "Mozilla/4.0 (compatible; MSIE 6.0; Windows NT 5.1; SV1)");
            uc.setDoOutput(true);
            uc.setDoInput(true);

            InputStream is = uc.getInputStream();
            BufferedReader br = new BufferedReader(
                                          new InputStreamReader(is));
            //PrintStream ps = new PrintStream(uc.getOutputStream());
            System.out.println(uc.getHeaderField(1));
            String line = br.readLine();
            while(line != null){
                System.out.println(String.valueOf(line));
                line = br.readLine();
            }
            br.close();
        } catch (MalformedURLException e) {
            e.printStackTrace();
        } catch (IOException e) {
            e.printStackTrace();
        }
    }
}
```

程序解释及常见问题如下：

（1）在创建 URL 对象时可能会产生 MalformedURLException 异常，在利用 URL 对象的 openConnection()方法获取 URLConnection 对象时，可能会产生 IOException 异常，以及在利用 BufferedReader 进行读的过程中也会产生 IOException 异常，所以，在程序代码中会利用 try-catch 去捕获这两类异常。关键代码如下：

```
try {…
} catch (MalformedURLException e) {
      e.printStackTrace();
} catch (IOException e) {
      e.printStackTrace();
}
```

（2）利用 BufferedReader 读取网络资源过程中，遇到中文可能会出现乱码问题，出现此问题时，可将上述代码中的下面语句进行改写：

```
BufferedReader br = new BufferedReader(new InputStreamReader(is));
```

改写为：

```
BufferedReader br = new BufferedReader(
                                 new InputStreamReader(is,"GBK"));
```

GB2312/GBK 是汉字的国标码，专门用来表示汉字，是双字节编码。其中 GBK 编码能够用来同时表示繁体字和简体字，而 GB2312 只能表示简体字，GBK 是兼容 GB2312 编码的。GB2312 是 GBK 的子集。

（3）代码“uc.setRequestProperty("accept", "*/*");”是对 URLConnection 的请求属性进行

设置的，应用 URLConnection 类提供的设置一般请求属性的方法：

```
public void setRequestProperty(String key, String value)
```

该方法对一般请求属性进行设置，如果已存在具有该关键字的属性，则用新值改写其值。

（4）下面代码完成对 URL 连接的打开，并读取其内容：

```
InputStream is = uc.getInputStream();
BufferedReader br = new BufferedReader(new InputStreamReader(is));
String line = br.readLine();
```

注意：HTTP 要求所有能够合法拥有多个具有相同键的实例的请求属性，使用以逗号分隔的列表语法，这样可实现将多个属性添加到一个属性中。

【应用扩展】

本实例中对网络资源的访问仅限于一个网址，因为一个 URL 对象只对应一个网址。如果对本实例的应用加以扩展，在抓取网页的过程中，不断从当前页面上抽取新的 URL 放入队列，访问网站并跟踪链接的程序，直到满足系统的一定停止条件，完成一个自动提取网页的程序，即网络爬虫。通过它可快速地画出一个网站所包含的网页地图信息。

13.2 “聊天室”实例

【实例说明】

编写一应用程序，实现简单聊天室的功能。程序运行界面如图 13.2 所示。

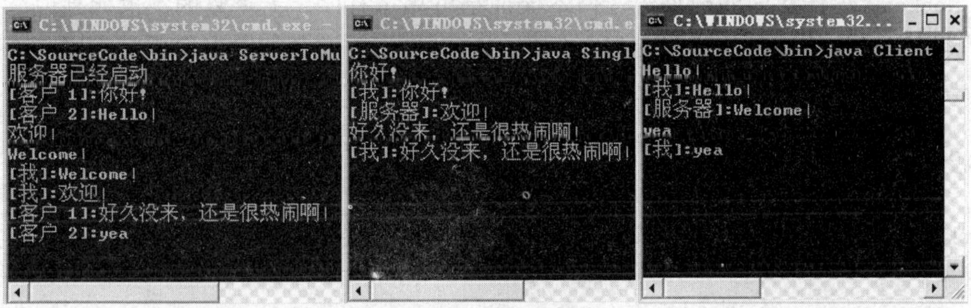

图 13.2　聊天室

【实例目的】

（1）了解 Socket 的概念。

（2）进一步熟悉网络通信相关的 I/O 流类。

（3）理解 Socket 的通信机制。

（4）熟练掌握 Socket 类与 ServerSocket 类并使用它们创建客户端程序与服务端程序。

（5）能够在程序中实现客户端程序与服务端程序的信息交换。

【技术要点】

（1）该聊天室中一对多的通信模式，需要借助于多线程来实现对多个通信者（即客户）的响应。

（2）本实例是基于 TCP 的面向连接的网络应用程序，首先要创建服务端的程序 TcpServer。

在服务端的程序 TcpServer 中要创建 ServerSocket 类的实例对象，注册在服务器端进行连接的端口号。并调用 ServerSocket 类的实例对象的 accept()方法来等待客户的连接。其次是创建客户端的程序 TcpClient。在客户端的程序 TcpClient 中要创建 Socket 类的实例对象，通过该实例对象与服务器端程序建立连接，实现信息的传递。

【相关知识及注意事项】

13.2.1 Socket 概念

所谓 Socket 通常也称作“套接字”，用于描述 IP 地址和端口，是一个通信链的句柄。应用程序通常通过“套接字”向网络发出请求或者应答网络请求，用于实现网络上客户端程序与服务器端程序之间的连接，网上的两个程序通过一个双向的通信连接实现数据的交换，这个双向链路的一端称为一个 Socket。

Socket 是 TCP/IP 的编程接口，用来实现将 TCP/IP 包发送到指定的 IP 地址。通过 TCP/IP 套接字，可以实现可靠、双向、一致、点对点、基于流的主机和 Internet 之间的连接。Socket 还可以用来连接 Java 的 I/O 系统到其他程序，这些程序可以在本地计算机上，也可以在 Internet 的远程计算机上。

常用的 Socket 类型有两种：流式 Socket（SOCK_STREAM）和数据报式 Socket（SOCK_DGRAM）。流式 Socket 是一种面向连接的 Socket，提供了双向的、有序的、无重复并且无记录边界的数据流服务，针对面向连接的 TCP 服务应用；数据报式 Socket 是一种无连接的 Socket，支持双向的数据流，但不保证是可靠、有序、无重复的，也就是说，一个以数据报套接字接收的信息的进程有可能发现信息重复了，或者和发出的顺序不同。数据报套接字的一个重要特点是它保留了记录边界，对应于无连接的 UDP 服务应用。

13.2.2 Socket 的通信机制

Socket 所要完成的通信就是基于连接的通信，建立连接所需的程序分别运行在客户端和服务器端。

（1）建立连接：首先客户端程序申请连接，而服务器端程序监听所有端口，判断是否有客户程序的服务请求，当客户程序请求和某个端口连接时，服务器就将 Socket 连接到该端口上，此时服务器和客户程序之间建立了一个专用的虚拟连接。

（2）数据通信：客户程序可以向 Socket 写入请求，服务器程序处理请求并把处理结果通过 Socket 送回。

（3）拆除连接：通信结束，将所建立的虚拟连接拆除。

13.2.3 Socket 类与 ServerSocket 类

Java 在包 Java.net 中提供了两个类 Socket 和 ServerSocket，分别用来表示双向连接的客户端和服务端。

1. Socket 类

java.net.Socket 类实现客户端套接字（也可以直接叫“套接字”），客户端程序使用 Socket 类建立与服务器套接字的连接。Socket 类的构造方法如下：

（1）Socket()：通过系统默认类型的 SocketImpl 创建未连接套接字。

（2）Socket(InetAddress address, int port)：创建一个流套接字并将其连接到指定 IP 地址的指定端口号。例如：

```
Socket client=new Socket("127.0.0.1",4008);
```

（3）Socket(InetAddress address, int port, InetAddress localAddr, int localPort)：创建一个套接字并将其连接到指定远程端口上的指定远程地址。

（4）Socket(Proxy proxy)：根据不管其他设置如何都应使用的指定代理类型（如果有），创建一个未连接的套接字。

（5）protected　Socket(SocketImpl impl)：创建带有用户指定的 SocketImpl 的未连接 Socket。

（6）Socket(String host, int port)：创建一个流套接字并将其连接到指定主机上的指定端口号。

（7）Socket(String host, int port, InetAddress localAddr, int localPort)：创建一个套接字并将其连接到指定远程主机上的指定远程端口。Socket 还会 bind() 到提供的本地地址和端口。

Socket 类对象创建后，就可以利用 Socket 对象的方法来进行通信，Socket 类常用方法如下：

（1）void bind(SocketAddress bindpoint)：将套接字绑定到本地地址。

（2）void close()：关闭此套接字。例如：

```
client.close();
```

（3）void connect(SocketAddress endpoint)：将此套接字连接到服务器。

（4）void connect(SocketAddress endpoint, int timeout)：将此套接字连接到具有指定超时值的服务器。超时值为零被解释为无限超时。在建立连接或者发生错误之前，连接一直处于阻塞状态。

（5）InetAddress getInetAddress()：返回套接字连接的远程 IP 地址；如果套接字是未连接的，则返回 null。

（6）InputStream getInputStream()：返回此套接字的输入流。例如：

```
BufferedReader is=new BufferedReader(
new InputStreamReader(client.getInputStream()));
```

（7）OutputStream getOutputStream()：返回此套接字的输出流。例如：

```
PrintWriter os=new PrintWriter(client.getOutputStream());
```

2. ServerSocket 类

java.net.ServerSocket 类实现服务器套接字。服务器套接字等待请求通过网络传入。它基于该请求执行某些操作，然后可能向请求者返回结果。ServerSocket 类的构造方法如下：

（1）ServerSocket()

创建非绑定服务器套接字。

（2）ServerSocket(int port)

创建绑定到特定端口的服务器套接字。端口 0 在所有空闲端口上创建套接字。

（3）ServerSocket(int port, int backlog)

利用指定的 backlog 创建服务器套接字并将其绑定到指定的本地端口号。端口 0 在所有空闲端口上创建套接字。

（4）ServerSocket(int port, int backlog, InetAddress bindAddr)

使用指定的端口、侦听 backlog 和要绑定到的本地 IP 地址创建服务器。bindAddr 参数可以在 ServerSocket 的多穴主机 (multi-homed host) 上使用，ServerSocket 仅接受对其地址之一的连接请求。如果 bindAddr 为 null，则默认接受任何/所有本地地址上的连接。端口号必须在 0 ~ 65535 之间（包括 0 和 65535）。

本实例中，构建 ServerSocket 对象如下：

```
ServerSocket  serversocket=new ServerSocket(4008);
```

ServerSocket 类对象创建后，在使用 ServerSocket 对象进行通信的过程中常用方法如下：

（1）Socket accept()

侦听并接收到此套接字的连接。此方法在进行连接之前一直阻塞。例如：

```
serversocket.accept()   //侦听并接受到此套接字的连接
```

（2）void bind(SocketAddress endpoint)

将 ServerSocket 绑定到特定地址（IP 地址和端口号）。

（3）void bind(SocketAddress endpoint, int backlog)

将 ServerSocket 绑定到特定地址（IP 地址和端口号）。

（4）void close()

关闭此套接字。在 accept()中所有当前阻塞的线程都将会抛出 SocketException。例如：

```
serversocket.close()
```

13.2.4 URL 与 Socket 通信的区别

URL 与 Socket 通信的区别如下：

（1）利用 Socket 进行通信时，在服务器端运行一个 Socket 通信程序。服务器端不停地监听某个端口，等待客户的连接申请，接到申请后建立连接并进行通信，所以，在 Socket 通信方式中，服务器是主动等待连接通信的到来，当客户端提出请求时，马上连接并通信；而利用 URL 进行通信时，在服务器端常驻一个 CGI 程序，但它一直处于休眠状态。只有在客户端要求建立连接时才被激活，然后与用户进行通信。所以，在 URL 通信方式中，服务器是被动等待连接通信的到来。

（2）利用 Socket 进行通信时，服务器端的程序可以打开多个线程与多个客户进行通信，还可以通过服务器使各个客户之间进行通信。这种方式比较灵活，适用于一些较复杂的通信，但是服务器端的程序必须始终处于运行状态以监听端口。而利用 URL 进行通信时，服务器端的程序只能与一个客户进行通信，形式比较单一。但是它不需要服务器端的 CGI 程序一直处于运行状态，只是在有客户申请时才被激活。所以，这种方式比较适用于客户机的浏览器与服务器之间的通信。

【代码及分析】

```
//文件 ChatServer.java    聊天室服务器端程序
public class ChatServer{
```

```
    static int iClient=1;
    public static void main(String args[]) throws IOException{
        ServerSocket serversocket=null;
        try{
            serversocket=new ServerSocket(4008);
            System.out.println("启动服务器");
        }catch(IOException e){
            System.out.println("Error"+e);
        }
        while(true){
            ServerThread st=
                    new ServerThread(serversocket.accept(),iClient);
            st.start();         //启动监听到的客户端套接字的线程
            iClient++;          //统计连线人数
        }
    }
}

class ServerThread extends Thread{
    Socket server;
    int iCounter;
    public ServerThread(Socket socket,int num){
        server=socket;
        iCounter=num;
    }
    public void run(){
        try{
            String msg;
            BufferedReader sin=
                new BufferedReader(new InputStreamReader(System.in));
            BufferedReader is=new BufferedReader(
                    new InputStreamReader(server.getInputStream()));
            PrintWriter os=new PrintWriter(server.getOutputStream());
            System.out.println("[客户 "+iCounter+"]:"+is.readLine());
            msg=sin.readLine();
            while(!msg.equals("bye")){
                os.println(msg);
                os.flush();
                System.out.println("[我]:"+msg);
                System.out.println(
                                "[客户 "+iCounter+"]:"+is.readLine());
                msg=sin.readLine();
            }
            System.out.println("通话结束! ");
            os.close();
            is.close();
            server.close();
        }catch(IOException e){
    System.out.println("Error:"+e);
    }
```

```
    }
}

//ChatClient.java   聊天室客户端程序
public class ChatClient{
    public static void main(String args[]){
        try{
            Socket client=new Socket("127.0.0.1",4008);
            BufferedReader sin=new BufferedReader(
                                    new InputStreamReader(System.in));
            BufferedReader is=new BufferedReader(
                          new InputStreamReader(client.getInputStream()));
            PrintWriter os=new PrintWriter(client.getOutputStream());
            String sMsg;
            sMsg=sin.readLine();
            while(!sMsg.equals("bye")){
                os.println(sMsg);
                os.flush();
                System.out.println("[我]:"+sMsg);
                System.out.println("[服务器]:"+is.readLine());
                sMsg=sin.readLine();
            }
            System.out.println("通话结束!");
            os.close();
            is.close();
            client.close();
        }catch(IOException e){
            System.out.println("Error:"+e);
        }
    }
}
```

程序解释及常见问题如下：

（1）首先创建一个服务端 ChatServer.java 应用程序，在该程序中用代码“ServerSocket serversocket=new ServerSocket(4008);”构建了一个绑定到 4008 端口号的服务器套接字 serversocket,并调用服务套接字 serversocket 对象的 accept()方法接收客户套接字的连接请求。代码“ServerThread st=new ServerThread(serversocket.accept(),iClient);”实现了接收客户套接字的连接请求，并为其创建线程的功能。

（2）服务器端收到客户的套接字后，把它放到一个已声明的 Socket 对象 Server 中，在服务器端的 Server 就可以使用方法 getoutputStream()获得一个输出流，然后用这个输出流将信息写入“线路”中。发送给客户端。可以使用方法 getInputStream()获得一个输入流，然后用这个输入流读取客户放入“线路”中的信息。程序中实现代码如下：

```
BufferedReader is=new BufferedReader(
                  new InputStreamReader(server.getInputStream()));
PrintWriter os=new PrintWriter(server.getOutputStream());
```

（3）然后创建一个客户端 ChatClient.java 应用程序文件，在该程序中使用 Socket 类来建立客户端套接字 client，通过代码“Socket client=**new** Socket("127.0.0.1",4008);”与服务套接

字 serversocket 对象建立连接，实现信息的交换。

（4）客户端利用 Socket 对象 client 的相关方法读取服务器放入“线路”里的信息和向“线路”写信息的功能。程序中实现代码如下：

```
BufferedReader is=new BufferedReader(
                    new InputStreamReader(client.getInputStream()));
PrintWriter os=new PrintWriter(client.getOutputStream());
```

【应用扩展】

该实例实现了一对一的私人聊天和一对多的公开聊天通信，但还不能与网上聊天室的功能相媲美；另外，因为考虑到要把主要精力放在信息通信上，所以没有设计聊天界面，这不仅不美观，也会给聊天者带来一定不便。因此，本实例有两个方面的应用扩展，一是进一步完善聊天室的功能；二是为聊天室设计界面，方便用户使用，可扩展设计界面如图 13.3 所示。

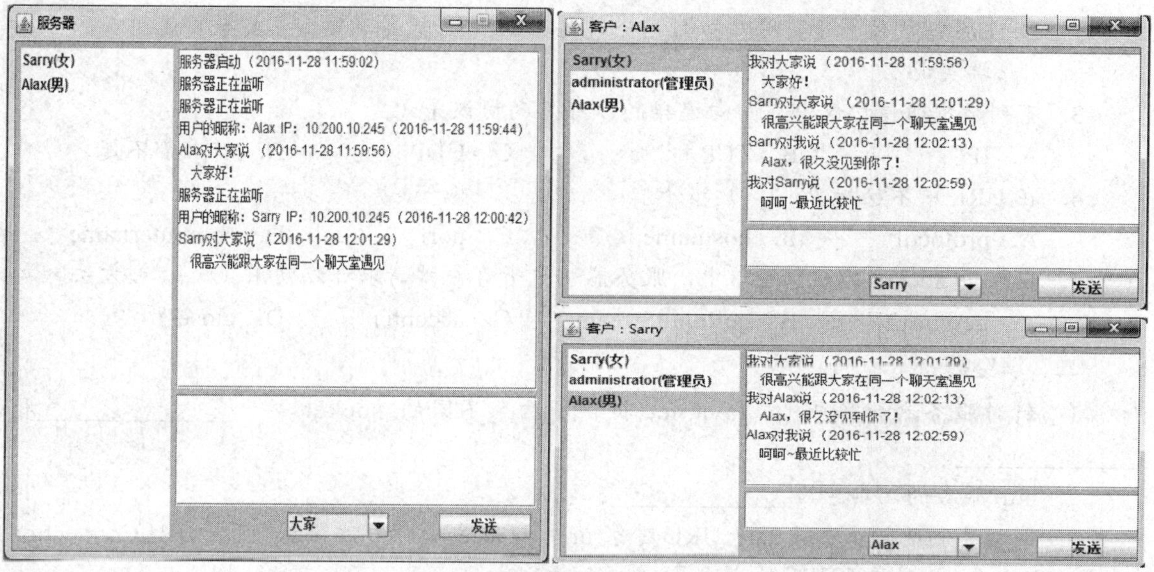

图 13.3　聊天室扩展设计界面

本章小结

本章主要介绍 Java 程序设计语言中网络编程的基础知识、使用 URL 类和 URLConnection 类进行网络资源的访问、使用 Socket 和 ServerSocket 类进行通信等知识。通过“访问搜狐网络资源”实例，介绍了 URL、URLConnection 类的使用并应用它们进行网络资源的访问；通过“聊天室”实例，介绍了 Socket 的概念及其通信机制，以及应用 Socket 类和 ServerSocket 类进行通信。通过这些内容的学习，读者能够掌握程序中网络编程对于网络资源的访问以及网络通信的知识。

思考与练习

一、选择题

1. 如果在关闭 Socket 时发生一个 I/O 错误，会抛出（　　）。

A. IOException　　B. UnknowHostException

C. SocketException　　D. MalFormedURLExcepton

2. 下面关于网络编程模型的描述错误的是（　　）。

A. C/S 结构是指前段的客户机部分以及后端的服务器部分

B. C/S 结构中，提出服务请求的一方，称为“客户机”，而提供服务请求的一方称为“服务器”

C. B/S 结构是随着 Internet 的兴起，全部为三层结构的一种结构

D. B/S 结构体系下，用户界面完全通过 WWW 浏览器实现，主要事物逻辑在服务器端实现

3. 下列数据通信协议中，面向连接的、可靠的协议是（　　）。

A. IP　　B. TCP　　C. UDP　　D. 以上都不是

4. 在 URL 中不包括（　　）部分。

A. protocol　　B. hostname　　C. port　　D. computername

5. 在基于 Socket 的 C/S 通信中，服务器端监听客户端请求可以使用（　　）方法。

A. getPort()　　B. getInputStream()　　C. accept()　　D. close()

二、填空题

1. 针对服务器和客户机，java.net 提供了两个不同的 socket 类：____________和____________。

2. http 服务的端口号为____________。

3. 某程序利用网址参数创建 URL 对象 url，接着希望利用对象 url 获得 URLConnection 对象，则这个 url 对象要调用的方法是____________。

4. 在 java.net 包中有 InetAddress 类的定义，Java 程序中的 InetAddress 类对象存储的内容是____________。

5. 设已知服务器的 IP 地址和端口号，要创建一个套接字对象，支持这个要求的类是____________。

三、程序分析题

阅读下列程序，请回答以下问题：

1. 程序要求在文本框 text 中输入的内容是什么？
2. 辅助文本区 showArea 组件的作用是什么？
3. 如何使程序开始下载网络文本文件？
4. 程序采用什么输入方式下载网络文件？

```
public class Class1 {
    public static void main(String args[]) {
```

```
        new ConnectNet("读取网络文本文件示意程序");
    }
}

class ConnectNet extends JFrame implements ActionListener {
    JTextField text = new JTextField(30);
    JTextArea showArea = new JTextArea();
    JButton b = new JButton("下载");
    JPanel p = new JPanel();

    ConnectNet(String s) {
        super(s);
        Container con = this.getContentPane();
        p.add(text);
        p.add(b);
        JScrollPane jsp = new JScrollPane(showArea);
        b.addActionListener(this);
        con.add(p, "North");
        con.add(jsp, "Center");
        setDefaultCloseOperation(JFrame.EXIT_ON_CLOSE);
        setSize(500, 400);
        setVisible(true);
    }

    public void actionPerformed(ActionEvent e) {
        String urlName = text.getText();
        try {
            URL url = new URL(urlName);// 由网址创建 URL 对象
            URLConnection tc = url.openConnection();
            tc.connect();// 设置网络连接
            InputStreamReader in = new InputStreamReader(
                                              tc.getInputStream());
            BufferedReader dis = new BufferedReader(in);
            String inLine;
            while ((inLine = dis.readLine()) != null) {
                showArea.append(inLine + "\n");
            }
            dis.close();
        } catch (MalformedURLException e2) {
            e2.printStackTrace();
        } catch (IOException e3) {
            e3.printStackTrace();
        }
    }
}
```

附录A　Java关键字

abstract	boolean	break	byte	case
catch	char	class	continue	default
do	double	else	enum	extends
final	finally	float	for	if
implements	import	instanceof	int	interface
long	native	new	package	private
protected	public	return	short	static
super	switch	synchronized	this	throw
throws	transient	try	void	volatile
while				

附录B　运算符的优先级和结合方向

下表列出了各个运算符优先级别的排列和其结合性，数字越小的表示优先级别越高，初学者在使用运算符时，可参考下列表格。

优 先 级	运 算 符	描 述	要求操作数个数	结 合 方 向
1	. [] ()	最高优先级		自左至右
2	!	逻辑非	1 （单目运算符）	自右至左
	~	按位取反运算符		
	++	自增运算符		
	--	自减运算符		
	(类型)	强制类型转换符		
3	*	乘法运算符	2 （双目运算符）	自左至右
	/	除法运算符		
	%	求余运算符		
4	+	加法运算符	2 （双目运算符）	自左至右
	-	减法运算符		

（续）

<table>
<tr><th>优　先　级</th><th>运　算　符</th><th>描　　述</th><th>要求操作数个数</th><th>结 合 方 向</th></tr>
<tr><td rowspan="3">5</td><td><<</td><td>左移运算符</td><td rowspan="3">2
（双目运算符）</td><td rowspan="3">自左至右</td></tr>
<tr><td>>></td><td>右移运算符</td></tr>
<tr><td>>>></td><td>无符号右移运算符</td></tr>
<tr><td>6</td><td><　<=　>　>=</td><td>关系运算符</td><td>2
（双目运算符）</td><td>自左至右</td></tr>
<tr><td>优先级</td><td>运算符</td><td>描述</td><td>要求操作数个数</td><td>结合方向</td></tr>
<tr><td rowspan="2">7</td><td>==</td><td>等于运算符</td><td rowspan="2">2
（双目运算符）</td><td rowspan="2">自左至右</td></tr>
<tr><td>!=</td><td>不等于运算符</td></tr>
<tr><td>8</td><td>&</td><td>按位与、非简洁与运算</td><td>2
（双目运算符）</td><td>自左至右</td></tr>
<tr><td>9</td><td>^</td><td>按位异或运算符</td><td>2
（双目运算符）</td><td>自左至右</td></tr>
<tr><td>10</td><td>|</td><td>按位或运算符</td><td>2
（双目运算符）</td><td>自左至右</td></tr>
<tr><td>11</td><td>&&</td><td>简洁与
（逻辑与运算符）</td><td>2
（双目运算符）</td><td>自左至右</td></tr>
<tr><td>12</td><td>||</td><td>简洁或
（逻辑或运算符）</td><td>2
（双目运算符）</td><td>自左至右</td></tr>
<tr><td>13</td><td>?　:</td><td>条件运算符</td><td>3
（三目运算符）</td><td>自右至左</td></tr>
<tr><td>14</td><td>=　+=　-=　*=
/=　%=　>>=　<<=
&=　^=　|=</td><td>简单、复合赋值运算符</td><td>2
（双目运算符）</td><td>自右至左</td></tr>
</table>

说明：

（1）同一优先级的运算符优先级别相同，运算次序由结合方向决定。例如+和−具有相同的优先级，其结合方向为自左至右。所以，**30+60−20** 的运算次序是先加后减。

（2）不同的运算符要求参与的运算对象个数不同。如*（乘）和/（除），运算时要求在运算符的两侧各有一个运算对象（如 **3*8**、**9/3** 等），称之为双目运算符。而++和−−这一类的运算符，运算时要求只能在运算符的一侧出现一个运算对象（如 **a++**、**−−a** 等），称之为单目运算符。条件运算符（**?:**）是唯一的一个三目运算符。

（3）各类运算符大致优先级顺序：

单目运算符→算术运算符→关系运算符→逻辑运算符（不包括!）→条件运算符→赋值运算符→逗号运算符

以上顺序的优先级依次递减。

附录 C 思考与练习参考答案

第 1 章 Java 语言概述

一、选择题

1．D　　2．D　　3．D　　4．D　　5．B

二、填空题

1．Applet 小应用程序

2．javac　java

3．public static void main(String args[])

三、简答题

1．Java 语言是当前最流行的网络编程语言，和 C++语言相比，有着特殊的优点，如简单性、平台无关性、面向对象、分布式、安全性、支持多线程、健壮性、动态性等。

2．（1）运行方式不同。Java Application，可以独立运行。Java Applet 程序不能单独运行，它必须依附于一个用 HTML 语言编写的网页并嵌入其中运行。

（2）运行工具不同。运行 Java Applet 程序需要嵌在浏览器中作为浏览器软件的一部分。Java Application 程序被编译以后，用普通的 Java 解释器就可以使其边解释边执行。

（3）程序结构不同。每个 Java Application 程序必定含有一个并且只有一个 main()方法，程序执行时，首先寻找 main()方法，并以此为入口点开始运行。而 Applet 程序不能独立运行，Applet 一定有一个从 java.applet.Applet 派生的类，它是由 Java 系统提供的。

（4）Java Applet 程序可以直接利用浏览器或 AppletViewer 提供的图形用户界面，而 Java Application 程序则必须另外书写专用代码来营建自己的图形界面。

四、程序设计题

```
public class Ex1_4_1 {
    public static void main(String[] args){
       System.out.println("Hello Java, I am ZhangJie");
  }
}
```

第 2 章 Java 语言基础

一、选择题

1．D　　2．D　　3．A　　4．B　　5．D

二、填空题

1. 16
2. true、false
3. 自动转换
4. return
5. 离它最近的

三、程序分析题

1. i=6,j=5
2. abbcdd

四、程序设计题

1.

```
public class Ex2_4_1 {
public static void print1() {
    for(int i=1;i<=9;i++){
        for(int j=1; j<=i; j++){
            System.out.print(i+"*"+j+"="+i*j+"\t");
        }
        System.out.println();
    }
}

public static void print2() {
    for(int i=1;i<=9;i++){
        int j=1;
        for(;j<i;j++){
            System.out.print("\t");
        }
        for(; j<=9; j++){
            System.out.print(i+"*"+j+"="+i*j+"\t");
        }
        System.out.println();
    }
}

public static void print3() {
    for(int i=1;i<=9;i++){
        for(int j=1; j<=9; j++){
            System.out.print(i+"*"+j+"="+i*j+"\t");
        }
        System.out.println();
    }
}

public static void anyKeyContinue() throws IOException{
    System.out.println("press any key to continue...");
    System.in.read();
```

```
    }

    public static void main(String[] args) throws  IOException {
        print1();
        anyKeyContinue();
        print2();
        anyKeyContinue();
        print3();
        anyKeyContinue();
    }
}
```

2.

```
public class Ex2_4_2 {
    char op = '+';
    int opera1 = 0;
    int opera2 = 0;
    int result = 0;
    String answer = "";
    static Scanner sc;

    public int randomDate(){
        return (int) (Math.random()*100);
    }

    public char randomOp(){
        int i= (int) (Math.random()*4);
        char[] ch = {'+','-','*','/'};
        return ch[i];
    }

    public void goAnswer(){
        long start,end;
        start = System.currentTimeMillis();
        System.out.print(""+opera1+op+opera2+" = ?");
        answer = sc.next().trim();
        if(answer.equals("A")||answer.equals("a")){
            System.out.println("答案: "+result+", 请多努力! ");
        }else if(Integer.parseInt(answer) == result){
            end = System.currentTimeMillis();
            System.out.println("正确! 用时: "+(end - start)/1000.0+"秒");
        }else{
            System.out.println("错误! 答案: "+result);
        }
        System.out.println("继续吗(Y/N)? ");
    }

    public void test(){
        char flag = 'y';
        while(flag=='y'||flag=='Y'){
            opera1 = randomDate();
```

```java
            opera2 = randomDate();
            op = randomOp();
            switch(op){
            case '+':
                result = opera1 + opera2;
                goAnswer();
                break;
            case '-':
                result = opera1 - opera2;
                goAnswer();
                break;
            case '*':
                result = opera1 * opera2;
                goAnswer();
                break;
            case '/':
                result = opera1 / opera2;
                goAnswer();
                break;
            }
            flag = sc.next().charAt(0);
        }
    }

    /**
     * @param args
     */
    public static void main(String[] args) {
        Ex2_4_2 t = new Ex2_4_2();
        sc = new Scanner(System.in);
        t.test();
    }
}
```

第3章　数组和字符串

一、选择题

1．D　　2．C　　3．C　　4．A　　5．C

二、填空题

1．二

2．120

3．length

4．1

5．是否为同一个对象

三、程序填空题

1．i<a.length、a[i]%2==0

2．5　5

3．67890#123

四、程序设计题

1.

```
public class Ex3_4_1 {
public static void main(String[] args) {
    String s;
    Scanner sc = new Scanner(System.in);

    System.out.println("请输入一个任意字符串：");
    s = sc.nextLine();
    StringBuffer b = new StringBuffer(s);
    if (b.reverse().toString().equals(s)) {
        System.out.println(s + "是回文串");
    } else {
        System.out.println(s + "不是回文串");
    }
}
}
```

2.

```
public static int[] halfArray(int[] a){
int[] s = new int[a.length];
for(int i=0; i<a.length; i++){
    s[i] = a[i]/2;
}
return s;
}
```

第4章　类和对象

一、选择题

1．B　2．A　3．C　4．C　5．B

二、填空题

1．构造方法

2．封装　继承　多态

3．static　对象　类

三、程序填空题

1．public class MyTest

public static void

2．Example

四、程序设计题

1.

```
public class Rectangle {
```

```
public float weight;
public float height;

public float getArea(){
    return weight*height;
}
public float getPerimeter(){
    return 2*(weight+height);
}
public static void main(String[] args) {
    Rectangle rt = new Rectangle();
    rt.weight = 12;
    rt.height = 13.6f;
    System.out.println("面积为: "+rt.getArea());
    System.out.println("周长为: "+rt.getPerimeter());
}
}
```

2.

```
public class Point {
public float x;
public float y;

public Point(float px,float py){
    x = px;
    y = py;
}
public static void main(String[] args) {
    Point p = new Point(5.1f,4.3f);
    System.out.println("x ="+p.x);
    System.out.println("y ="+p.y);
}
}
```

3.

```
public class Employee {
public String name;          //姓名
public float salary;         //年薪
public MyDate myDate;        //受雇时间

public void setName(String n) {
    name = n;
}
public String getName(){
    return name;
}
public void setSalary(float s) {
    salary = s;
}
public float getSalary(){
    return salary;
```

```
    }
    public void setMyDate(MyDate empDate) {
        myDate = empDate;
    }
    public MyDate getMyDate(){
        return myDate;
    }
    public static void main(String[] args) {
        Employee emp = new Employee();
        emp.setName("吴金舟");
        emp.setSalary(55000);
        MyDate md = new MyDate(2013, 4, 20);
        emp.setMyDate(md);
        System.out.println("姓名: "+emp.getName());
        System.out.println("年薪: "+emp.getSalary());
        System.out.println("受雇时间: "+emp.getMyDate().year+"年"+emp.getMyDate().
month+"月"+emp.getMyDate().day+"日");
    }
    }
    class MyDate{
    public int year;
    public int month;
    public int day;

    public MyDate(int y,int m,int d){
        year = y;
        month = m;
        day = d;
    }
    }
```

第5章　类的封装、继承和多态

一、选择题

1. B　　2. A　　3. D　　4. C　　5. D

二、填空题

1. final
2. Object
3. 成员
4. final
5. super

三、程序分析题

1.

```
extends
super.test();
```

2.

在 Applet 窗口中显示：

```
yuan circle62.8
yuan Area314.0
```

四、程序设计题

1.

```
public class Ex5_4_1 {
static int num;

public Ex5_4_1() {
}

public Ex5_4_1(int num) {
    this.num = num;
}

public static void show() {
    while (num > 0) {
        System.out.print(num % 10);
        num = num / 10;
    }
}

public static void main(String[] args) {
    int value;
    Scanner sc = new Scanner(System.in);
    value = sc.nextInt();
    Ex5_4_1 ex = new Ex5_4_1(value);
    ex.show();
}
}
```

2.

```
public class Complex {
private int realPart;
private int imagPart;

public Complex(int realPart, int imagPart) {
    this.realPart = realPart;
    this.imagPart = imagPart;
}
public Complex plus(Complex c) {
    int real = this.realPart + c.realPart;
    int imag = this.imagPart + c.imagPart;
    Complex result = new Complex(real,imag);
    return result;
}
public Complex minus(Complex c) {
    int real = this.realPart - c.realPart;
    int imag = this.imagPart - c.imagPart;
    Complex result = new Complex(real,imag);
```

```
        return result;
    }
    public String format() {
        if (realPart == 0 && imagPart == 0) {
            return 0+"";
        } else if (realPart == 0) {
            return imagPart + "i";
        } else if (imagPart == 0) {
            return realPart+"";
        } else if (this.imagPart < 0) {
            return this.realPart + (this.imagPart + "i");
        } else {
            return this.realPart + "+" + this.imagPart + "i";
        }
    }
    public static void main(String[] args) {
        System.out.println("请输入第一个复数(格式: a,bi): ");
        Scanner in = new Scanner(System.in);
        String complex1 = in.nextLine();
        System.out.println("请输入第二个复数(格式: a,bi): ");
        String complex2 = in.nextLine();
        String[] c1Arr = complex1.split(",");
        int real1 = Integer.parseInt(c1Arr[0]);
        int imag1 = Integer.parseInt(c1Arr[1].substring(0,c1Arr[1].indexOf('i')));
        System.out.println(imag1);
        Complex c1 = new Complex(real1,imag1);
        String[] c2Arr = complex2.split(",");
        int real2 = Integer.parseInt(c2Arr[0]);
        int imag2 = Integer.parseInt(c2Arr[1].substring(0,c2Arr[1].indexOf('i')));
        Complex c2 = new Complex(real2,imag2);

        System.out.println("("+c1.format()+")+("+c2.format()+")="+c1.plus(c2).
format());
        System.out.println("("+c1.format()+")-("+c2.format()+")="+c1.minus(c2).
format());

    }
    }
```

第6章 接口与包

一、选择题

1. A　　2. B　　3. D　　4. A　　5. A

二、填空题

1. 方法体
2. 接口
3. package　　import

4．static　　抽象

三、程序填空题

1．interface　　abstract

2．final　　;

四、程序设计题

1．

```
abstract class Shape {
public abstract float area();
public void printArea(){
    System.out.println("图形的面积为: "+area());
}
}

class Circle extends Shape{
public final float PI = 3.14f;
public float radius;
public Circle(float r){
    radius = r;
}
public float area(){
    return PI*radius*radius;
}
}

class Rectangle extends Shape{
public float weight;
public float height;
public Rectangle(float w,float h){
    weight = w;
    height = h;
}
public float area(){
    return weight*height;
}
}

public class Test{
public static void main(String args[]){
    Circle cir = new Circle(2);
    cir.printArea();
    Rectangle rec = new Rectangle(10,15);
    rec.printArea();
}
}
```

2.

```
interface Biology{
void breathing();
```

```
}
interface Animal extends Biology{
void eat();
void sleep();
}
interface Person extends Animal{
void think();
void study();
}
public class Ordinary implements Person{
public void eat() {
    System.out.println("普通人在吃");
}
public void sleep() {
    System.out.println("普通人在睡觉");
}
public void breathing() {
    System.out.println("普通人在呼吸");
}
public void think() {
    System.out.println("普通人在思考");
}
public void study() {
    System.out.println("普通人在学习");
}
public static void main(String[] args) {
    Ordinary ord = new Ordinary();
    ord.breathing();
    ord.eat();
    ord.sleep();
    ord.think();
    ord.study();
}
}
```

第7章 异常处理

一、选择题

1. C　　2. A　　3. A　　4. B　　5. C

二、填空题

1. 异常
2. throw
3. Exception
4. 运行时
5. catch
6. Error

7. Error

三、程序填空题

1.

```
new
catch (IllegalAccessException e)
```

2.

```
Caught Exception!
Continue!
```

四、程序设计题

```
class ErrorRadiusException  extends Exception {
ErrorRadiusException() {
    System.out.println("自定义异常ErrorRadiusException[输入的半径数值错误]");
}
}

public class Circle {
float r;
public static float PI=3.14f;

public Circle(float r) {
    this.r = r;
}

public void girth() throws ErrorRadiusException{
    if(r<0)
        throw new ErrorRadiusException();
    System.out.println("The Circle's girth is: "+2*PI*r);

}

public void area() throws ErrorRadiusException{
    if(r<0)
        throw new ErrorRadiusException();
    System.out.println("The Circle's area is: "+PI*r*r);
}

public static void main(String[] args) {
    Circle c = new Circle(3);
    try {
        c.girth();
        c.area();
    } catch (ErrorRadiusException e) {
        e.printStackTrace();
    }
}
}
```

第8章 输入/输出流

一、选择题

1. C　　2. B　　3. B　　4. B　　5. B

二、填空题

1. 缓冲
2. new FileInputStream("c:\\test.txt")　readLine()
3. dis.readChar()
4. FileInputStream fin = new FileInputStream("c:\\test.txt")

BufferedReader bfr = new BufferedReader(fin)

三、程序填空题

1. File isFile
2. Test t = new Test();

第 9 行的含义是：定义文件输入流对象 din

捕获文件输入异常

四、程序设计题

1.

```
import java.io.*;
public class CopyFile {
   public static void main(String args[]){
    FileInputStream from = null;
      FileOutputStream to = null;
      try {
         from = new FileInputStream("c:/test1.txt");
         to = new FileOutputStream("c:/test2.txt");
         byte[] buffer = new byte[4096];
         int bytes_read;
         while ( (bytes_read = from.read(buffer)) != -1) {
           to.write(buffer, 0, bytes_read);
         }
         from.close();
          to.close();
      }catch (IOException e) {
         e.printStackTrace();
}
}
}
```

2.

```
import java.io.*;
public class ReadFileContent{
public static void main(String args[]){
    int i=0;
      try {
```

```
        BufferedReader br = new BufferedReader(new FileReader("Test.txt"));
          String line = br.readLine();
          PrintWriter out = new PrintWriter(new FileWriter("myTest.txt"));
       while(line!=null){
          i++;
          out.println(i+" "+line);
          line = br.readLine();
       }
          br.close();
        out.close();
    }catch (Exception e) {
        e.printStackTrace();
      }
  }
}
```

第9章 图形用户界面编程

一、选择题

1. C　　2. C　　3. D　　4. D　　5. D

二、填空题

1. 组件
2. GridLayout
3. MouseListener
4. getSource()
5. KeyListener

三、程序填空题

1.

```
radioNameList[i]
isSelected()
```

2.

```
getActionCommand()
append
```

四、程序设计题

1.

```
import java.awt.*;
import java.awt.event.*;

import javax.swing.*;

public class Calculator extends JFrame implements ActionListener {
private JButton plus;        //定义"加"按钮
private JButton minus;       //定义"减"按钮
private JButton multiply;    //定义"乘"按钮
private JButton divide;      //定义"除"按钮
```

```
    private JTextField num1;
    private JTextField num2;
    private JTextField result;

    public Calculator() {
        super("简易计算器");
        this.setLayout(new FlowLayout());
        plus = new JButton(" + ");      minus = new JButton(" - ");
        multiply = new JButton(" * ");      divide = new JButton(" / ");
        num1 = new JTextField(8);
        num2 = new JTextField(8);
        result = new JTextField(8);
        JPanel north = new JPanel();
        JPanel center = new JPanel(new GridLayout(3,2));

    north.add(plus);north.add(minus);north.add(multiply);north.add(divide);
        center.add(new JLabel("操作数:"));center.add(num1);
        center.add(new JLabel("操作数:"));center.add(num2);
        center.add(new JLabel("结  果:"));center.add(result);
        this.add(north,BorderLayout.NORTH);
        this.add(center,BorderLayout.CENTER);
        plus.addActionListener(this);
        minus.addActionListener(this);
        multiply.addActionListener(this);
        divide.addActionListener(this);
        setSize(200, 150);
        setVisible(true);
        setDefaultCloseOperation(JFrame.EXIT_ON_CLOSE);
    }

    public static void main(String[] args) {
        Calculator calculator = new Calculator();
    }

    public void actionPerformed(ActionEvent e) {
          //这里是你要编写的代码
        double a = Double.parseDouble(num1.getText());
        double b = Double.parseDouble(num2.getText());
        if (e.getSource() == plus)
            result.setText(Double.toString(a + b));
        if (e.getSource() == minus)
            result.setText(Double.toString(a - b));
        if (e.getSource() == multiply)
            result.setText(Double.toString(a * b));
        if (e.getSource() == divide)
            result.setText(Double.toString(a / b));
    }
    }
```

2.

```
class Panel1 extends JPanel {
```

```
JTextField text1, text2, text3;

JButton addButton, subButton;

Panel1() {
    text1 = new JTextField(10);
    text2 = new JTextField(10);
    text3 = new JTextField(10);
    setLayout(new GridLayout(5, 1));
    addButton = new JButton("加");
    subButton = new JButton("减");
    add(text1);
    add(text2);
    add(text3);
    add(addButton);
    add(subButton);
}
}

public class Class1 extends Applet implements ActionListener {
Panel1 panel;

public void init() {
    setSize(100, 200);
    panel = new Panel1();
    add(panel);
    (panel.addButton).addActionListener(this);
    (panel.subButton).addActionListener(this);
}

public void actionPerformed(ActionEvent e) {
    //这里是你要编写的代码
    long sum = 0;
    int n1 =  Integer.parseInt(panel.text1.getText());
    int n2 =  Integer.parseInt(panel.text2.getText());
//      if(e.getActionCommand()=="加")
//          sum = n1+n2;
//      else if(e.getActionCommand()=="减")
//          sum = n1-n2;
    if(e.getSource()==panel.addButton)
        sum = n1+n2;
    else if(e.getSource()==panel.subButton)
        sum = n1-n2;
    panel.text3.setText(String.valueOf(sum));

}
}
```

第 10 章　图形与多媒体处理

一、选择题

1．B　　2．C　　3．B　　4．C　　5．B

二、填空题

1．start()　　2．HTML 网页　　3．init

三、程序填空题

1．在坐标(20,60)处绘制字符串 product=6

2．从(20,20)开始绘制九九乘法表

四、程序设计题

1．网页文件：

```
<html>
   <title>rectangle</title>
<body>
  <applet code= ParameterSend.class width=500 height = 400>
   <param name ="Length" value = "200">
   <param name ="Width" value = "300">
</applet>
</body>
</html>
```

2．Applet 程序代码：

```
import java.awt.*;
import java.applet.*;
public class Rectangle extends Applet{
int length,width;
public void init(){
length=Integer.parseInt(getParameter("Length"));
width=Integer.parseInt(getParameter("Width"));
}
public void paint(Graphics g){
g.setColor(Color.red);
g.drawRect(10,10,length,width);
}
}
```

第 11 章　多　线　程

一、选择题

1．C　　2．D　　3．D　　4．C　　5．D

二、填空题

1．synchronized

2．start()

3. Thread Runnable
4. run()
5. sleep
6. run()
7. 就绪状态
8. 并发
9. stop()
10. extends Thread

三、程序设计题

```
public class MyTimer extends Thread {
private int interval;                        // 表示时间间隔的毫秒数
private JLabel timetxt = new JLabel();  // 表示执行动作目标对象
JFrame mf = new JFrame();

public MyTimer(int i){
    interval = i;
    setDaemon(true);

    timetxt.setFont(new Font("黑体", Font.BOLD, 30));
    timetxt.setAlignmentX(JLabel.CENTER_ALIGNMENT);

    mf.setSize(300, 150);
    Toolkit tk = Toolkit.getDefaultToolkit();
    int x = tk.getScreenSize().width / 2 - 400 / 2;
    int y = tk.getScreenSize().height / 2 - 300 / 2;
    mf.setLocation(x, y);
    mf.add(timetxt);
    mf.setVisible(true);
    mf.setDefaultCloseOperation(JFrame.EXIT_ON_CLOSE);
}

public void run() {
    try {
        while (true) {
            sleep(interval);
            timetxt.setText(getTime());
        }
    } catch (InterruptedException e) { }
}

public String getTime(){
    Calendar calendar = Calendar.getInstance();
    int hour, minute, second;
    hour = calendar.get(Calendar.HOUR_OF_DAY);
    minute = calendar.get(Calendar.MINUTE);
    second = calendar.get(Calendar.SECOND);
    String time = hour + ":" + minute + ":" + second;
```

```
        return time;
    }

    public static void main(String[] args) {
        MyTimer timer = new MyTimer(1000);
        timer.start();
    }
}
```

第 12 章　数据库编程基础

一、选择题

1. C　　2. A　　3. D　　4. A　　5. C

二、填空题

1. 向数据库发送 SQL 语句
2. 本地协议纯 Java 驱动程序
3. DrvierManager 类

三、程序填空题

com.mysql.jdbc.Driver　jdbc:mysql:

四、程序设计题

1.

```
import java.sql.*;
public class CreateTable {
public static void main(String args[]){
    Connection con;
    Statement stmt;
    try {
        Class.forName("com.mysql.jdbc.Driver");
        String strurl = "jdbc:mysql://localhost:3306/testdb";
        con = DriverManager.getConnection(strurl,"root","");
        stmt = con.createStatement();
        String sqlString = "create table user(id int auto_increment primary
key , name varchar(20), pwd varchar(20),age int(3),address varchar(20))";
        int i = 0;
        i = stmt.executeUpdate(sqlString);
        while(i!=0){
            System.out.println("创建表成功");
        }
    }catch (Exception e) {// 异常抛出
        System.out.println(e);
    }
 }
}
```

2.

```
import java.sql.*;
```

```
public class AddStudent {
public static void main(String args[]){
    Connection con;
    Statement stmt;
    try {
        Class.forName("com.mysql.jdbc.Driver");
        String strurl = "jdbc:mysql://localhost:3306/testdb";
        con = DriverManager.getConnection(strurl,"root","");
        stmt = con.createStatement();
        String sqlString = "insert into user(name,pwd,age,address) values
('wujinzhou','wjz',32,'nanchang')";
        int i = 0;
        i = stmt.executeUpdate(sqlString);
        while(i!=0){
            System.out.println("注册用户成功");
        }
    }catch (Exception e) {// 异常抛出
        System.out.println(e);
    }
}
}
```

第13章　网络编程基础

一、选择题

1. A　　2. C　　3. B　　4. D　　5. C

二、填空题

1. Socket　ServerSocket
2. 80
3. openConnection()
4. IP 地址和域名
5. Socket

三、程序分析题

1. 需要读取的文件 URL 地址
2. 显示读取的文件内容
3. 单击“下载”按钮
4. 使用字节流完成下载

参 考 文 献

[1] KURNIAWAN B. Java 7 程序设计[M]. 俞黎敏，徐周乐，俞哲皆，等，译. 北京：机械工业出版社，2012.

[2] MARTIN R C. 代码整洁之道[M]. 韩磊，译. 北京：人民邮电出版社，2010.

[3] 高永强. Java 编程艺术[M]. 北京：清华大学出版社，2009.

[4] GOSLING J. Java 编程规范[M]. 陈宗斌，沈金河，译. 北京：中国电力出版社，2006.

[5] 郎波. Java 语言程序设计[M]. 2 版. 北京：清华大学出版社，2010.

[6] 朱福喜. Java 语言基础教程[M]. 北京：清华大学出版社，2008.

[7] 郑莉. Java 语言程序设计[M]. 2 版. 北京：清华大学出版社，2011.

[8] 耿祥义，张跃平. Java 程序设计实用教程[M]. 北京：人民邮电出版社，2010.

[9] ECKEL B. Think in Java[M]. 4th ed. President，MindView，Inc.，2007.

[10] FARRELL J. Fundamentals of JAVA programmin[M]. 北京：科学出版社，2012.